石油和化工行业“十四五”规划教材

新形态教材　校企合作教材

中药制药设备与车间设计

韩 静　主编

化学工业出版社

·北京·

内容简介

《中药制药设备与车间设计》是石油和化工行业"十四五"规划教材，内容包括：绪论，物料输送设备，传热设备，搅拌装置与放大，固液提取设备，固液分离设备，蒸发设备，蒸馏设备，干燥设备，药物粉碎、筛分与混合设备，制剂生产设备，车间设计。本教材力求系统、实用、新颖，以培养能适应规范化、现代化的中药制药、制药工程、药物制剂工业所需的高级专业技术人才为宗旨。

本教材主要供全国高等院校中药制药专业、中药学专业、中药制剂专业本科教学使用。此外，也可用作制药工程专业、生物制药专业及相关专业本科教材，还可供制药企业的工程技术人员参考。

图书在版编目（CIP）数据

中药制药设备与车间设计 / 韩静主编. -- 北京 ： 化学工业出版社，2026. 1. --（石油和化工行业"十四五"规划教材）. -- ISBN 978-7-122-49457-3

I. TH788; TQ461

中国国家版本馆 CIP 数据核字第 2025535VT5 号

责任编辑：傅四周　　　　装帧设计：王晓宇
责任校对：张茜越

出版发行：化学工业出版社
（北京市东城区青年湖南街 13 号　邮政编码 100011）
印　　装：大厂回族自治县聚鑫印刷有限责任公司
787mm×1092mm　1/16　印张 16¼　字数 373 千字
2026 年 3 月北京第 1 版第 1 次印刷

购书咨询：010-64518888　　　　售后服务：010-64518899
网　　址：http://www.cip.com.cn
凡购买本书，如有缺损质量问题，本社销售中心负责调换。

定　　价：59.00 元　

《中药制药设备与车间设计》
编者名单

主　编　韩　静

副主编　王立红　韩　阳　吴宏宇

编　者（按姓名汉语拼音排序）

陈宇州　天津中医药大学

韩　静　沈阳药科大学

韩　阳　沈阳药科大学

李洪文　哈尔滨三联药业股份有限公司

覃　艳　湖南中医药大学

苏　慧　黑龙江中医药大学

王立红　贵州中医药大学

王子敏　华润三九医药股份有限公司

吴宏宇　沈阳药科大学

杨天亮　华润三九医药股份有限公司

余河水　天津中医药大学

臧家明　哈尔滨三联药业股份有限公司

张　杰　北京中医药大学

周　鸿　津药达仁堂集团股份有限公司

朱小勇　广西中医药大学

前言

中药制药设备与车间设计是一门以中药制药机械和制药工程学理论为基础，以制药实践为依托的实践性极强的核心课程。在中医药现代化和国际化背景下，中药制药设备与车间设计的科学化、规范化设计成为提升中药产品质量、保障生产安全、实现绿色制造的核心环节。本教材的编写旨在系统梳理中药制药工程领域的关键技术与实践经验，为培养复合型制药人才提供理论支撑和实践指南。

《中药制药设备与车间设计》以中药制药工艺过程为主线，以制药理论为基础，结合现代工程技术和GMP（药品生产质量管理规范）等法规要求，构建了涵盖中药制药全流程的知识体系。其中，制药设备以制药过程的单元操作为切入点，着重叙述中药制药从原料提取到制剂的现代化生产过程中各单元操作的工程原理、所涉及的制药设备及中药车间设计，并对设备结构、工作原理、使用方法、设备选型等系列技术参数和实践操作逐一加以描述；作为承载制药设备的厂房、车间的设计和施工建造，是要严格遵照一定的规范和要求的，大到国家的法令、法规，小到岗位操作规程等，我们力求在车间设计的章节中逐一体现。

《中药制药设备与车间设计》介绍的内容包括绪论，物料输送设备，传热设备，搅拌装置与放大，固液提取设备，固液分离设备，蒸发设备，蒸馏设备，干燥设备，药物粉碎、筛分与混合设备，制剂生产设备，车间设计。本教材力求系统、实用、新颖，以培养能适应规范化、现代化的中药制药、制药工程、药物制剂工业所需的高级专业技术人才为宗旨。为此，我们特聘请了教学、科研、生产等三方面的专家学者，在进行了充分研讨和论证的基础上，撰写了本教材。

本教材分工如下：第1章由韩静编写，第2章由王立红编写，第3章由苏慧编写，第4章由张杰编写，第5章由朱小勇编写，第6章由周鸿、陈宇州、吴宏宇编写，第7章由余河水、韩静编写，第8章由吴宏宇编写，第9章由覃艳编写，第10章和第11章由李洪文、臧家明、韩阳编写，第12章由杨天亮、王子敏编写。

本教材主要供全国高等院校中药制药专业、中药学专业、中药制剂专业本科教学使用。此外，也可作制药工程专业、生物制药专业及相关专业的本科教材，制药企业的工程技术人员也可以参考阅读。

本教材在编写过程中得到了各参编院校和企业的大力支持，在此，我们深表感谢。为了进一步提高本书的质量，诚恳地希望各位读者、专家提出宝贵意见，以供再版时修改。

韩静

2026年1月

目录

第7章
蒸发设备 / 109

第8章
蒸馏设备 / 122

第1章 绪论

中药制药设备与车间设计是研究中药生产过程中所涉及的制药设备与生产车间布局的一门核心课程。该课程以中药制药工艺为主线，阐述了从中药原材料加工到中药制剂的生产过程中涉及的主要设备的结构、工作原理、操作过程，以及中药制药的工艺流程、工程原理、主要法规等相关专业知识。同时，分析中药制药领域中的共性科学规律，结合中药制药工艺，对中药制药生产车间设计亦作了相关介绍。

1.1 中药制药设备在中药制药工业中的地位与作用

在中药制药工程设计中，常用单元反应和单元操作构成生产工艺流程的基本环节。

单元操作是指制药过程中遵循共同物理规律、以改变物料物理状态或性质为目的的基本操作，例如粉碎、筛分、混合、提取、蒸发、干燥等。这些操作不改变物料的化学组成，而是通过物理手段实现物料的分离、浓缩或形态调整。例如，中药饮片的提取需通过浸提、沉降、蒸馏等单元操作。单元操作具有通用性，其设备（如蒸发器、离心机）和原理在不同行业（如化工、食品）中可通用，车间设计需根据操作特性合理布局设备，确保流程连续性与效率。

单元反应则是指以化学变化为核心的生产环节，通常在反应釜中进行，涉及物料的合成、分解或转化。例如中药炮制中的某些成分的水解或氧化反应，或有效成分的化学修饰。单元反应因工艺条件和反应机理的差异，设备（如反应釜、发酵罐）需针对性设计，以满足温度、压力、催化剂等特定要求。在车间设计中，单元反应需与其他单元操作（如原料预处理、产物纯化分离）高效衔接，同时需严格遵循安全规范与环保要求，确保反应过程的可控性与产品质量。

中药制药生产过程是按照一定的生产工艺流程，使原辅料在各种中药制药设备中，完成一系列的加工处理过程。中药制药生产过程涉及物料输送、传热、中药有效成分的提取、固液分离、浓缩、干燥、制剂成型等许多单元操作和单元反应的工艺、原理、设备。生产工艺的实现必须依靠制药设备，从原料到中药制剂的每一个工艺步骤均需按照工艺流程在各种设备中完成。中药制药过程所涉及的主要设备及其附属设备，统称中药制药设备。

在现代化中药制药生产的过程中，先进的新型设备与合适的生产工艺相结合，才能制造出优质合格的产品。制药设备的先进性、自动化、连续化程度，标志着中药制药企业的先进水平，影响着药品的质量。中药制药工业要实现大批量、规模化和自动化生产，离不开各种制药设备，只有根据中药制药工艺要求，充分结合中药制药设备的结构特点，科学地进行中药制药设备选型，才能够保证中药生产优质、高效，中药产品安全、有效。因此，中药制药设备在中药制药工业生产中占有举足轻重的地位。

1.2 中药制药设备与车间设计的研究对象与内容

每一个中药产品的制造都是经由科学的工艺设计，将每个单元操作所涉及的中药制药设备进行合理的车间布置，从而实现大规模工业化生产。中药制药设备在中药药品生产中是保证制药工艺流程和药品质量的关键要素。生产任何一种剂型的中药药品，都需要完整的能完成特定工艺要求的设备系统和车间环境。

中药制药的生产车间通常包括工艺车间和辅助车间。工艺车间主要进行中药原料预处理、提取、固液分离、浓缩、干燥、制剂成型等核心生产工艺操作，辅助车间包含空调车间、制水车间、动力车间等。中药制药车间设计是一门以药学、药剂学、药品生产质量管理规范（good manufacture practice，GMP）、工程学及相关理论和工程技术为基础的综合性、系统性的应用型工程课程。中药制药车间设计的研究内容就是如何组织、规划并实现药物的大规模工业化生产，其最终成果是建设一个质量优良、生产高效、运行安全、环境达标的药物生产工厂。

因此，中药制药设备与车间设计是以中药制药工艺为依据，以中药制药的单元操作为切入点，研究中药制药生产过程中所涉及的单元操作工艺、基本原理、典型设备（结构、工作原理、计算等）、车间设计（相关法规、设备选型、车间布置）等。研究的内容包括物料输送、中药材预处理、提取、固液分离、浓缩、干燥、提取溶剂回收、中药制剂成型等单元操作设备及其车间布局等。

1.3 GMP 对中药制药设备与车间设计的要求

1.3.1 GMP对中药制药设备的要求

① 中药制药设备应能满足生产工艺的要求，设备的型号、规格要与生产目的和规模相匹配。

② 中药制药设备的结构和材料，应不对加工的物料产生污染，同时也不对生产以外的环境产生污染或影响。

③ 中药制药设备的设计和选型应考虑在位清洗和在位灭菌。

1.3.2 GMP对中药制药设备的法规要求

目前为止，各国的GMP对设备管理要求基本相同，以下是中国GMP（2010年修订版）对设备的要求。

（1）原则性要求

GMP原则上要求设备的设计、选型、安装、改造和维护必须符合预定用途，应当尽可能降低产生污染、交叉污染、混淆和差错的风险，便于操作、清洁、维护，以及必要时进行的消毒或灭菌；应当建立设备使用、清洁、维护和维修的操作规程，并保存相应的操作记录；应当建立并保存设备采购、安装、确认的文件和记录。

（2）设计与安装

GMP在设备的设计和安装上要求生产设备不得对药品质量产生任何不利影响。与药品直接接触的生产设备表面应当平整、光洁、易清洗或消毒、耐腐蚀，不得与药品发生化学反应、吸附药品或向药品中释放物质；设备应当配备有适当量程和精度的衡器、量具、仪器和仪表，同时应当选择适当的清洗、清洁设备，并防止这类设备成为污染源；设备所用的润滑剂、冷却剂等不得对药品或容器造成污染，应当尽可能使用食用级或级别相当的润滑剂；生产用模具的采购、验收、保管、维护、发放及报废应当制定相应操作规程，设专人专柜保管，并有相应记录。

（3）维护与保养

GMP要求设备的维护和维修不得影响产品质量，应当制定设备的预防性维护计划和操作规程，设备的维护和维修应当有相应的记录，同时经改造或重大维修的设备应当进行再确认，符合要求后方可用于生产。

（4）使用与清洁

GMP明确要求主要生产和检验设备都应当有明确的操作规程，生产设备应当在确认的参数范围内使用，应当按照详细规定的操作规程清洁生产设备。

生产设备清洁的操作规程应当规定具体而完整的清洁方法、清洁用设备或工具、清洁剂的名称和配制方法、去除前一批次标识的方法、保护已清洁设备在使用前免受污染的方法、已清洁设备最长的保存时限、使用前检查设备清洁状况的方法，使操作者能以可重现的、有效的方式对各类设备进行清洁。

如需拆装设备，还应当规定设备拆装的顺序和方法；如需对设备消毒或灭菌，还应当规定消毒或灭菌的具体方法、消毒剂的名称和配制方法。必要时，还应当规定设备生产结束至清洁前所允许的最长间隔时限。

已清洁的生产设备应当在清洁、干燥的条件下存放。用于药品生产或检验的设备和仪器，应当有使用日志，记录内容包括使用、清洁、维护和维修情况以及日期、时间、所生产及检验的药品名称、规格和批号等。生产设备应当有明显的状态标识，标明设备编号和内容物（如名称、规格、批号）；没有内容物的应当标明清洁状态。不合格的设备如有可能应当搬出生产和质量控制区，未搬出前，应当有醒目的状态标识。主要固定管道应当标明内容物名称和流向。

（5）校准

GMP明确要求应当按照操作规程和校准计划定期对生产和检验用衡器、量具、仪表、记录和控制设备以及仪器进行校准和检查，并保存相关记录。校准的量程范围应当涵盖实际生产和检验的使用范围。应当确保生产和检验使用的关键衡器、量具、仪表、记录和控制设备以及仪器经过校准，所得出的数据准确、可靠。应当使用计量标准器具进行校准，且所用计量标准器具应当符合国家有关规定。校准记录应当标明所用计量标准器具的名称、编号、校准有效期和计量合格证明编号，确保记录的可追溯性。衡器、量具、仪表、用于记录和控制的设备以及仪器应当有明显的标识，标明其校准有效期。不得使用未经校准、超过校准有效期、失准的衡器、量具、仪表以及用于记录和控制的设备、仪器。在生产、包装、仓储过程中使用自动或电子设备的，应当按照操作规程定期进行校准和检查，确保其操作功能正常。校准和检查应当有相应的记录。

1.3.3 GMP对中药制药车间设计的要求

厂房设施作为中药药品生产的基础硬件，是质量系统的重要组成要素。厂房的选址、设计、施工、使用和维护情况都会对药品质量产生显著的影响。厂房设施需要根据不同剂型产品的生产要求，设置相应的生产环境，最大限度避免污染、混淆和人为差错的发生，将各种外界污染和不良影响减少到最低，为药品生产创造良好的生产条件，同时能够确保员工健康和生产安全并对环境提供必要的保护。

1.3.4 GMP对中药制药车间设计的法规要求

（1）原则性要求

GMP 对厂房与设施的选址、设计、施工、使用和维护方面给出原则性要求，主要原则性要求包括但不限于以下几点：厂房的选址、设计、布局、建造、改造和维护必须符合药品生产要求，应当能够最大限度地避免污染、交叉污染、混淆和差错，便于清洁、操作和维护；企业应当有整洁的生产环境；厂区的地面、路面及运输等不应当对药品的生产造成污染；生产、行政、生活和辅助区的总体布局应当合理，不得互相妨碍；厂区和厂房内的人、物流走向应当合理；厂房应当有适当的照明、温度、湿度和通风，确保生产和贮存的产品质量以及相关设备性能不会直接或间接地受到影响。

（2）生产区

GMP 中对生产区的设计、施工、使用和维护等方面给出了指导性要求，其要点包括但不限于以下几点：为降低污染和交叉污染的风险，厂房、生产设施和设备应当根据所生产药品的特性、工艺流程及相应洁净度级别要求合理设计、布局和使用；生产区和贮存区应当有足够的空间，确保有序地存放设备、物料、中间产品、待包装产品和成品，避免不同产品或物料的混淆、交叉污染，避免生产或质量控制操作发生遗漏或差错；应当根据药品品种、生产操作要求及外部环境状况等配置空调净化系统，使生产区有效通风，并有温度、湿度控制和空气净化过滤，保证药品的生产环境符合要求。

（3）仓储区

GMP 对仓储区的设计、施工、使用和维护等方面给出了指导性要求，其要点包括但不限于以下几点：仓储区应当有足够的空间，确保有序存放待验、合格、不合格、退货或召回的原辅料、包装材料、中间产品、待包装产品和成品等各类物料和产品；仓储区的设计和建造应当确保良好的仓储条件，并有通风和照明设施。仓储区应当能够满足物料或产品的贮存条件（如温湿度、避光）和安全贮存的要求，并进行检查和监控；通常应当有单独的物料取样区。取样区的空气洁净度级别应当与生产要求一致。如在其他区域或采用其他方式取样，应当能够防止污染或交叉污染。

（4）质量控制区

GMP 对质量控制区的设计、施工、使用和维护等方面给出了指导性要求，其要点包括但不限于以下几点：质量控制实验室通常应当与生产区分开。生物检定、微生物和放射性同位素的实验室还应当彼此分开；实验室的设计应当确保其适用于预定的用途，并能够避免混淆和交叉污染，应当有足够的区域用于样品处置、留样和稳定性考察样品的存放以及记录的保存；必要时，应当设置专门的仪器室，使灵敏度高的仪器免受静电、震动、潮湿或其他外界因素的干扰；实验动物房应当与其他区域严格分开，其设计、建造应当符合国家有关规定，并设有独立的空气处理设施以及动物的专用通道。

（5）辅助区

GMP 对辅助区的设计、施工、使用和维护等方面给出了指导性要求，其要点包括但不限于以下几点：休息室的设置不应当对生产区、仓储区和质量控制区造成不良影响；更衣室和盥洗室应当方便人员进出，并与使用人数相适应。盥洗室不得与生产区和仓储区直接相通；维修间应当尽可能远离生产区。存放在洁净区内的维修用备件和工具，应当放置在专门的房间或工具柜中。

1.4 中药制药设备的发展

1.4.1 集成化和模块化

中药制药的药材来源广泛，性质差异较大，而且成分复杂，这决定了中药制药设备的复杂性和特殊性，同时也造成了传统中药制药设备之间相互脱节，工艺之间的连续性较差。

中药制药设备的集成化是指通过整合多道工序或功能单元于单一设备或系统中，实现生产流程的连续化与高效化。通过集成化，可以减少设备占地面积，降低能耗与人工干预，提升工艺稳定性，例如多效提取浓缩一体机设备，集成了动态逆流提取、真空浓缩和在线检测功能，可减少中间环节物料转移，避免有效成分损失。

中药制药设备的模块化是指将设备分解为独立的功能模块，可根据生产需求快速组装或调整。通过模块化，可使中药制药设备灵活适应多剂型、小批量定制化生产，缩短设备改造周期。

未来将会进一步开发“集成+模块”模式，例如在中药配方颗粒生产中，提取、浓缩、干燥等核心工序集成化，而包装、分装环节模块化，兼顾效率与灵活性。

1.4.2 智能化和自动化

传统中药生产依赖人工经验，存在效率低、质量波动大、标准化不足等问题。中药制药设备的智能化与自动化是推动中药产业现代化转型的核心驱动力，其发展不仅提升了生产效率和质量稳定性，还助力中医药国际化进程。中药制药设备智能化是指通过人工智能、物联网、大数据等技术，赋予设备自主感知、分析决策与优化能力。例如中药材前处理中通过“机器视觉+深度学习”识别药材杂质，分选精度可达99%。

中药制药设备自动化是指设备、系统或过程在无人或较少人的直接参与下，按照人的要求，经过自动检测、信息处理、分析判断和操纵控制，实现预期目标的过程。智能化和自动化的发展可以提高生产效率，保障质量稳定性，降低生产成本。例如通过自动化流水线实现煎煮、浓缩、干燥、制粒等工序的无缝衔接，实现连续化生产，减少人工干预和停机时间。再如基于PLC（可编程逻辑控制器）或DCS（分布式控制系统）实现温度、压力流量等参数的精准调控，缩短生产周期，均可以提高生产效率，保障产品质量。

1.4.3 绿色化和标准化

中药制药生产过程中均涉及提取、蒸发、干燥等环节，这些环节存在生产时间长、能耗大、污染排放严重和药渣处理难等问题。中药制药设备绿色化是指基于制药过程全生命周期视角的降低碳排放、降低污染和进行资源高效利用。例如蒸发浓缩过程中采用减压浓缩设备、多效升降膜低温浓缩设备等，干燥过程中采用微波干燥设备、低温振动干燥设备等，灭菌过程中采用微波瞬时灭菌设备等，都能够大大降低生产过程中能量的损耗，节省热能和电能，提高能量的利用率。

中药制药设备的标准化是指通过制定和实施统一的技术规范、工艺流程、质量控制和设备性能标准，确保中药制药生产设备在设计、制造、使用及维护等环节符合科学化、规范化的要求，从而实现中药生产的安全性、有效性和一致性。例如中药提取环节，采用标准化多功能提取罐可自动调节设备温度和压力，可确保不同药材的有效成分提取率≥90%。再如在清洁环节，采用CIP（在位清洗）系统，通过标准化清洁程序减少微生物污染风险。

本章习题

1. 中药制药设备与车间设计主要研究什么？
2. 简述GMP对中药制药设备的主要要求。
3. GMP对中药制药车间设计有哪些原则性要求？
4. 中药制药设备的发展趋势包括哪些方面？
5. 什么是单元操作？什么是单元反应？二者有何区别？

第2章

物料输送设备

在中药制药生产过程中，从原材料的预处理到提取，从提取物的初步纯化到精制，再到中药制剂，这些生产环节大都涉及清洗、粉碎、提取、过滤、浓缩、萃取或结晶等操作。在上述操作过程中，都需要进行固体或流体物料的输送。实际生产中，一般是按照生产工艺流程，利用各种输送设备将物料从一个岗位送至另一个岗位，或从一台设备转移到另一台设备，以实现制药过程机械化、自动化和连续化生产。同时封闭式输送还可以减少物料与环境的接触，降低物料被污染的概率，起到保证和提高药品质量的作用。

中药制药生产过程中物料来源广泛，种类繁多，性质差异较大，因而输送设备的形式多种多样。按工作原理输送设备可分为连续式输送机械和间歇式输送机械，按物料种类可分为流体输送设备和固体输送设备两大类。

流体输送设备是通过给流体提供能量完成流体输送任务的机械的统称。流体主要分为液体和气体。输送液体的设备称为泵；而输送气体的设备根据被输送气体压强的大小分为通风机、鼓风机、压缩机和真空泵等。

固体输送设备的种类较多，如带式输送机、链式输送机、斗式提升机、螺旋式输送机以及气力输送系统等。

本章主要介绍典型物料输送设备的工作原理和特性，以达到结合实际生产任务进行正确选择和使用设备的目的。

2.1 流体力学基础

中药制药生产中所输送的物料大多数为流体，因此，流体输送是最普遍、最典型的单元操作之一。要解决流体输送的问题必须掌握流体力学基础知识，并能够进行管路设计。此外，还能根据实际输送任务选择合适的管道直径、计算输送系统所需输入的能量，并能够对流体输送相关设备进行正确选型。

2.1.1 流体静力学基本方程

流体静力学方程主要研究流体在受到平衡外力处于静止或相对静止时，流体内部压强的变化规律。

2.1.1.1 流体的密度

单位体积流体的质量称为流体的密度，用符号 ρ 表示，单位是 kg/m^3。

$$\rho=\frac{m}{V} \tag{2-1}$$

式中，m 为流体的质量，kg；V 为流体的体积，m^3。

单位质量流体的体积称为流体的比容，用符号 υ 表示，单位是 m^3/kg。

$$\upsilon=\frac{V}{m}=\frac{1}{\rho} \tag{2-2}$$

显然，比容与密度互为倒数。

（1）气体的密度

根据流体密度是否随压力变化而改变，将流体分为可压缩流体与不可压缩流体。气体的密度随温度和压力的变化而改变，属于可压缩流体。

① 非高压、非低温气体　此时气体可视为理想气体，其密度可由理想气体状态方程近似计算，即

$$pV=nRT=\frac{m}{M}RT$$

因此

$$\rho=\frac{pM}{RT} \tag{2-3}$$

式中，p 为气体的压力，Pa；V 为气体的体积，m^3；n 为物质的量，mol；m 为气体的质量，kg；M 为气体的摩尔质量，kg/mol；T 为气体的绝对温度，K；R 为摩尔气体常数，8.314 J/(mol·K)；ρ 为气体密度，kg/m^3。

② 气体混合物　式（2-3）中的 ρ 可用 ρ_{m}、M 可用 M_{m} 代替，即

$$\rho_{\mathrm{m}}=\frac{pM_{\mathrm{m}}}{RT} \tag{2-4}$$

式中，ρ_{m} 为混合气体的平均密度，kg/m^3；M_{m} 为混合气体的平均摩尔质量，kg/mol。其中的 M_{m} 为

$$M_{\mathrm{m}}=M_1y_1+M_2y_2+\cdots+M_ny_n$$

式中，M_1、M_2、…、M_n 分别为混合气体中各组分的摩尔质量，kg/mol；y_1、y_2、…、y_n 分别为混合气体中各组分的摩尔分数或体积分数。

（2）液体的密度

液体的密度通常不受压力影响，只随温度的变化而改变，属于不可压缩流体。

对于纯组分液体，其密度表达式如式（2-1）所示。

液体的密度与 4℃时纯水的密度之比为该液体的相对密度。相对密度是一个比值，没有单位。因为 4℃时纯水的密度为 1000kg/m^3，所以液体的相对密度等于其密度除以 1000。

实际生产中所遇到的液体一般是由多个组分所组成的液体混合物。假如液体混合物为理想溶液，则混合前后的体积保持不变，其平均密度可由式（2-5）计算。

$$\frac{1}{\rho'_{\mathrm{m}}}=\frac{x_1}{\rho'_1}+\frac{x_2}{\rho'_2}+\cdots+\frac{x_n}{\rho'_n} \tag{2-5}$$

式中，ρ'_{m}为混合液体的平均密度，kg/m^3；ρ'_1、ρ'_2、…、ρ'_n分别为混合液体中各液体的密度，kg/m^3；x_1、x_2、…、x_n分别为混合液体中各液体的质量分率。

【例 2-1】 已知 20℃时甲酸的相对密度为 1.22，试计算该温度下 70%（质量分数）甲酸水溶液的密度及比容。已知 20℃时水的密度为 998kg/m^3。

解： 甲酸的密度为

$$\rho = 1.22\times1000 = 1220(\mathrm{kg/m^3})$$

由式（2-5）得

$$\frac{1}{\rho_{\mathrm{m}}}=\frac{0.7}{1220}+\frac{0.3}{998}$$

解得甲酸水溶液的密度为

$$\rho_{\mathrm{m}}=1143.7\mathrm{kg/m^3}$$

由式（2-2）得甲酸水溶液的比容为

$$\upsilon=\frac{1}{\rho}=\frac{1}{1143.7}=8.744\times10^{-4}(\mathrm{m^3/kg})$$

【例 2-2】 已知密闭容器内盛有温度为 25℃、总压为 2.65×10^5Pa、体积比为 1∶3 的氨气和氢气，试计算器内混合气体的密度。

解： 首先计算混合气体的平均摩尔质量，即

$$M_{\mathrm{m}}=M_1y_1+M_2y_2+\cdots+M_ny_n=17\times10^{-3}\times\frac{1}{1+3}+2\times10^{-3}\times\frac{3}{1+3}=5.75\times10^{-3}(\mathrm{kg/mol})$$

然后由式（2-4）计算混合气体的密度，即

$$\rho_{\mathrm{m}}=\frac{pM_{\mathrm{m}}}{RT}=\frac{2.65\times10^5\times5.75\times10^{-3}}{8.314\times298}=0.615(\mathrm{kg/m^3})$$

2.1.1.2 流体的压强

（1）压强的定义和单位

流体垂直作用于单位面积上的力即为流体的压强，工程上习惯将其称为压力，用符号 p 表示。

$$p=\frac{F}{A} \tag{2-6}$$

式中，F 为垂直作用于流体表面上的压力，N；A 为作用面的面积，m^2。

静止流体中产生的压强称为静压强，从各个方向作用于某一点的压强大小均相等。

在 SI 中，压强的单位是 Pa（帕斯卡），但在实际应用中习惯上还采用其他单位。如在工程制中，压强的单位是 at（工程大气压）、kgf/cm^2。其他的表示方法还有标准大气压（atm）、米水柱（mH_2O）、毫米汞柱（mmHg）、毫米水柱（mmH_2O）、巴（bar）等。

各种压强单位的换算关系如下：

$$1atm=1.033at=760mmHg=10.33mH_2O=1.0133\times10^5Pa=1.0133bar$$
$$1at=735.6mmHg=10mH_2O=9.81\times10^4Pa\approx0.1MPa$$
$$1bar=1\times10^5Pa$$

（2）压强的表达方式

压强的大小根据选择的基准不同，有三种不同表达方式：表压、绝压和真空度。

以绝对真空为基准测得的压强称为绝对压强，简称绝压，它是流体的真实压强。

以外界大气压为基准测得的压强称为表压或真空度。当被测流体的压强大于大气压时，测得的压强反映了被测流体的绝对压强与大气压之差，称为表压强，简称表压。

表压=绝对压强−大气压强

当被测流体的压强低于大气压时，测得的压强反映了大气压强与被测流体的绝对压强之差，称为真空度。

真空度=大气压强−绝对压强

表压、绝压、真空度与大气压的关系可由图 2-1 来说明。为避免混淆，用表压或真空度表示压强数值时，必须加以注明。对没有注明的压力值，均视为绝对压力。

大气压作为计算基数，其本身会随地域或环境的不同而有所变化。可现场实测，或以当地气象部门提供的数据为准。如无注明，则大气压按 1.0133×10^5Pa 计。

2.1.1.3 流体静力学基本方程

流体静力学基本方程用以描述静止流体内部压强的变化规律，方程的导出方法如下。

设容器中盛有密度为 ρ 的静止液体，如图 2-2 所示。在其中任取一截面积为 A 的液体柱，液柱上下底面距容器底部（基准面）的距离分别为 Z_1 和 Z_2，上下底面的压强分别为 p_1 和 p_2。

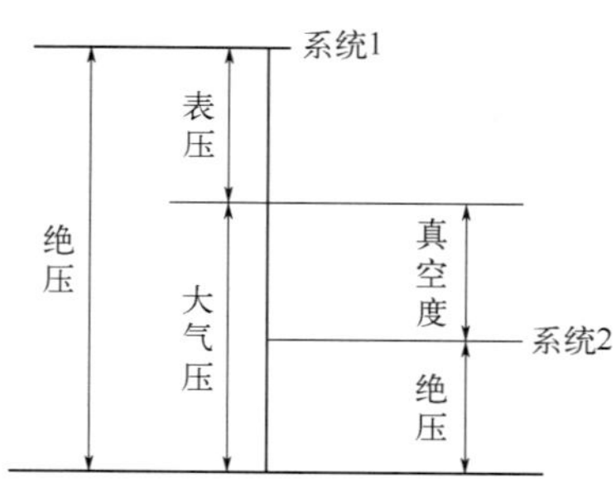

图 2-1　表压、绝压、真空度与大气压的关系

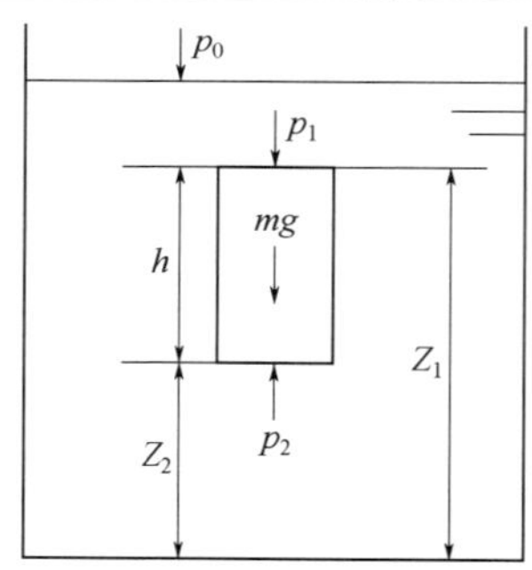

图 2-2　静止流体内部力的平衡

显然，液柱在垂直方向保持静止，则垂直作用于液柱的合力等于 0，即

液柱顶部所受的压力（p_1A）+液柱自身的重力（mg）=液柱底部所受的压力（p_2A）

代入后得
$$p_1A+A(Z_1-Z_2)\rho g-p_2A=0$$

整理上式得

$$p_2=p_1+\rho gh \tag{2-7}$$

$$h=Z_1-Z_2$$

式中，h 为液柱的高度。

如将液柱上底面定位于液体表面，则 p_1 为液体表面的压强 p_0，再将 p_2 定义为液体内部距液体表面 h 深度层面的压强 p，则式（2-7）为

$$p = p_0 + \rho gh \tag{2-8}$$

式（2-7）和式（2-8）统称为流体静力学基本方程式。据此式可得如下结论:

① 当液面上方压强一定时，静止液体内部任一点的压强与液体的密度及该点距液面的深度有关。当流体表面压强改变时，流体内部的压强也会发生相同数值的变化。

② 静止的、连续的同一种流体内，处于同一水平面上的各点压强均相等。此压强相等的水平面称为等压面。

③ 流体内部任一层面的压强 p 是其距流体表面深度 h 的函数，深度越大，压强就越大。

④ 式（2-8）也可改写为

$$h = \frac{p - p_0}{\rho g} \tag{2-9}$$

即，压强或压差的大小可用液柱高度 h 表示，但必须注明液体的种类和温度。

【例 2-3】 在图 2-3 所示的敞口容器内盛有油和水，已知 $\rho_{油} < \rho_{水}$，故 $h < h_1 + h_2$。油层高度 h_1=0.7m，密度 ρ_1=800kg/m^3；水层高度 h_2=0.5m，密度 ρ_2=1000kg/m^3。若 A 与 A'及 B 与 B'分别处于同一水平面上，试确定：（1） $p_A = p_{A'}$ 及 $p_B = p_{B'}$ 是否成立；（2）水在玻璃管内的高度 h。

解：（1）确定 $p_A = p_{A'}$ 及 $p_B = p_{B'}$ 是否成立。

$p_A = p_{A'}$ 的关系成立。因为 A、A'两点处于静止的连通着的同一种流体内，且在同一水平面上，所以，截面 A—A'为等压面。

$p_B = p_{B'}$ 的关系不成立，这是因为 B 及 B'两点虽在静止流体的同一水平面上，但不是连通着的同一流体，即 B—B'不是等压面。

(2）确定水在玻璃管内的高度 h。

由(1)可知， $p_A = p_{A'}$。由流体静力学方程式得

$$p_A = p_a + \rho_1 g h_1 + \rho_2 g h_2$$

$$p_{A'} = p_a + \rho_2 g h$$

$$h = h_2 + \frac{\rho_1}{\rho_2} h_1 = 0.5 + \frac{800}{1000} \times 0.7 = 1.06(\mathrm{m})$$

2.1.1.4 流体静力学方程在实际生产中的应用

流体静力学方程在中药制药生产过程中应用广泛。可用于测量流体内部两点间或某处流体的压强，还可用于测量容器内的液面位置以及计算液封高度等。

（1）测量流体的压力或压差

① U 形管压差计　U 形管压差计的结构如图 2- 4 所示。

在内径均匀的 U 形玻璃管中装入与被测流体互不相溶的指示液，其密度 ρ_0 应大于被测流体的密度 ρ，且两者不起化学反应。

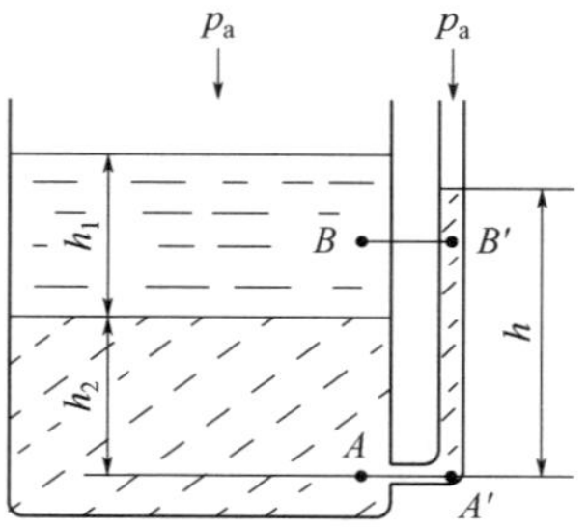

图 2-3 例 2-3 附图

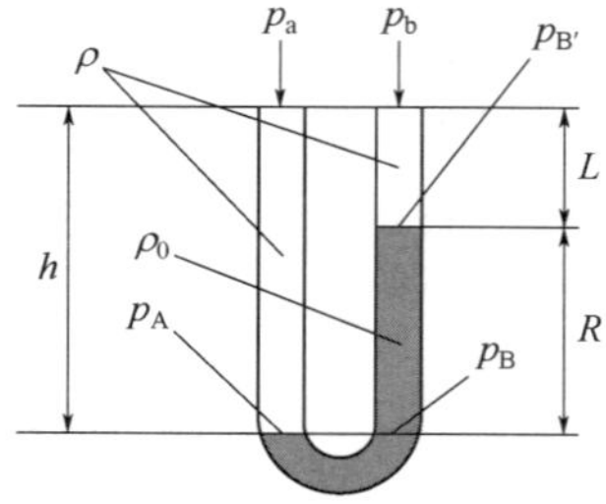

图 2-4 U 形管压差计

将 U 形管的两端与被测流体的两点连通。如果作用于管端的压力 p_a 大于 p_b，则指示液在 U 形管内会出现液位差 R。根据 R 的数值，可计算出流体被测两点间的压差。

其原理如下。

根据式（2-8），即

$$p_2 = p_1 + \rho gh$$

对 U 形管左侧，将 p_2=p_A、p_1=p_a、ρ=ρ 及 h=L+R 代入得

$$p_A = p_a + \rho g(L + R)$$

对 U 形管右侧下半段，将 p_2=p_B、 $p_1 = p_{B'}$ 、ρ=ρ_0 及 h=R 代入得

$$p_B = p_{B'} + \rho_0 gR$$

$$p_{B'} = p_b + \rho gL$$

根据 p_A=p_B，代入得

$$p_a + \rho g(L + R) = p_b + \rho gL + \rho_0 gR$$

整理得

$$p_a - p_b = (\rho_0 - \rho)gR \tag{2-10}$$

由式（2-10）可知，被测流体两点间压差只与压差计读数 R 及两者的密度差有关，而与其他因素无关。但上式仅适用于水平管道内流体内部两点间压强差的计算。

如被测流体为气体时，气体密度 ρ 远小于液体密度 ρ_0，可近似 ρ≈0，式（2-10）变成

$$p_a - p_b = \rho_0 gR \tag{2-11}$$

【例 2-4】如图 2-5 所示，在水平管路上方安装一 U 形管压差计，指示液为水银，压差计的读数 R=140mm。当水平管内流经密度为 1000kg/m^3 的水时，计算截面 A—A'与 B—B'之间的压强差。已知水银的密度为 13600kg/m^3。

解：图 2-5 中，截面 1—1′与 2—2′均为等压面，即

$$p_1 = p_1'$$

$$p_2 = p_2'$$

由流体静力学基本方程式得

$$p_1' = p_A - \rho_B gm$$

$$p_2' = p_B - \rho_B g(m+R)$$

$$p_1 = p_2 + \rho_A gR = p_2' + \rho_A gR = p_B - \rho_B g(m+R) + \rho_A gR$$

所以
$$p_A - \rho_B gm = p_B - \rho_B g(m+R) + \rho_A gR$$

整理得
$$p_A - p_B = (\rho_A - \rho_B)gR$$

水平管内流经水时截面 $A—A'$ 与 $B—B'$ 之间的压强差：依题意 R=0.14m，代入上式得

$$\Delta p = p_A - p_B = (13600-1000)\times 9.81\times 0.14 = 1.7305\times 10^4\,(\text{Pa})$$

② 微压压差计　微压压差计多用于被测压力相差很小的情况。其结构如图 2-6 所示，它是在 U 形管压差计顶部安装两个扩张室，装入 A、B 两种密度不同且不互溶的指示液。由于扩张室直径远远大于臂管直径，所以两侧扩张室产生很小的压差时，臂管中则产生比较大的位差。设：p_a、p_b 分别为被测流体的两点的压力；ρ、ρ_0 分别为两种指示液的密度；R 为指示液 A 的位差。

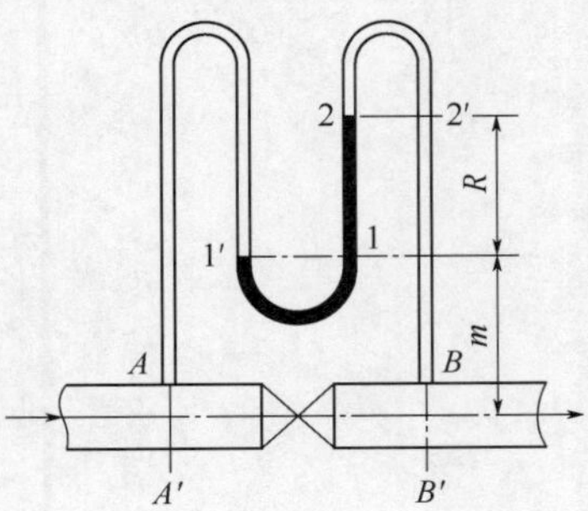

图 2-5　例 2-4 附图

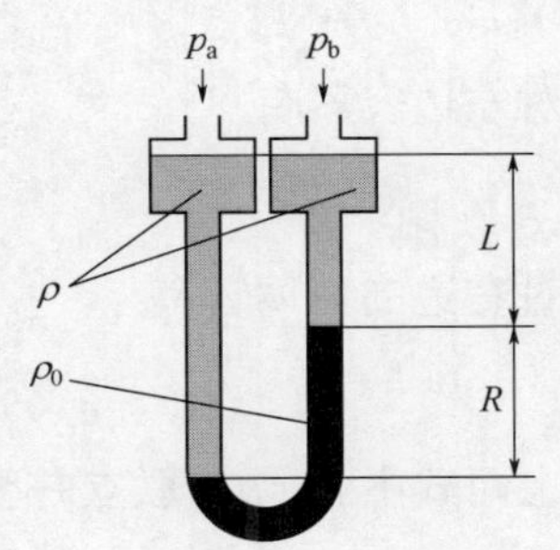

图 2-6　微压压差计

则有

$$p_a - p_b = (\rho_0 - \rho)gR \tag{2-12}$$

工业上常用的双指示液有液体石蜡和工业酒精。微压计主要用于测量气体的微小压力差，在相同压力差时，可比 U 形管放大数十倍。

(2) 测量液位

在中药制药工业生产中，经常需要了解和控制各类容器中的贮液量和液位高度。

普通的液位计如图 2-7 所示，即用玻璃管将容器底部和液面上方连通。容器内液体的液位与玻璃管所显示的液面高度 h 相同。

这种液位计构造简单、测量直观、安装方便、价格便宜，缺点是易于破损，且不便于远处观察。其适用于中、小型容器的液位计量。

图 2-8 所示的液位计称为液面指示仪。与普通液位计相比，它更适用于大型贮液罐的液位计量。

液面指示仪实际上是一个连通器，左边容器内液体密度为 ρ，右边的密闭容器内指示

液密度为 ρ_0（$\rho_0>\rho$），该指示液与大气相通。大容器内液体的液位高度 h 与指示液液位读数 R 的关系，可根据流体静力学方程推导。

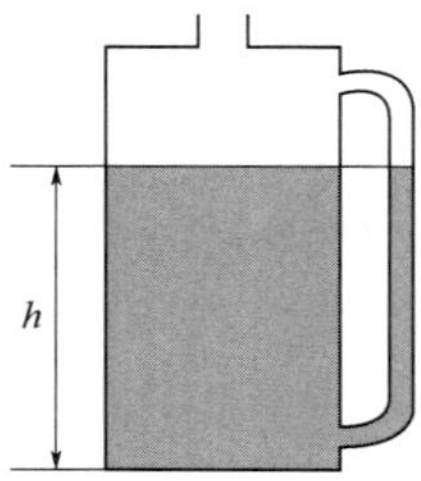

图 2-7 液位计

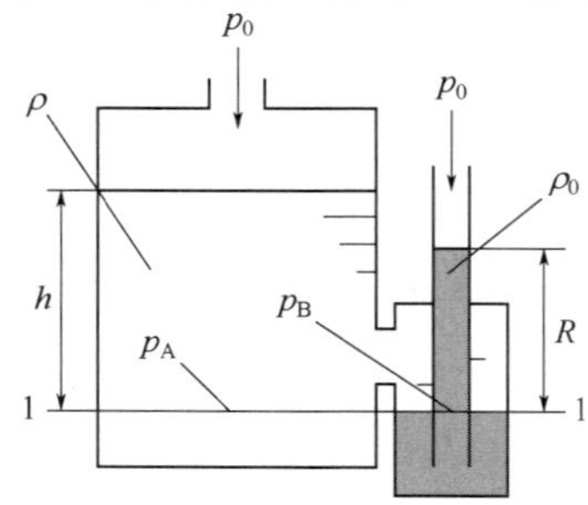

图 2-8 液面指示仪

设敞口容器与玻璃管均通大气，大气压为 P_0。

根据

$$p_2 = p_1 + \rho g h$$

对左边容器有

$$p_A = p_0 + \rho g h$$

对右边的玻璃管有

$$p_B = p_0 + \rho_0 g R$$

上两式中 $p_A=p_B$, 联立并整理得

$$h = R\frac{\rho_0}{\rho} \tag{2-13}$$

（3）液封高度的计算

在中药制药生产中，为控制设备内的气体压力，常采用图 2-9 所示的安全液封。当设备内的压力低于规定数值时，液封可防止气体向外界泄漏。当设备内的气体压力超过规定数值时，气体从液封管中排出，从而确保设备的操作安全。

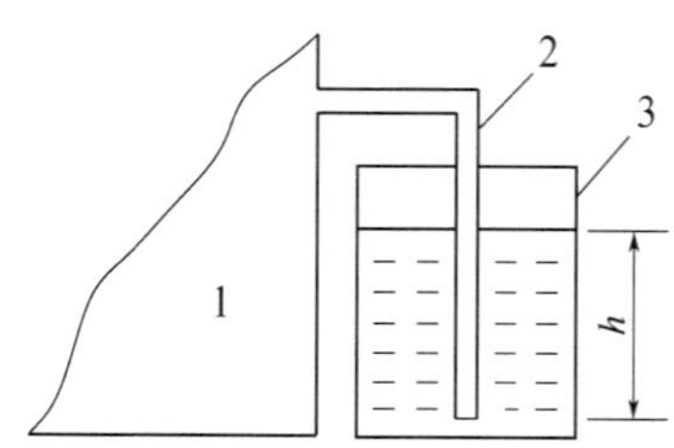

图 2-9 安全液封

1—设备；2—液封管；3—水槽

液封高度是液封的关键工艺参数，其值可根据流体静力学基本方程式计算。若设备内的允许操作压力为 p_1（表压），则液封管插入液面下的深度 h 为

$$h = \frac{p_1}{\rho_{H_2O} g} \tag{2-14}$$

2.1.2 流体动力学基本方程

实际生产中，流体通常在管道内流动，与流动有关的流速、位置及压力等均会发生变

化，本节将着重讨论流体在管内流动过程中能量变化的规律，并应用这些规律去解决流体输送等问题。

2.1.2.1 流量与流速

（1）流量

① 体积流量 单位时间内流体流经管道任一截面的体积称为体积流量，以 V_s 表示，单位为 m^3/s。

② 质量流量 单位时间内流体流经管道任一截面的质量称为质量流速，以 W_s 表示，单位为 kg/s。

两者之间的关系为

$$W_s = \rho V_s \tag{2-15}$$

（2）流速

① 平均流速 单位时间内流体在流动方向上流过的距离称为流速，以 u 表示，单位为 m/s。流体在管内流动时，管道任一截面上各点的流速并不相等。工程上常采用平均流速，即流体在整个管截面上速度的平均值，简称流速。可按下式计算：

$$u = \frac{V_s}{A} = \frac{W_s}{\rho A} \tag{2-16}$$

式中，A 为与流动方向相垂直的管道截面积，m^2。

② 质量流速 单位时间内流体流经管道单位截面积的质量称为质量流速，以 G 表示，单位为 $kg/(m^2 \cdot s)$。

质量流速与质量流量、体积流量及流速之间的关系为

$$G = \frac{W_s}{A} = \frac{\rho V_s}{A} = \rho u \tag{2-17}$$

（3）管道直径的估算

工程上经常依据式（2-17）来设计圆形管道的尺寸，此时式中的 $A=\pi d^2/4$。代入并整理后得

$$d = \sqrt{\frac{4V_s}{\pi u}} \tag{2-18}$$

式中，d 为圆形管道内径，m；V_s 为流体的体积流量，m^3/s；u 为流体的流速，m/s。

流量 V_s 一般由生产任务决定，流速确定后输送管路的直径就可以确定。但流速越大，输送流体的操作费用越大；流速越小，管径就增大，从而投资费用增加。因此 u 取决于经济核算，常用的范围可参照表 2-1；d 只是选择管路的依据，不是实际管路的内径。应用时，先对 d 进行圆整，然后再依照国家有关管道规格的标准进行选材，才能得到管路的实际尺寸。

2.1.2.2 稳定流动与不稳定流动

流体流动过程中，若管路任一截面上与流动有关的物理量仅随位置而变，而不随时间改变，这种流动称为稳定流动。若这些物理量中的任意一个随时间改变，则称为不稳定流动。

表 2-1　流体在管路中流动的常用流速范围

流体	u/(m/s)	流体	u/(m/s)
自来水（0.3MPa 左右）	1 ~ 1.5	一般气体（常压）	10 ~ 20
水及低黏度液体（0.1 ~ 1MPa）	1.5 ~ 3.0	风机吸入管	10 ~ 15
高黏度液体（盐类溶液等）	0.5 ~ 1.0	风机排出管	15 ~ 20
饱和蒸汽（0.8MPa）	40 ~ 60	离心泵吸入管（水类液体）	1.5 ~ 2.0
饱和蒸汽（0.3MPa）	20 ~ 40	离心泵排出管（水类液体）	2.5 ~ 3.0
过热水蒸气	30 ~ 50	往复泵吸入管（水类液体）	0.75 ~ 1.0
易燃易爆低压气体	<8	往复泵排出管（水类液体）	1.0 ~ 2.0
低压气体	8 ~ 15	液体自流速度（冷凝水等）	0.5
压力较高的气体	15 ~ 25	真空下的气体流速	<10

如图 2-10 所示的溢流装置，水箱中的水位维持恒定。排水管各截面上水的流速都不同，但任一截面上（截面 1—1）水的流速却是恒定的，且不随时间改变。这种流动就属于稳定流动。

如图 2-11 所示，若无溢流装置，容器内的水位会随时间下降。尽管排水管各处截面相同，但在任一截面上（截面 2—2）水的流速却随时间的延长而降低。这种流动就属于不稳定流动。

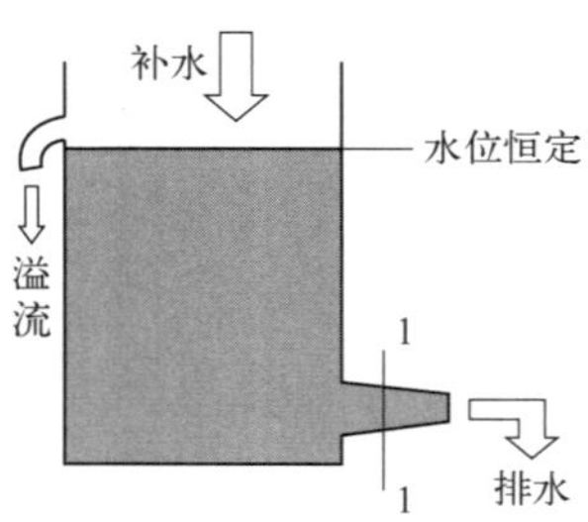

图 2-10　稳定流动

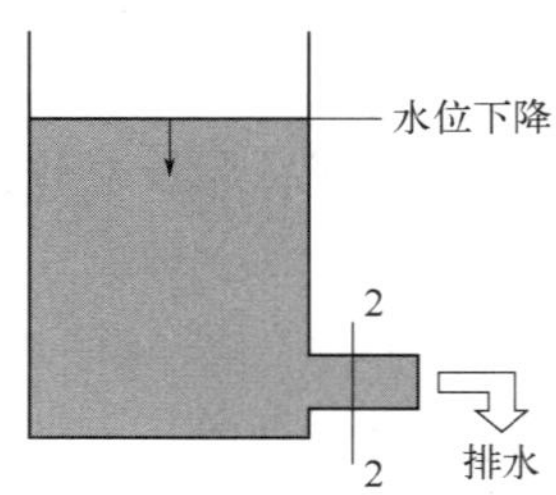

图 2-11　不稳定流动

在制药生产中，流体输送操作多属于稳定流动。有些不稳定流动，在实际生产中也可简化成稳定流动。因此，本章只讨论稳定流动。

2.1.2.3　连续性方程

如图 2-12 所示的稳定流动系统，流体连续地从截面 1—1 流入、截面 2—2 流出。

设：W_{s1}、W_{s2} 分别为从截面 1—1 流入、截面 2—2 流出流体的质量流量；u_1、ρ_1、A_1 和 u_2、ρ_2、A_2，分别为截面 1—1 和 2—2 处流体的流速、密度和管路的截面积。

根据质量守恒定律，流入、流出截面流体的质量流量应该相同。即

$$W_{s1} = W_{s2}$$

或

$$u_1\rho_1 A_1 = u_2\rho_2 A_2$$

推广至任意截面，则有

$$W_s=\rho_1 u_1 A_1=\rho_2 u_2 A_2=\cdots=\rho u A=常数 \tag{2-19}$$

式（2-19）即为稳态流动系统的连续性方程式。显然，在稳态流动系统中，流体流经各截面时的质量流量保持恒定。

对于不可压缩流体，即ρ=常数，则式（2-19）可改写为

$$V_s=u_1 A_1=u_2 A_2=\cdots=uA=常数$$

对处于圆形管路中的不可压流体，可将 $A=\pi d^2/4$、$\rho_1=\rho_2=\rho$ 代入上式：

$$u_1\rho\frac{\pi}{4}d_1^2=u_2\rho\frac{\pi}{4}d_2^2$$

整理得

$$u_1 d_1^2=u_2 d_2^2 \tag{2-20}$$

式（2-20）表明，不可压缩流体在圆管中作稳态流动时，流速与管内径的平方成反比。

【例题 2-5】某管路系统如图 2-13 所示，水以 0.003m^3/s 的流量从截面 1—1 流入系统。对应于截面 1—1、2—2、3—3 及 3′—3′处的管内径分别为 d_1 =0.06m、d_2 =0.1m、d_3 = d_3'=0.04m。

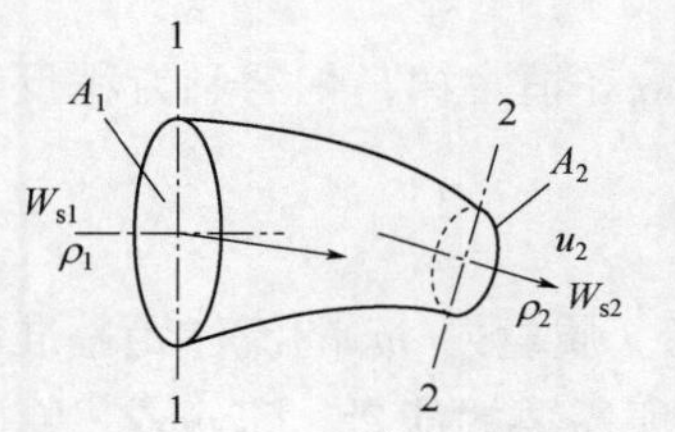

图 2-12　物料衡算

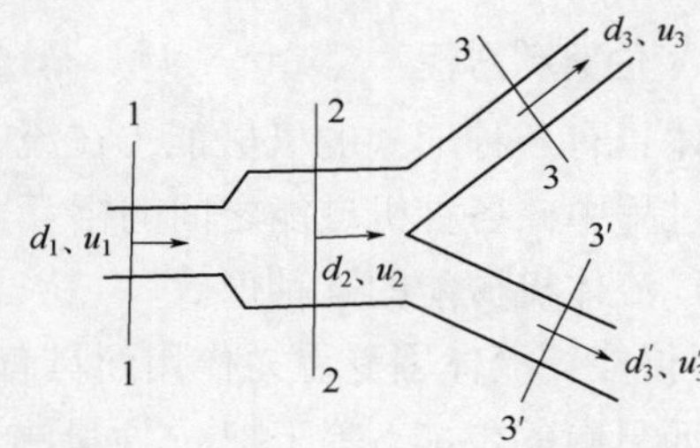

图 2-13　例题 2-5 附图

设从截面 3—3 及 3'—3'处流出水的体积流量相同，分别求出水在各截面处的流速 u_1、u_2、u_3和 u_4。

解：（1）求 u_1。

根据
$$u=\frac{V_s}{A}$$

将 V_s=0.003 m^3/s

$$A=\frac{\pi}{4}d_1^2=\frac{\pi}{4}\times 0.06^2\approx 0.003(m^3)$$

代入得
$$u_1=\frac{0.003}{0.003}=1(m/s)$$

（2）求 u_2。

根据 $$u_1 d_1^2 = u_2 d_2^2$$

将 $u_1 = 1\text{m/s}$，$d_1 = 0.06\text{m}$，$d_2 = 0.1\text{m}$ 代入得

$$u_2 = \frac{u_1 d_1^2}{d_2^2} = \frac{1\times 0.06^2}{0.1^2} = 0.36(\text{m/s})$$

（3）求 u_3。

设 V_{s3}、V'_{s3} 分别为从截面 3—3 及 3′—3′处流出水的体积流量，按题意有 $V_{s3} = V'_{s3}$。对进入和流出的水依照不可压流体的物料衡算得

$$V_s = V_{s3} + V'_{s3} = 2V_{s3} \quad 或 \quad V_{s3} = \frac{V_s}{2}$$

$$u_3 = \frac{V_{s3}}{A_3} \quad 或 \quad u_3 = \frac{V_s}{2}\times\frac{1}{(\pi/4)d_3^2}$$

将 V_s=0.003m^3/s，d_3=0.04m 代入得

$$u_3 = \frac{4\times 0.003}{2\times 3.14\times 0.04^2} = 1.19(\text{m/s})$$

同理可得

$$u'_3 = u_3 = 1.19(\text{m/s})$$

2.1.2.4 伯努利方程

流体具有各种形式的机械能，在流动过程中遵循能量守恒定律，伯努利方程反映流体在流动过程中，各种机械能之间的相互转换关系。

（1）流体机械能的几种形式

① 位能　流体因受重力作用而具有的能量称为位能。质量为 m 的流体距基准面高度为 Z 时而具有的位能，等于把 m 质量的流体举起 Z 高度所需要的能量，即 mgZ，单位为 J。若流体的质量为 1kg，则该流体所具有的位能为 gZ，单位为 J/kg。

② 动能　流体因具有一定的流速而具有的能量称为动能。质量为 m 的流体流速为 u 时具有的动能，等于将该流体由静止加速到流速为 u 时所做的功，即 $mu^2/2$，单位为 J。若流体的质量为 1kg，则该流体所具有的动能为 $u^2/2$，单位为 J/kg。

③ 静压能　流体因具有一定的压力而具有的能量称为静压能。体积为 V 的流体因带有压力 p 而具有的静压能，等于把 V 体积的流体送入压力为 p 的系统所需要的能量，即 pV，单位为 J。若流体的质量为 1kg，则该流体带入系统的静压能为 $\frac{pV}{m} = \frac{p}{\rho}$，单位为 J/kg。

④ 有效功　在实际生产中，常通过泵、风机等流体输送设备向流体提供能量，以完成流体输送。1kg 流体经过流体输送设备所获得的能量称为外加能量或有效功，以 W_e 表示，单位为 J/kg。单位时间内流体输送设备所做的有效功，称为有效功率，以 N_e 表示，单位为 W 或 kW，则

$$N_e = W_e W_s \tag{2-21}$$

流体输送设备所提供的能量并非全部转化给流体，由于泵在输送液体时存在各种能量

损失，因而存在泵的能量转化效率问题，即

$$\eta = \frac{N_e}{N} \tag{2-22}$$

式中，η为泵的效率，无因次；N为泵的轴功率，W 或 kW。

⑤ 能量损失　实际流体在流动过程中，需要克服内摩擦力等阻力，因而部分机械能将转变为热能而无法利用，这部分损失掉的机械能称为能量损失。

(2) 伯努利方程式

如图 2-14 所示，不可压缩流体在管路中作稳定流动，以截面 0—0′为基准水平面，通过对截面 1—1′、2—2′及管内壁面所包围的流体进行能量衡算得

$$gZ_1 + \frac{u_1^2}{2} + \frac{p_1}{\rho} + W_e = gZ_2 + \frac{u_2^2}{2} + \frac{p_2}{\rho} + \sum h_f \tag{2-23}$$

式中，$\sum h_f$为 1kg 流体由截面 1—1′流动至截面 2—2′时的能量损失，J/kg。

若流体在流动过程中不产生流动阻力，则这种流体称为理想流体，此时$\sum h_f=0$。显然，对于理想流体且无外功加入时，式（2-23）可简化为

$$gZ_1 + \frac{u_1^2}{2} + \frac{p_1}{\rho} = gZ_2 + \frac{u_2^2}{2} + \frac{p_2}{\rho} \tag{2-24}$$

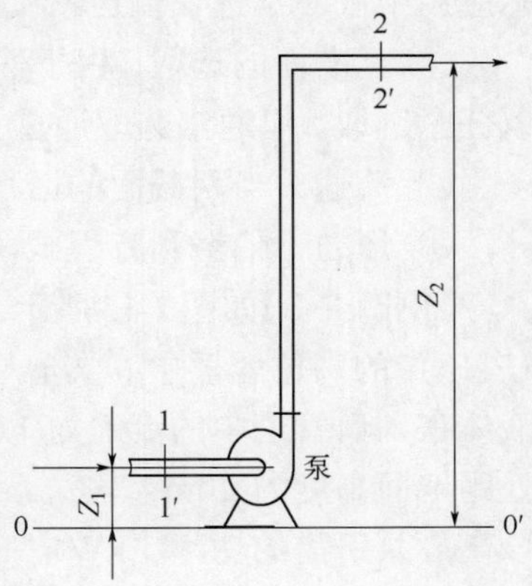

图 2-14　伯努利方程式的推导

式（2-24）称为理想流体的伯努利方程式，式（2-23）是实际流体的机械能衡算式。

式（2-23）和式（2-24）均是以单位质量的流体为基准的伯努利方程式，其各项的单位均为 J/kg。将式（2-23）的两边同除以 g 得

$$Z_1 + \frac{u_1^2}{2g} + \frac{p_1}{\rho g} + \frac{W_e}{g} = Z_2 + \frac{u_2^2}{2g} + \frac{p_2}{\rho g} + \frac{\sum h_f}{g}$$

令

$$H_e = \frac{W_e}{g}，\quad H_f = \frac{\sum h_f}{g}$$

则

$$Z_1 + \frac{u_1^2}{2g} + \frac{p_1}{\rho g} + H_e = Z_2 + \frac{u_2^2}{2g} + \frac{p_2}{\rho g} + H_f \tag{2-25}$$

式中，Z 为位压头；$\frac{u^2}{2g}$为动压头；$\frac{p}{\rho g}$为静压头；$Z+\frac{u^2}{2g}+\frac{p}{\rho g}$为总压头；$H_e$为有效压头，它是单位重量的流体经流体输送设备所获得的能量；H_f为压头损失。

式（2-25）是以单位重量流体为基准的伯努利方程式，式中各项的单位均为 m（米流体柱），即单位重量的不可压缩流体所具有的机械能，为将流体从基准水平面可升举的高度。

类似地，将式（2-23）的两边同乘ρ即得以单位体积的流体为基准的伯努利方程式。

$$\rho gZ_1+\frac{\rho u_1^2}{2}+p_1+\rho W_e=\rho gZ_2+\frac{\rho u_2^2}{2}+p_2+\rho\sum h_f \tag{2-26}$$

式（2-26）中各项的单位均为 Pa，即单位体积的不可压缩流体所具有的机械能。

应用伯努利方程式解题时应注意以下几点。

① 截面的选取：所选截面应与流动方向相垂直，且两截面间的流体应为连续稳定流动。为了计算方便，截面常选在已知条件最多的地方，而待求量应在截面上或两截面之间。实际应用中截面常选在输送系统的起点和终点的相应截面处。

② 基准面的选取：由于伯努利方程式中所反映的是位能差的数值，因此基准水平面可以任意选取。但通常选取通过上、下游截面中位置较低截面的中点的水平面为基准水平面。

③ 流速：当两截面的面积相差很大时，可认为大截面处的流速近似等于 0。

④ 压力：伯努利方程式两边的压强应一致，可同时使用绝压或表压，但不能混用。

【例题 2-6】如图 2-15 所示，用离心泵将密度为 $1100kg/m^3$ 的液体输送至压力为 0.3×10^4Pa（表压）的高位容器中。离心泵入口端管径ϕ108mm×4.5mm、出口端管径ϕ76mm×2.5mm。液体在入口管道中的流速为 1.5m/s，在盛装液体的贮槽中，液位高度为 1.5m。如液体出口处距地面高度为 20m，输送系统的压头损失为 4m 流体柱，离心泵的总效率为 65%，试求该离心泵所需的功率（kW）。

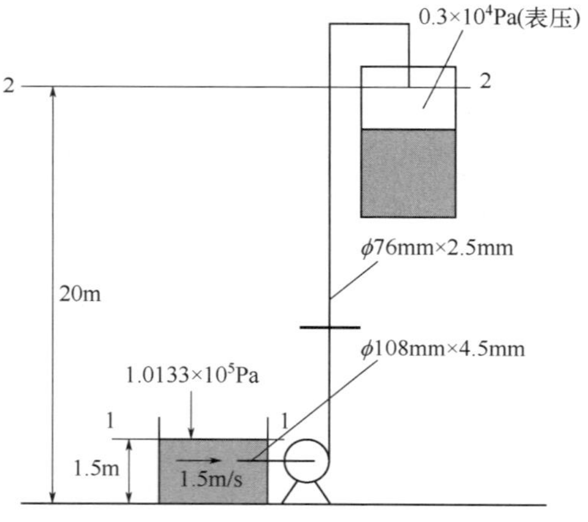

图 2-15　例题 2-6 附图

解：根据式（2-25）

$$Z_1+\frac{u_1^2}{2g}+\frac{p_1}{\rho g}+H_e=Z_2+\frac{u_2^2}{2g}+\frac{p_2}{\rho g}+H_f$$

其中，Z_1=1.5m，Z_2=20m，u_1=0，u=1.5m/s，$P_2=0.3\times10^4$Pa（表压），H_f=4m 流体柱，$\rho=1100kg/m^3$，而

$$u_2=u\frac{d^2}{d_2^2}=1.5\times\frac{(108-2\times4.5)^2}{(76-2\times2.5)^2}=2.92(m/s)$$

代入得

$$1.5+0+0+H_e=20+\frac{2.92^2}{2\times9.81}+\frac{0.3\times10^4}{1100\times9.81}+4$$

整理得

$$H_e=20+0.43+0.28+4-1.5=23.21(\mathrm{m})$$

输送液体所需要的有效功率 N_e，可根据下式求得

$$N_e=H_e\rho gV_s$$

$$V_s=u\frac{\pi}{4}d^2=1.5\times\frac{3.14}{4}\times(108-2\times4.5)^2\times10^{-6}=0.012(\mathrm{m^3/s})$$

代入得

$$N_e=23.21\times1100\times9.81\times0.012\approx3006(\mathrm{W})\approx3.0(\mathrm{kW})$$

因为离心泵的总效率 η 为 65%，所以离心泵所需的功率为

$$N_{泵}=\frac{N_e}{\eta}=\frac{3.0}{0.65}=4.6(\mathrm{kW})$$

2.1.3 流体在管内的流动阻力

2.1.3.1 牛顿黏性定律

实际流体在圆形管路中的流动情况如图 2-16 所示，可将管内流体视为由无数极薄的圆筒（流体层）组成。每一层上的流体质点流速相同，而各层之间的流速却不同。靠近管壁上的流体层流速为 0，管路中央流体的流速达到最大。流动过程中，由于流体层之间存在速度差，流体层之间就会产生内摩擦力，这也是实际流体流动时产生能量损失的主要原因。

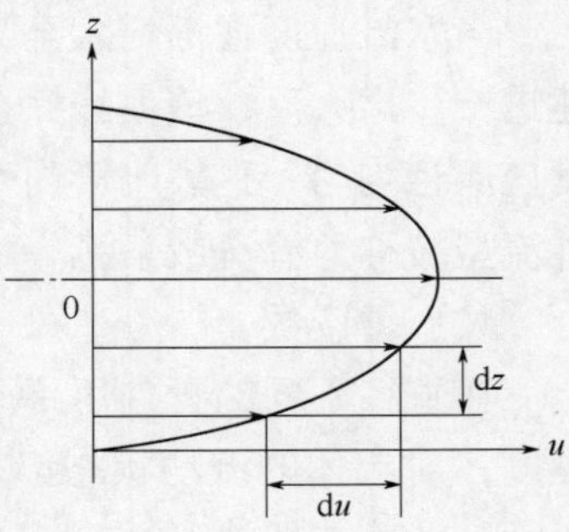

图 2-16 圆形管内的流速分布

流体的内摩擦力通常用剪应力来表示，符号为 τ，单位为 $\mathrm{N/m^2}$ 或 Pa。

实验证明，对于一定的流体有

$$\tau=\mu\frac{du}{dz} \tag{2-27}$$

式中，τ 为摩擦剪应力，$\mathrm{N/m^2}$；du/dz 为速度梯度，1/s；μ 为流体的动力黏度（简称黏度）。

式（2-27）称为牛顿黏性定律，说明了由流体黏性产生的剪应力与速度梯度成正比。服从牛顿黏性定律的流体，称为牛顿流体，如全部气体及大部分液体；不服从牛顿黏性定律的流体，称为非牛顿流体，如高分子溶液、胶体溶液、发酵液和泥浆等。

2.1.3.2 流体的黏度

黏度是衡量流体黏性大小的物理量。流体的黏性愈大，其值愈大。

在 SI 中，黏度的单位为 Pa·s。在物理单位制中，黏度的单位为 P（泊），但由于 P 的

单位较大，故在手册或资料中，黏度的单位常用 cP（厘泊）来表示。与国际单位制中黏度单位的换算关系如下：

$$1\text{Pa}\cdot\text{s}=10\text{P}=1000\text{cP}$$

流体的黏度随温度和压力变化而变化。液体的黏度随温度的升高而减小，气体则相反。液体的黏度不随压力而变，气体的黏度一般视为不随压力而变，只有在高压下（如 4×10^6Pa 以上）才会略微增大。

混合物的黏度没有加和性，只能凭实测或利用经验公式估算。

2.1.3.3 流体的流动形态

1883 年，英国物理学家雷诺（Reynolds）通过实验发现了流体在管内流动时存在不同的流动状态。

（1）雷诺实验

雷诺实验装置如图 2-17 所示。水槽内装有一根玻璃管，在管的出口处装有一个调节水流速度的阀门。水槽上方放置一个装有有色液体的小瓶。小瓶底部由一较细的导管与玻璃管的轴线连通。当水流过玻璃管时，有色液体相伴流过。通过有色液体的流动状况便可反映出不同流速下管内水的运动情况。

当水流流速较小时，有色液体在整个玻璃管中呈细直线状流过，且与管中的水不相混合。这表明流体质点分别沿着玻璃管的轴线方向做相互平行的直线运动，这种流型被称为层流或滞流。

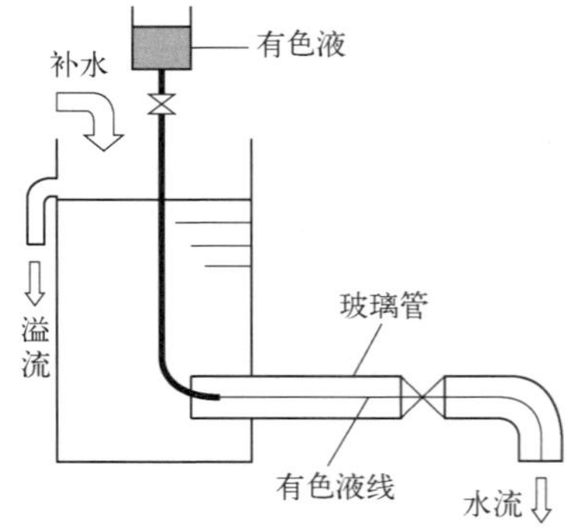

图 2-17 雷诺实验装置

当水流速度逐渐增大至某一数值时，有色液体细线开始波动，呈现不规则曲线状。流速进一步增大后，该曲线完全消失，有色液体流出细导管后立即向水流中分散，整个玻璃管内颜色均匀。这表明管内水的质点不仅在做轴向运动，同时也在径向做无规则运动。这种流型被称为湍流或紊流。

（2）雷诺数

在直径不同的管内用不同的流体进行实验，发现除了流速外，管径以及流体的密度和黏度，对流体的流动状态都有影响。将上述影响因素合成数群，称为雷诺数，以符号 *Re* 表示，计算式如式（2-28）所示。实际应用中根据其值的大小来判断流体的流动形态。

$$Re=\frac{du\rho}{\mu} \tag{2-28}$$

式中，d 为特征长度，m；u 为流速，m/s；ρ 为流体密度，kg/m^3；μ 为动力黏度，Pa·s。雷诺数亦称雷诺准数。其单位为

$$\text{雷诺准数单位}=\frac{\text{m}\cdot\text{m}\cdot\text{s}^{-1}\cdot\text{kg}\cdot\text{m}^{-3}}{\text{kg}\cdot\text{m}\cdot\text{s}^{-2}\cdot\text{m}^{-2}\cdot\text{s}}=\text{kg}^0\cdot\text{m}^0\cdot\text{s}^0$$

以上结果表明，雷诺数是一个无因次的纯数，故其值不会因计算中单位制选用的不同而变化。研究中通常将有类似特征的无因次数群称为准数。

应当注意的是，计算雷诺准数时，各物理量的单位制必须一致。

实验证明：当 $Re<2000$ 时，流体的流动形态属于层流（或滞流）；当 $Re>4000$ 时，流体的流动形态属于湍流（或紊流）。

若 $2000<Re<4000$，则流体的流动形态可能是层流，也可能是湍流，取决于环境，该区域称为过渡区。

【例题 2-7】水以 $9m^3/h$ 的流速在套管间的环隙内流过。外管的规格为 $\phi75.5mm\times3.75mm$，内管的规格为 $\phi48mm\times3.5mm$。如水的密度取 $1000kg/m^3$，黏度取 1.005cP，求雷诺准数，并判断流体的流动形态。

解：根据式（2-28）

$$Re=\frac{d_e u\rho}{\mu}$$

$$d_e=D-d=(75.5-2\times3.75)-48=20(\text{mm})=0.02(\text{m})$$

$$u=\frac{V_s}{A}=\frac{\dfrac{9}{3600}}{\dfrac{\pi}{4}\times[(75.5-2\times3.75)^2-48^2]\times10^{-6}}\approx1.37(\text{m/s})$$

$$\rho=1000\text{kg/m}^3;\quad \mu=1.005\text{cP}=0.001005\text{Pa}\cdot\text{s}$$

代入得

$$Re=\frac{0.02\times1.37\times1000}{0.001005}\approx27264$$

因此水的流动形态为湍流。

2.1.3.4 流体在圆形管路中的速度分布

流体在圆形直管内流动时，无论是层流还是湍流，管截面上各点的速度均随该点与管中心的距离而变化，这种变化关系称为速度分布。一般来说，管中心处的流速最大，越靠近管壁流速就越小，管壁处流体的流速为 0。

理论和实验均已证明，当流体在圆管内作稳态层流时，速度沿管径呈抛物线分布，如图 2-18（a）所示。层流时，流体的平均流速 u 为最大流速 u_{max} 的 0.5 倍。

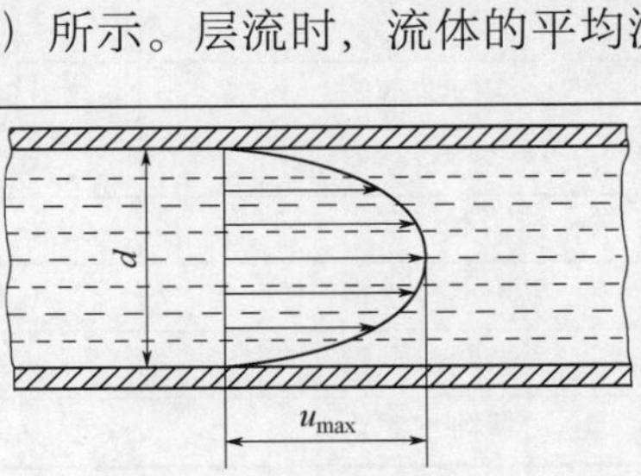

(a) 层流时的速度分布

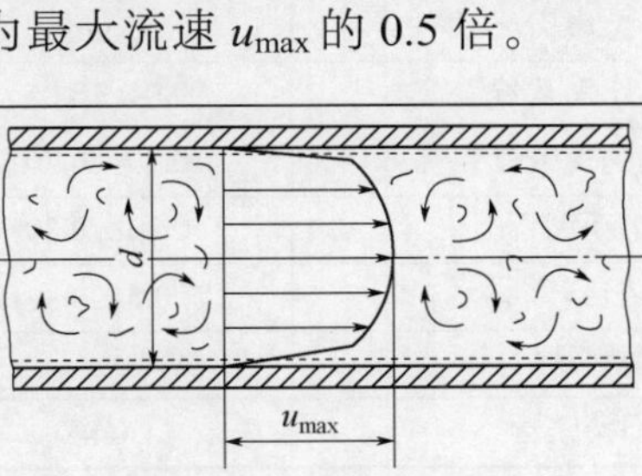

(b) 湍流时的速度分布

图 2-18　流体在圆管内的速度分布

湍流时流体质点的运动情况极其复杂，所以湍流时的速度分布目前只能通过实验测定。流体在圆管内作稳态湍流时的速度分布规律如图 2-18（b）所示。显然，湍流时管截面上的各点速度分布比较均匀，且湍流程度越剧烈，速度分布曲线的顶部区域就越平坦。

2.1.3.5 流体流动时的阻力计算

流体在管内流动时的阻力分为直管阻力和局部阻力两种。直管阻力是指流体流经一定管径的直管时产生的阻力损失，以 Σh_f 表示。局部阻力是指流体流经管路中的管件、阀门等局部位置时产生的阻力损失，以 $\Sigma h_f'$ 表示。管路系统的总能量损失，包括管路系统中的全部直管阻力损失和各种局部阻力损失，即

$$H_f = \Sigma h_f + \Sigma h_f' \qquad (2\text{-}29)$$

实际生产中，只要依据管路及流体流动的具体情况分别求出 Σh_f 和 $\Sigma h_f'$，则管路总阻力可由式（2-29）解出。

（1）圆形管道的直管阻力

流体流经一定管径的圆形直管时所产生的直管阻力（J/kg）可用下式计算。

$$h_f = \lambda \frac{l}{d} \times \frac{u^2}{2} \qquad (2\text{-}30)$$

式中：l 为直管的长度，m；λ为摩擦系数或摩擦因数；d 为直管的内径，m；u 为流体在管内的流速，m/s。

式（2-30）称为范宁公式。显然，应用范宁公式计算直管阻力的关键是确定摩擦系数的具体数值。研究表明，摩擦系数不仅与流体的流动类型有关，而且与管壁的粗糙程度有关。

按照管壁的粗糙程度不同，制药化工生产中所使用的管子大致可分为两大类，即光滑管和粗糙管。工程上将管壁凸出部分的平均高度称为绝对粗糙度，以 ε 表示。一些工业管道的绝对粗糙度列于表 2-2 中。由于绝对粗糙度不能全面反映管壁粗糙程度对流动阻力的影响，因此工程上常用绝对粗糙度与管内径的比值即相对粗糙度来表示管壁的粗糙程度。

表 2-2 常见管道的绝对粗糙度

金属类	ε/mm	非金属类	ε/mm
无缝铅、铜及黄铜管	0.01 ~ 0.05	洁净玻璃管	0.001 ~ 0.01
新无缝钢管或镀锌管	0.10 ~ 0.20	橡胶软管	0.01 ~ 0.03
半新钢管	0.20 ~ 0.30	木制管	0.25 ~ 1.25
旧钢管	0.5 ~ 0.8	陶土排水管	0.45 ~ 6.00
新铸铁管	0.6	光壁水泥管	0.33
旧铸铁管	>0.85	石棉水泥管	0.03 ~ 0.80

摩擦系数与雷诺准数及管壁相对粗糙度（ε/d）之间的关系可由实验测定，其结果如图 2-19 所示。

按照雷诺准数的范围，可将图 2-19 划分成 4 个不同的区域：层流区（$Re \leqslant 2\times10^3$）、过渡区（$2\times10^3 < Re < 4\times10^3$）、湍流区（$Re \geqslant 4\times10^3$ 及虚线以下的区域）、完全湍流区（图中虚线以上的区域）。

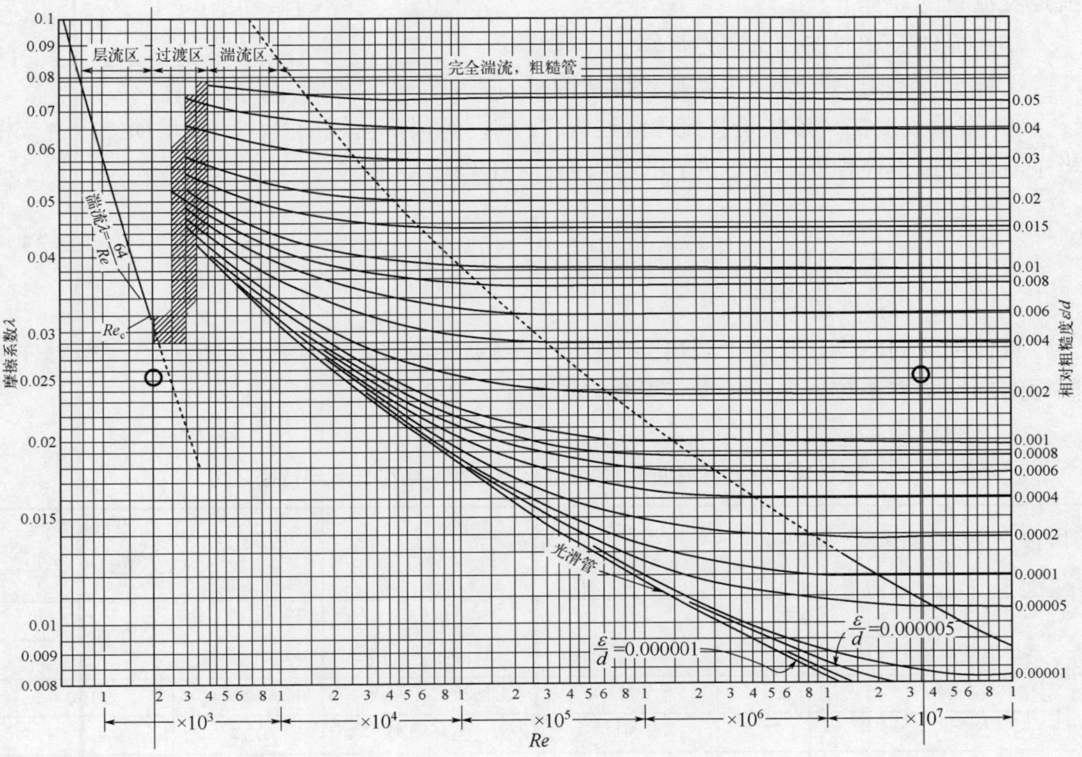

图 2-19　摩擦系数与雷诺准数及管壁相对粗糙度之间的关系

在层流区，λ与 Re 的关系为：

$$\lambda = \frac{64}{Re} \tag{2-31}$$

在湍流区，λ与 Re 及 $\frac{\varepsilon}{d}$ 有关。在完全湍流区，λ与 Re 的关系曲线几乎成水平线，即λ仅取决于 $\frac{\varepsilon}{d}$ 的值，而与 Re 无关。由式（2-30）可知，该区域的流动阻力与速度的平方成正比，故该区域又称为阻力平方区。

在过渡区，流体的流动类型易受外界条件的影响而发生改变。为安全起见，工程上一般按湍流处理，即将湍流区相应的曲线延伸至该区域来查取λ的值。

（2）非圆形管道的直管阻力

流体在非圆形管道内的直管阻力仍可采用范宁公式来计算，但应用非圆形直管的当量直径 d_e 代替范宁公式及雷诺准数 Re 中的圆管直径 d。非圆形直管当量直径的定义为

$$d_e = 4\times 水力半径 = 4\times\frac{流道截面积}{润湿周边长度} = \frac{4A}{L} \tag{2-32}$$

值得注意的是，当量直径仅限于非圆形管道流动阻力的计算，而不能用于流道截面积、

流速及流量的计算。

(3) 流体流动时的局部阻力计算

工程上局部阻力一般采用当量长度法或阻力系数法对局部阻力进行估算。

① 当量长度法 该法是将流体流过管件、阀门等局部区域所产生的能量损失折合成相当于流体流过直径相同、长度为 l_e 的直管所产生的阻力，即

$$h_f' = \lambda \frac{l_e}{d} \times \frac{u^2}{2} \quad (2\text{-}33)$$

式中，l_e 为管件或阀门的当量长度。

管件和阀门的当量长度一般由实验测定，结果常表示成管道直径的倍数。某些管件和阀门的局部阻力系数、当量长度与管径之比列于表 2-3 中。

表 2-3 某些管件和阀门的局部阻力系数、当量长度与管径之比

名称	局部阻力系数	当量长度与管径之比 $\frac{l_e}{d}$	名称	局部阻力系数	当量长度与管径之比 $\frac{l_e}{d}$
45°标准弯头	0.35	15	底阀	1.5	420
90°标准弯头	0.75	35	升降式止回阀	1.2	60
180°回弯头	1.5	75	摇板式止回阀	2	100
三通	1	50	全开闸阀	0.17	7
管接头	0.4	2	3/4 开闸阀	0.9	40
活接头	0.4	2	1/2 开闸阀	4.5	200
截止阀全开	6.4	300	1/4 开闸阀	24	800
截止阀半开	9.5	475	水表（盘式流量计）	7.0	350
由管口流进贮槽	1.0	40	由贮槽流进管口	0.5	20

② 阻力系数法 该法将流体流过管阀件时所损失的压头折算为速度头的倍数，即

$$h_f' = \zeta \frac{u^2}{2g} \quad (2\text{-}34)$$

式中，ζ 为管阀件的局部阻力系数，由实验测得。常见的 ζ 值见表 2-4。

表 2-4 管道突然扩大、缩小时的阻力系数

突然扩大	A_1/A_2	0	0.1	0.2	0.3	0.4	0.5	0.6	0.7	0.8	0.9	1.0
	ζ	1	0.81	0.64	0.49	0.36	0.25	0.16	0.09	0.04	0.01	0
突然缩小	A_2/A_1	0.01	0.1	0.2	0.3	0.4	0.5	0.6	0.7	0.8	0.9	1.0
	ζ	0.5	0.47	0.45	0.38	0.34	0.3	0.25	0.2	0.15	0.09	0

实际生产中还经常碰到下面两种情况下的阻力计算:

a. 流道突然扩大，如图 2-20（a）所示。此时

$$h_f' = \zeta \frac{u_1^2}{2g}$$

式中，u_1 为 A_1 截面上的流速。ζ 与扩大前后的流道截面积之比 A_1/A_2 有关，其值可从表 2-4 中查得。

b. 流道突然缩小，如图 2-20（b）所示。此时有

$$h_f' = \zeta \frac{u_2^2}{2g}$$

式中，u_2 为 A_2 截面上的流速。ζ 也与扩大前后的流道截面积之比 A_1/A_2 有关，其值可据此从表 2-4 中查得。

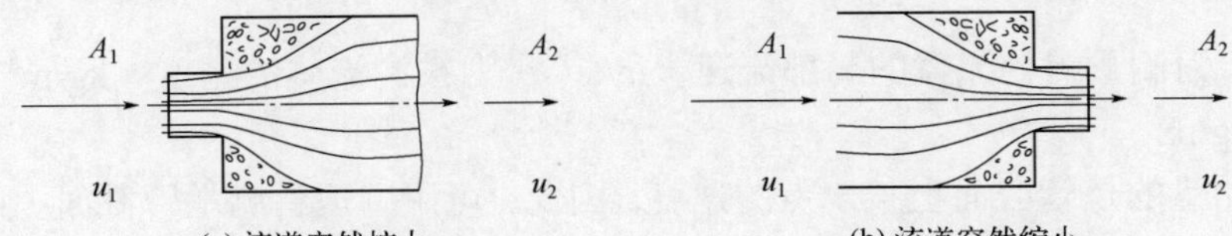

(a) 流道突然扩大　　(b) 流道突然缩小

图 2-20　流道变化的两种情况

从表 2-4 中可以发现，当 $A_1 << A_2$ 时 $\zeta=1$，$h_f' = u^2/(2g)$。也就是说，流体从管路流入较大容器时的阻力损失即为其动压头。

【例题 2-8】 空气以 2000m/h^3 的流量从 ϕ210mm×5mm 的管路流入 ϕ315mm×7.5mm 的管路。试求突然扩大处的压头损失（m 流体柱）。

解：根据

$$h_f' = \zeta \frac{u_1^2}{2g}$$

$$u_1 = \frac{V_s}{\frac{\pi}{4}d_1^2} = \frac{2000 \times 4}{3600\pi \times (210 - 2 \times 5)^2 \times 10^{-6}} = 17.7(\text{m/s})$$

而 ζ 须从表 2-4 中查出。由 $A_1/A_2=(d_1/d_2)^2$ 得

$$\frac{A_1}{A_2} = \frac{(210 - 2 \times 5)^2}{(315 - 2 \times 7.5)^2} \approx 0.44$$

由此查表 2-4 得，ζ =0.36。

代入得

$$h_f' = 0.36 \times \frac{17.7^2}{2 \times 9.81} = 5.75(\text{m})$$

即压头损失为 5.75m 空气柱。

2.1.4　流速与流量的测量

流体流量是中药制药生产过程中的重要工艺参数之一，对其进行调节和控制是保证生产过程能够安全稳定进行的重要条件。测量流量的仪表多种多样，以下介绍几种利用能量转换原理设计的流量、流速计量装置。

2.1.4.1　测速管（毕托管）

测速管又称毕托管，结构如图 2-21 所示。将两根直径不同的金属管弯成直角后同心套合在一起，其内管的前端是敞开的，而外管的前端则是封闭的，且在外管前端壁面的四周还设有若干个测压小孔。测量时，测速管的前端管口应正对着流体流动方向，而 U 形管压差计的两端则分别与测速管的内管和套管环隙相连。若压差计的读数为 R，则测量点处的流速可按下式计算

$$u_{\mathrm{r}}=\sqrt{\frac{2gR(\rho_{\mathrm{A}}-\rho)}{\rho}} \tag{2-35}$$

式中，u_{r} 为测量点处流体的局部流速，m/s；ρ 为被测流体的密度，kg/m^3；ρ_{A} 为指示液的密度，kg/m^3。

测速管测量的是管截面上某一点的速度，因此，可用测速管测量管截面上的速度分布。

测速管必须安装在管路的稳定段内，通常要求测量点前的直管长度不小于 50 倍管径，测量点后的直管长度不小于 8 ~ 12 倍管径。此外，为减少测速管对流体流动状态的干扰，测速管的外径不应超过管道内径的 1/50。

2.1.4.2　孔板流量计

孔板流量计的构造如图 2-22 所示。利用法兰将孔板固定在管道上，再将装有指示液的 U 形压差计跨接于孔板两侧的管道，由此根据压差计的读数即可计算出管道内流体的流量。其原理如下：

有流体流过管路时，由于孔板处的流道截面发生变化，流体动能增加，静压能下降，在孔板的两侧形成了静压差。

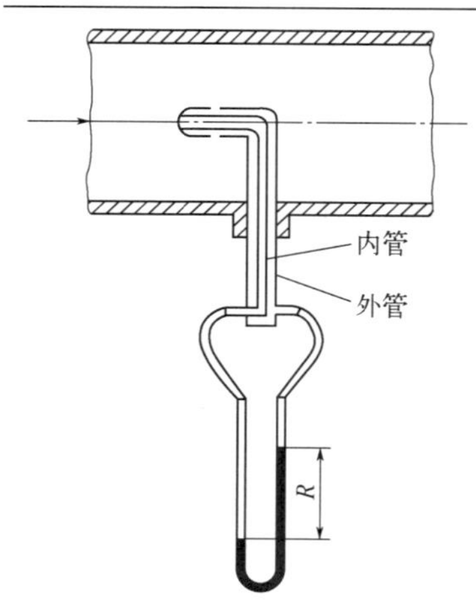

图 2-21　测速管（毕托管）

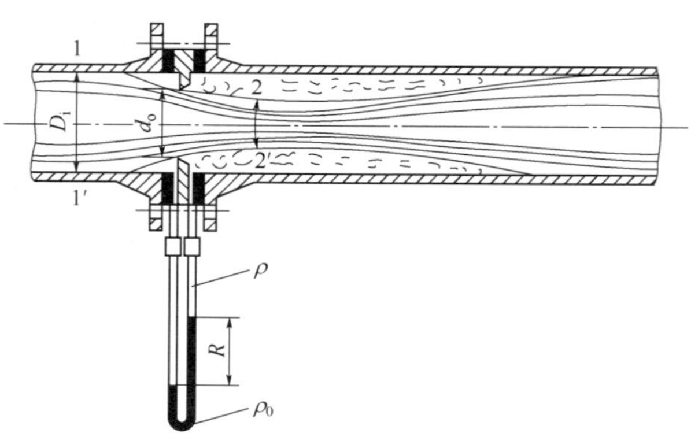

图 2-22　孔板流量计

对于不可压缩流体，若 U 形管压差计的读数为 R，则被测流体的体积流量可用下式计算。

$$V_{\mathrm{s}}=C_0A_0\sqrt{\frac{2gR(\rho_{\mathrm{A}}-\rho)}{\rho}} \tag{2-36}$$

式中，A_0为孔板小孔的截面积，m^2；C_0为流量系数或孔流系数，其值可从有关手册中查得。

孔板流量计的优点是结构简单，制造、安装和使用都比较方便；缺点是流体流经孔板时的阻力较大，因而能量损失较大。此外，孔板流量计也必须安装在管路的稳定段内，孔板前的直管长度应不小于管道内径的 40 ~ 50 倍，孔板后的直管长度应不小于管道内径的 10 ~ 20 倍。

2.1.4.3 文丘里流量计

文丘里流量计如图 2-23 所示，其最小流通截面处常称为文氏喉。测量时，上游测压口距截面开始收缩处的长度应不小于管道内径 1/2 倍，而下游测压口则应设在文氏喉处。

文丘里流量计的测量原理与孔板流量计的基本相同，其流量计算公式亦与孔板流量计的相类似，即

$$V_s = C_V A_0 \sqrt{\frac{2gR(\rho_A - \rho)}{\rho}} \tag{2-37}$$

式中，C_V为流量系数，其值可实验测定或从仪表手册中查得；A_0为文氏喉处的截面积，m^2。

文丘里流量计具有渐缩段和渐扩段，其内的流体流速变化较为平缓，产生的涡流也较少，因而能量损失较小。缺点是各部分的尺寸要求严格，需要精细加工，因而造价较高。

2.1.4.4 转子流量计

转子流量计主要由一根上粗下细的锥形玻璃管和一个由金属或其他材料制成的浮子所组成，如图 2-24 所示。浮子置于锥形玻璃管内，管的外表面标有流量刻度。

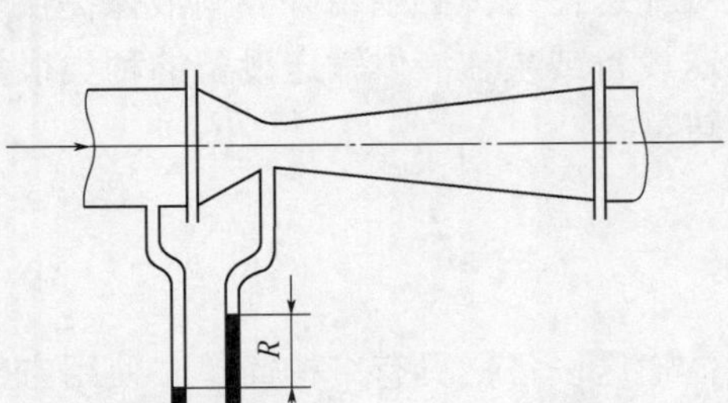

图 2-23 文丘里流量计

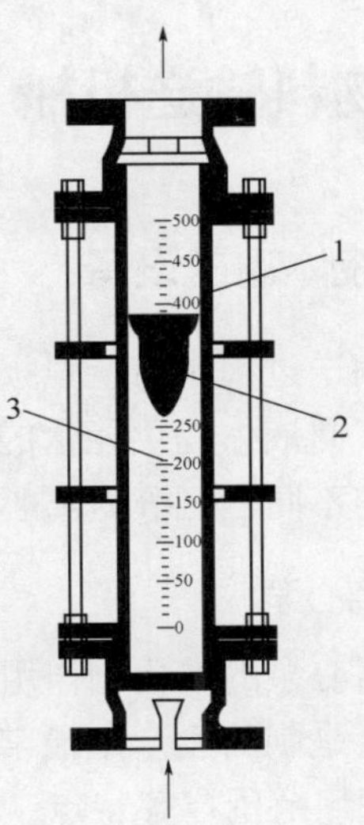

图 2-24 转子流量计

1—测量管；2—转子；3—刻度线

工作时，流体自玻璃管底部流入，当被测流体流经转子与管壁间的环隙时，由于流道截面减小，流速增大，压力随之降低，于是在转子上、下端面间形成一个压差，将转子托

起，使转子上浮。随着转子的上浮，环隙面积逐渐增大，流速逐渐减小，压力则随之增大，从而使转子上、下端面间的压差减小。当转子上浮至某一高度，使转子因上、下端面间的压差而产生的上升力恰好等于转子的重力时，转子便不再上升，而是悬浮于该高度。此时根据转子上端平面所处的位置即可读取流量的测量值。

需要指出的是，转子流量计的刻度所对应的流量与待测流体的密度有关。转子流量计上所标注的流量值是生产厂家用 20℃的水或 20℃、1.013×10^5Pa 的空气为介质的标定值。当被测流体与标定流体不同时，可用下式对流量测量值进行校正。

$$\frac{V_{s2}}{V_{s1}}=\sqrt{\frac{\rho_1(\rho_f-\rho_2)}{\rho_2(\rho_f-\rho_1)}} \tag{2-38}$$

式中，V_{s1}为流量计的读数值，m^3/s；V_{s2}为被测流体的流量，m^3/s；ρ_1为标定流体的密度，kg/m^3；ρ_2为被测流体的密度，kg/m^3；ρ_f为转子材料的密度，kg/m^3。

对于气体转子流量计，由于转子材料的密度远大于气体的密度，则式（2-38）可简化为

$$\frac{V_{s2}}{V_{s1}}=\sqrt{\frac{\rho_1}{\rho_2}} \tag{2-39}$$

转子流量计必须垂直安装，而且流体必须下进上出。转子的最大截面所对应的刻度即为流量计的读数。

转子流量计的优点是阻力损失小，读数方便，且精确度较高，并可用于腐蚀性流体的测量；缺点是锥形管常为玻璃管，不能承受高温或高压，因而在安装和使用过程中容易破碎。

2.2 物料输送机械

2.2.1 液体输送设备

流体输送过程中有能量损失，因此要想完成输送任务，必须由外界向液体提供一定的外加能量。向液体提供能量的装置称为液体输送设备或泵。液体输送设备的种类很多，按工作原理的不同，可分为离心泵、往复泵和旋转泵等。

2.2.1.1 离心泵

（1）离心泵的结构和作用原理

离心泵是制药生产中最常用、最典型的液体输送设备，具有结构简单、使用方便、运转可靠、适用范围广等特点。典型离心泵的结构如图 2-25 所示，主要工作部件为叶轮 6 和泵壳 7。泵壳中央的吸入口 2 与吸入管路 1 相连接，泵壳侧边的排出口 5 与排出管路 4 相连接，排出管路 4 上设有出口阀 3，液体由此输出，能量由泵轴 8 输入。

叶轮是离心泵的主要功能部件，其上一般有 6 ~ 12 片后弯的叶片。由于叶片向后弯曲，与叶轮的旋转方向相反，因而可减少能量损失，提高泵的效率。离心泵叶轮分为闭式、半开式和开式三种，如图 2-26 所示。

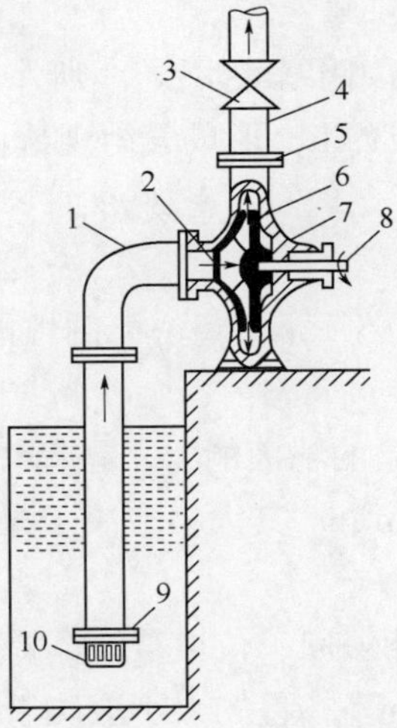

图 2-25　离心泵

1—吸入管路；2—吸入口；3—出口阀；4—排出管路；5—排出口；6—叶轮；7—泵壳；8—泵轴；9—单向底阀；10—滤网

(a) 闭式　(b) 半开式　(c) 开式

图 2-26　离心泵叶轮的类型

离心泵在启动前，首先向泵壳内灌满所输送的液体。启动后，叶轮由泵轴带动作高速旋转，迫使叶片间的液体在离心力的作用下，由叶轮中心被抛向边缘。液体在此运动过程中获得能量，并以较高速度离开叶轮进入泵壳，泵壳通常制成蜗牛形状，故又称蜗壳。液体在泵壳中随流道逐渐扩大而减速，将部分动能转变为静压能，最后沿切向流入排出管道而排出泵体，此流动过程如图 2-27 所示。在液体由叶轮中心推向外缘的同时，在叶轮中心形成低压，如此在吸液处与叶轮中心之间产生了静压差，依靠此压差使液体源源不断地吸入叶轮，维持泵的连续、正常运转。

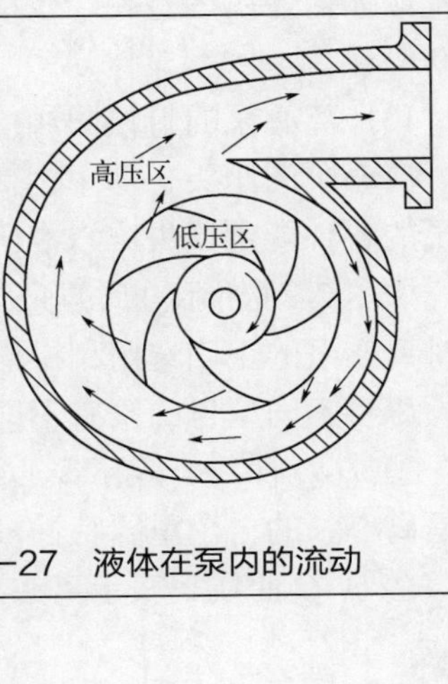

图 2-27　液体在泵内的流动

如果泵启动时，泵体内存有空气，则由于空气的密度远小于液体的密度，叶轮旋转对其产生的离心力很小，叶轮中心处所形成的低压不足以造成吸入液体所需的真空度。此时虽启动离心泵也不能输送液体，这种现象称为气缚现象。为防止气缚现象发生，离心泵在启动时须先向泵内灌满被输送液体。

此外，离心泵在工作时，泵轴如果密封不好，则外界的空气会渗入叶轮中心，使泵的流量、效率大幅下降。严重时流量为 0，形成气缚现象。通常，在工业生产中可以采用机械密封或填料密封来实现泵轴与泵壳之间的密封。

（2）离心泵的主要性能

要正确选择和使用离心泵，就必须了解离心泵的性能。离心泵的主要性能参数有流量、扬程、效率和轴功率等。

① 流量　离心泵的流量表示泵的输液能力，是指单位时间内排出的液体的体积量，一般用 Q 表示，常用单位为 m^3/s 或 m^3/h。其大小取决于泵的结构、尺寸（主要是叶轮的直径和宽度）及转速等。

② 扬程（压头）　指离心泵能够向单位重量液体提供的有效能量，称为离心泵的扬程或压头，一般用 H_e 表示，单位为 m。扬程的大小取决于泵的结构、转速和流量。在一定的流量下，泵的扬程可用实验方法测出。

③ 效率与轴功率　离心泵在运转中，不可避免地会有能量损失。如容积损失（因泵泄漏而产生的能量损失）、水力损失（因液体在泵内流动而产生的能量损失）和机械损失（因机械摩擦而产生的能量损失）等，故泵轴所做的功不可能全部为液体所获得。离心泵运转时机械能损失的大小可用效率来表示，即

$$\eta = \frac{N_e}{N} \times 100\% \tag{2-40}$$

式中，η为离心泵的效率；N_e为泵的有效功率，W 或 kW；N 为泵的轴功率，W 或 kW。

根据式（2-21）可知

$$N_e = W_e W_s = H_e gQ\rho \tag{2-41}$$

式中，Q 为泵的流量，m^3/s；H_e为泵的扬程，m；ρ 为液体密度，kg/m^3；g 为重力加速度，m/s^2。

轴功率是指电动机传给泵轴的功率，以 N 表示，单位为 W 或 kW。离心泵在运转过程中，由于启动等情况有可能出现超负荷，故所配电机的功率应高于泵的轴功率。

离心泵的效率是各种能量损失总和的反映，它与泵的类型、结构、尺寸、制造的精度以及液体的性质等有关。效率由实验测定，一般中小型泵的效率为 50% ~ 70%，大型泵可达 90%。

（3）离心泵的特性曲线

离心泵的压头、功率、效率与流量之间的关系曲线，称为离心泵的特性曲线。由于离心泵的各种能量损失难以准确估算，因此其数值通常是在额定转速和标准状况下由实验测得，如图 2-28 所示。离心泵的特性曲线由制造厂提供，并附于产品样本或说明书中，该曲线对离心泵的正确选用和操作都具有重要意义。

尽管不同型号的泵有不同的特性曲线，但它们都具有以下特点。

① H-Q 曲线　表示离心泵的扬程与流量的关系。离心泵的扬程随流量的增大而下降，这是离心泵的一个重要特性。

② N-Q 曲线　表示离心泵的轴功率与流量的关系。离心泵的轴功率随着流量的增大而

上升，流量为 0 时轴功率最小。因此，离心泵启动时，应将出口阀关闭，待启动后再逐渐打开出口阀，避免因启动电流过大而烧坏电机。

③ η-Q 曲线　表示离心泵的效率与流量的关系。效率随着流量的增大先上升后下降。这说明在一定转速下离心泵有一最高效率点，称为泵的设计点。与最高效率点对应的 Q、H、η 值称为最佳工况参数。离心泵铭牌上标出的性能参数就是指该泵在最高效率点下运行时的性能参数。根据工艺条件的要求，离心泵不可能恰好在最佳工况状态下运转，一般只能规定一个工作范围，称为泵的高效率区，通常此区的最低效率为最高效率的 92%左右。选用离心泵时，应尽可能使其在此范围内工作。

【例题 2-9】测定离心泵特性曲线的实验装置见图 2-29，实验中已测出如下一组数据：泵进口处真空表读数 p_1=2.67×10^{4}Pa（真空度），泵出口处压强表读数 p_2=2.55×10^{5}Pa（表压），泵的流量 Q=12.5×10^{-3}m^3/s，功率表测得电动机所消耗功率为 6.5kW，吸入管直径 d_1=80mm，压出管直径 d_2=60mm，两测压点间垂直距离 Z_1−Z_2=0.5m，泵由电动机直接带动，传动效率可视为 1，电动机的效率为 0.93，实验介质为 20℃的清水，泵的转速为 2900r/min。试计算在此流量下泵的压头 H、轴功率 N 和效率 η。

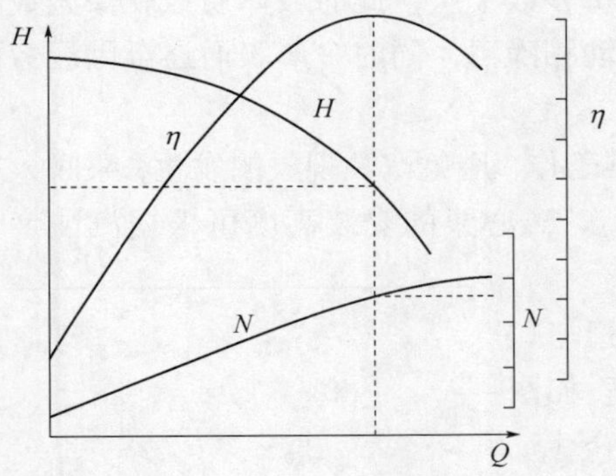

图 2-28　离心泵的特性曲线

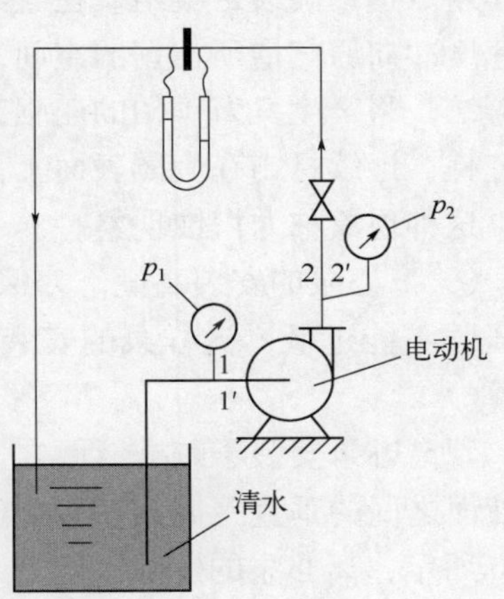

图 2-29　例题 2-9 附图

解：1）泵的压头：在真空表及压强表所在截面 1—1′与 2—2′间列伯努利方程，即

$$Z_1+\frac{u_1^2}{2g}+\frac{p_1}{\rho g}+H_{\mathrm{e}}=Z_2+\frac{u_2^2}{2g}+\frac{p_2}{\rho g}+H_{\mathrm{f,1\text{-}2}}$$

Z_2−Z_1=0.5m，p_1=2.67×10^{4}Pa（表压），p_2=2.55×10^{5}Pa（表压）

$$u_1=\frac{4Q}{\pi d_1^2}=\frac{4\times 12.5\times 10^{-3}}{\pi\times 0.08^2}=2.49(\mathrm{m/s})$$

$$u_2=\frac{4Q}{\pi d_2^2}=\frac{4\times 12.5\times 10^{-3}}{\pi\times 0.06^2}=4.42(\mathrm{m/s})$$

两侧压口间的管路很短，其阻力损失可忽略不计，故

$$H = 0.5 + \frac{2.55\times10^5 + 2.67\times10^4}{1000\times9.81} + \frac{4.42^2 - 2.49^2}{2\times9.81} = 29.88(\text{mH}_2\text{O})$$

2）泵的轴功率：功率表测得功率为电动机的输入功率，电动机本身消耗一部分功率，其效率为 0.93，于是电动机的输出功率（等于泵的轴功率）为

$$N = 6.5\times0.93 = 6.05(\text{kW})$$

3）泵的效率：由式（2-40）得

$$\eta = \frac{N_e}{N}\times100\% = \frac{QH\rho g}{N} = \frac{12.5\times10^{-3}\times29.88\times1000\times9.81}{6.05\times1000}\times100\% = 60.6\%$$

（4）离心泵的汽蚀现象和安装高度

① 离心泵的汽蚀现象　由离心泵的工作原理可知，液体被吸入泵内的原因是离心泵入口处处于低压区。当被吸液体上方的压强一定时，叶轮中心附近低压区的压强愈低，则吸上高度愈高。但当低压区的最低压强等于或小于输送温度下液体的饱和蒸气压时，液体将在该处汽化并产生气泡，这些小气泡随同液体一起由低压区流向高压区。此后，气泡在高压作用下迅速破裂或凝结。在凝结过程中，液体质点从四周向气泡中心加速运动，以极高的速度冲向原气泡所占据的空间，同时产生很高的局部压力。若气泡在金属表面附近破裂或凝结，将产生几万千帕的压强，冲击频率高达每秒数千次，此时液体质点就像无数小弹头一样，连续打击在金属表面上，使泵体产生振动和噪声，同时金属表面逐渐因疲劳而破坏，这种现象称为汽蚀现象。

② 离心泵的安装高度　为保证离心泵能正常工作，避免汽蚀现象的发生，泵吸入口处的压强不能过低，这样泵的安装高度就不能太高。离心泵的安装高度可根据汽蚀余量来计算。

若离心泵安装于贮槽液面之上，则泵的吸入口与贮槽液面之间的垂直距离 H_g 即为离心泵的安装高度。如图 2-30 所示，离心泵的安装高度 H_g 可用式（2-42）计算。

$$H_g = \frac{p_0}{\rho g} - \frac{p_v}{\rho g} - \Delta h - H_{f,0\text{-}1} \tag{2-42}$$

式中，Δh 为离心泵的允许汽蚀余量，m 液柱；p_0 为贮槽液面上方的压强，Pa；p_v 为操作温度下液体的饱和蒸气压，Pa；ρ 为液体的密度，kg/m^3；$H_{f,0\text{-}1}$ 为压头损失，m。

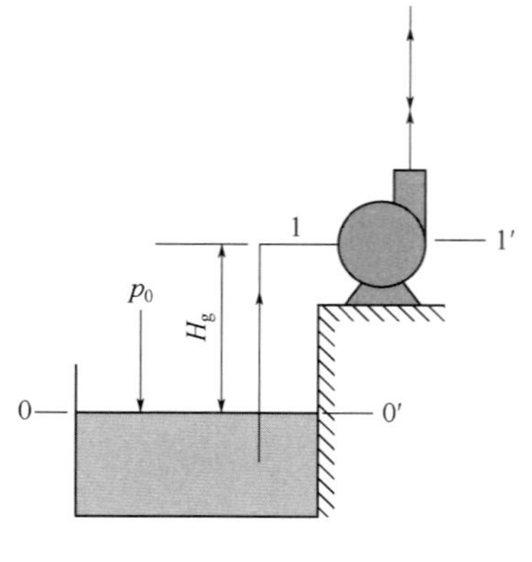

图 2-30　离心泵的安装高度

汽蚀余量是避免离心泵发生汽蚀的一个安装高度的安全余量值。离心泵性能表或样本上列出的汽蚀余量即 Δh，是在泵出厂前于 101.3kPa 和 20℃下，用清水测得的。当输送液体不同时，Δh 应乘以校正系数予以校正。

为安全起见，泵的实际安装高度应比式（2-42）的计算值低 0.5 ~ 1m，以免在操作过程中产生汽蚀现象。由式（2-42）可知，为提高泵的安装高度，应尽量减少吸入管路的阻力，如尽量减少泵入口管路上的阀门与弯头、选用直径稍大的吸入管以及尽量缩短吸入管路的

长度等。

【例 2-10】某台离心水泵，从样本上查得汽蚀余量 Δh=3.5mH_2O。现用此泵输送敞口水槽中 80℃的清水。已知泵吸入口位于水面以上 4.5m 处，吸入管路的压头损失为 1m，当地的大气压力为 0.1MPa，试确定该泵的安装高度是否合适。已知水在 80℃时的饱和水蒸气压 p_v=4.736kPa，密度 ρ=971.8kg/m^3。

解：依题意知，p_0=100kPa，H_f=1m，Δh=3.5m，代入式（2-42）得泵的允许安装高度为

$$H_g = \frac{p_0}{\rho g} - \frac{p_v}{\rho g} - \Delta h - H_{f,0\text{-}1}$$

$$= \frac{(100-4.736)\times 10^3}{971.8\times 9.81} - 3.5 - 1 = 5.49(\text{m})$$

由于泵的实际安装高度 H_g=4.5m，小于 5.49m，所以该泵的安装高度合适。

（5）离心泵的工作点及流量调节

① 管路特性曲线和泵的工作点　应该明确，安装在管路中的离心泵，其输液量即为管路中液体流量，该流量下泵所能提供的扬程恰等于管路中流体所需要的压头。因此，离心泵的实际工作情况由泵的特性和管路的特性共同决定。

对于一个特定的管路，流量与所需压头之间的关系即为这段管路的特性关系。流体流过管路两点间所需的压头为

$$H_e = (Z_2 - Z_1) + \left(\frac{p_2 - p_1}{\rho g}\right) + \left(\frac{u_2^2 - u_1^2}{2g}\right) + \lambda\left(\frac{l+\Sigma l_e}{d}\right)\left(\frac{u^2}{2g}\right) \tag{2-43}$$

由于$(u_2^2 - u_1^2)/(2g)$数值很小，可以忽略不计。流速 u=Q_e/A，则式（2-43）还可以表示为

$$H_e = (Z_2 - Z_1) + \left(\frac{p_2 - p_1}{\rho g}\right) + \lambda\left(\frac{l+\Sigma l_e}{d}\right)\left(\frac{4Q_e^2}{\pi d^2}\right)^2\left(\frac{1}{2g}\right) \tag{2-44}$$

对于一个特定的管路，上式中除 λ 和 Q_e 之外，其他参数都是定值。摩擦系数 λ 是雷诺数 Re 的函数，若所输送的液体已确定，则 Re 所包括的各量除 u 外，其他参数也都是定值。因此 λ 也仅是 Q_e 的函数，从而上式中的最后一项 H_f 可以表示成 Q_e 的函数式。则式（2-44）还可以表示为

$$H_e = \Delta Z + \frac{\Delta p}{\rho g} + f_2(Q_e) \tag{2-45}$$

对于一个特定的管路，式中的 ΔZ 和 $\Delta p/(\rho g)$两项固定不变，于是式(2-44)便成为输送所需压头 H_e 随流量 Q_e 而变化的关系式，称为管路特性方程。按此关系式标绘出的曲线称管路特性曲线，如图 2-31 中的曲线 H_e-Q_e。

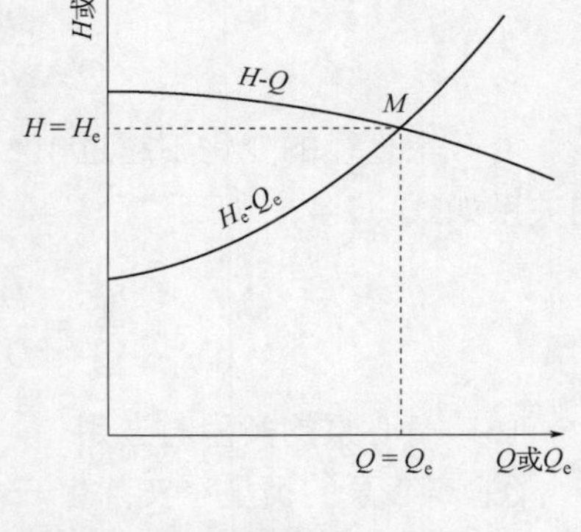

图 2-31　离心泵的工作点

图 2-31 两条曲线的交点 M 所代表的流量和压头，就是一台特定的泵安装在一条特定的管路上时，它实际上输送的流量和所提供的压头，点 M 称为离心泵的工作点。

② 流量调节　在实际工作中，由于生产任务的变化或操作条件的波动，往往需要调节泵的工作点来增大或减小流量，以适应生产的要求。由于泵的工作点是由泵的特性曲线和管路特性曲线所决定。因此，改变二者之一都能达到调节泵的工作点的目的。

改变管路特性曲线的最简单办法，是调节泵出口管路上阀门的开度，如图 2-32 所示，阀门关小，特性曲线变陡，工作点由 M 移至 M_1 点，流量由 Q_M 降至 Q_{M_1}；反之流量加大。

此种方法不仅增加了管路阻力损失（当阀门关小时），且使泵在低效率点下工作，在经济上并不合理。但阀门调节迅速方便，并可在最大流量与零流量之间自由变动，适于调节幅度不大但需经常改变流量的生产场合，所以被广泛采用。

改变离心泵特性曲线的方法有两种，即改变叶轮的直径（车削叶轮或用小直径的叶轮）或转速（图 2-33）。用此种方法调节流量可保持泵在高效率区工作，且没有额外的能量损失，能量利用较为经济。但调节不方便，一般只能在调节幅度大、操作周期长的季节性调节中才使用。

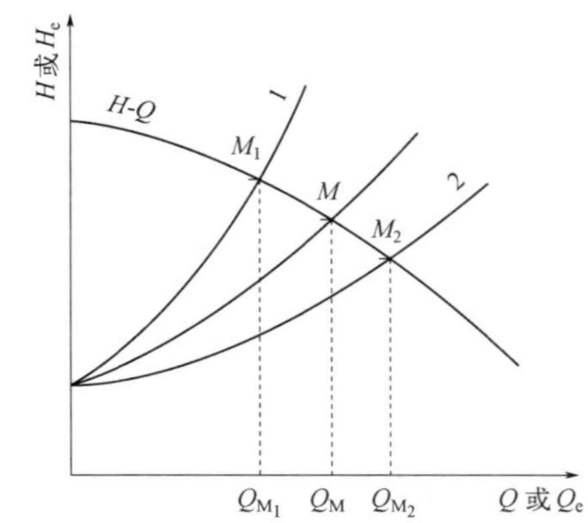

图 2-32　改变阀门开度时流量变化情况

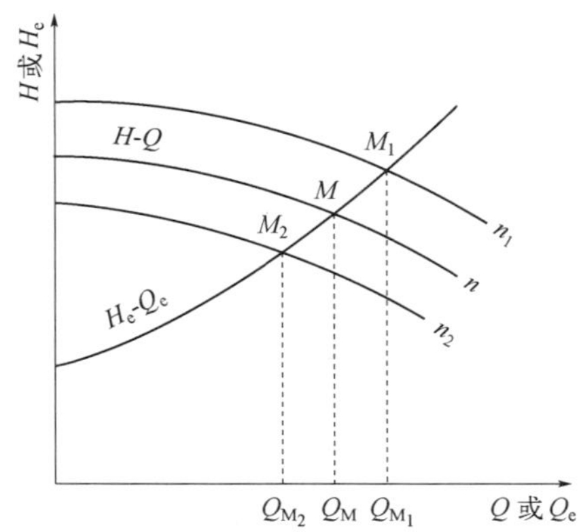

图 2-33　改变泵的转速时流量变化情况

若转速变化不大，可认为对泵效率影响不大，则 Q、H、N 随 η 而改变的关系如式（2-46）所示，可用来做粗略估算。

$$\frac{Q}{Q'}=\frac{n}{n'}\quad \frac{H}{H'}=\left(\frac{n}{n'}\right)^2\quad \frac{N}{N'}=\left(\frac{n}{n'}\right)^3 \tag{2-46}$$

若叶轮直径的变化不超过 10%（宽度不变）时，则 Q、H、N 随叶轮直径（D）而改变的关系如式（2-47）所示。

$$\frac{Q}{Q'}=\frac{D}{D'}\quad \frac{H}{H'}=\left(\frac{D}{D'}\right)^2\quad \frac{N}{N'}=\left(\frac{D}{D'}\right)^3 \tag{2-47}$$

（6）离心泵的类型与选用

① 离心泵的类型　实际生产中，离心泵的类型很多，以适应不同的输送要求。按被输送液体的性质不同，离心泵可分为水泵、耐腐蚀泵、油泵和杂质泵等；按叶轮吸入液体方式的不同，可分为单吸泵和双吸泵；按叶轮数目的不同，可分为单级泵和多级泵。

a. 水泵。水泵又称为清水泵，输送清水及物理化学性质类似于水的液体，广泛用于工业生产、城市给排水和农业排灌。

IS 型水泵是我国按国际标准（ISO）设计、研制的单级单吸式系列离心水泵，水泵的型号由字母和数字组合而成，如 IS50-32-250，其中“IS”是单级单吸清水离心泵的国际标准代号；“50”表示泵吸入口的直径为 50mm；“32”表示泵排出口的直径为 32mm；“250”表示泵叶轮的名义直径为 250mm。常用于输送 80℃以下的清水以及性质与水相似的清洁液体。

若液体输送量较大而扬程不高，则可选用单级双吸离心泵（S 型）。若所需的扬程要求较高，则可选用多级离心泵（D 型）。

b. 耐腐蚀泵。其特点是与液体接触的部件均采用耐腐蚀材料制造，用来输送酸、碱等腐蚀性液体。耐腐蚀泵的系列代号为 F，扬程范围为 15 ~ 105m，流量范围为 2 ~ 400m^3/h，被输送液体温度为−20 ~ 105℃。

c. 油泵。输送石油产品的离心泵称为油泵。为防止易燃、易爆物的泄漏，要求油泵具有良好的密封性。油泵的系列代号为 Y，其扬程范围为 32 ~ 2000m，流量范围为 2 ~ 600m^3/h，被输送介质的温度范围为−20 ~ 400℃。

d. 杂质泵。其特点是叶轮流道宽、叶片数目少，常采用开式或半开式叶轮，用来输送含固体颗粒的悬浮液及黏度较大的浆液等。杂质泵的系列代号为 P，可进一步细分为污水泵 PW、砂泵 PS 和泥浆泵 PN 等。

② 离心泵的选用

a. 确定泵的类型。根据被输送液体的性质和操作条件确定。

b. 确定输送系统的流量和扬程。输送系统的流量 Q 一般由生产任务所规定。扬程 H_e 可用伯努利方程式来计算。

c. 确定泵的型号。按规定的流量和计算的扬程从泵样本或产品目录中选出合适的型号。考虑到操作条件的变化，所选泵提供的流量和扬程应稍大于生产任务所规定的流量 Q 和管路所需的扬程 H_e。此外，离心泵的工作点应位于泵的高效率区。

d. 核算泵的轴功率。若被输送液体的密度和黏度与水相差较大，则应对所选用泵的特性曲线进行换算，校核轴功率 N，并注意泵的工作点是否位于高效率区。

(7) 离心泵的操作与注意事项

① 启动前准备

a. 检查叶轮是否转动灵活，有无卡磨现象。

b. 打开进口阀和排气阀，使吸入管路和泵腔充满液体，然后关闭排气阀。

c. 保证润滑液进入机械密封端面。

d. 点动电机，确定转向是否正确。

② 启动与运行

a. 全开进口阀，关闭出口阀。

b. 接通电源，当泵正常运转后，再逐渐打开出口阀，并调节至所需流量。

c. 注意观察仪表读数，检查轴封泄漏情况；检查电机，轴承处的温升应小于 70℃。一旦发现异常情况，应及时处理。

③ 停车

a. 逐渐关闭出口阀，切断电源。

b. 关闭进口阀。

c. 若环境温度低于 0℃，应将泵内液体排放尽，以免冻裂。

d. 若长期停用，应将泵拆卸清洗，包装保管。

2.2.1.2 其他类型泵

（1）往复泵

往复泵主要由泵缸、活塞、活塞杆、吸入阀和排出阀五部分构成，如图 2-34 所示。活塞杆借曲柄连杆机构与电动机相连，使活塞作往复运动。当活塞由左侧向右侧移动时，泵体内由于体积扩大，压强减小，排出阀受压而关闭，吸入阀则因受压而打开，液体被吸入泵内。当活塞向左移动时，泵内液体由于受到活塞的挤压而压强增高，吸入阀受压而关闭，排出阀则被顶开，液体被排出泵外。如此，由于活塞不断地往复运动，液体便间断地吸入和排出。

在往复泵中，液体的输送完全是靠活塞的往复运动来完成的。因此，其流量的均匀程度仅取决于活塞的运动，它的瞬时流量应等于活塞面积与活塞瞬时速度之乘积。而活塞在每个行程中都作变速运动，因此流量不均匀是往复泵的严重缺点，使往复泵不仅不能用于某些流量均匀性要求高的场合，而且还会使整个管路内的液体处于变速运动状态，增加了能量损失。为改善单动泵流量的不均匀性，多采用双动和三动往复泵。单动往复泵，其活塞往复运动一次，只吸液一次和排液一次；而双动往复泵（图 2-35），活塞两侧都在工作，往复运动一次，吸液二次、排液二次。

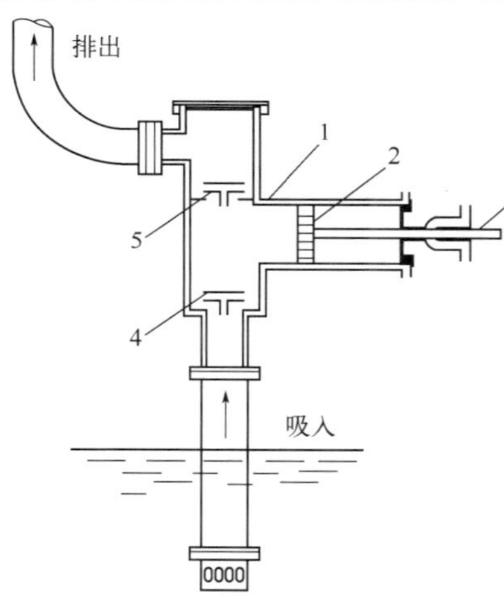

图 2-34 往复泵

1—泵缸；2—活塞；3—活塞杆；4—吸入阀；5—排出阀

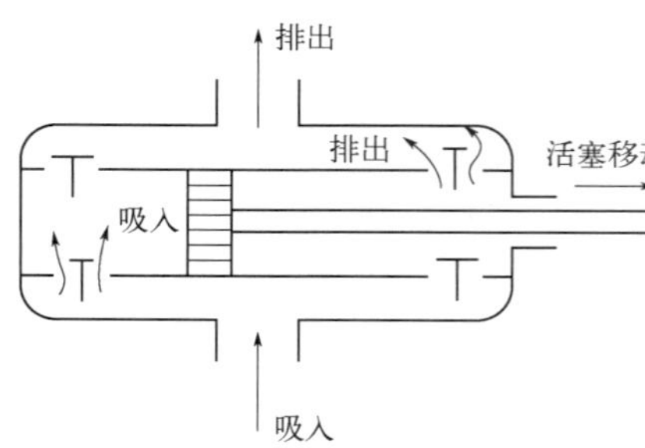

图 2-35 双动往复泵

往复泵是靠活塞将静压能给予液体的，其扬程与流量无关，只要泵的机械强度和原动机功率足够，外界要求多高的压头，往复泵就能提供多大的压头。因此往复泵主要适用于小流量、高压力的场合，输送高黏度液体时的效果比离心泵要好。但不能输送腐蚀性液体和有固体粒子的悬浮液。

往复泵流量调节主要采用旁路调节，如图 2-36 所示，让一部分排出液从旁路流回到吸入管路内。如果用控制出口阀的开启程度来调节流量，有可能因为阀的开启过小或完全关闭，泵内压强急剧增大而造成事故。而旁路调节方法操作简单，但会造成额外的能量损失，使效率下降，适用于变化幅度小、经常性的调节。

（2）隔膜泵

隔膜泵也是往复泵的一种，如图 2-37 所示，它用弹性薄膜（耐腐蚀橡胶或弹性金属片）将被输送液体和活柱分隔成两部分。活柱的往复运动通过介质的传递，迫使隔膜亦作往复运动，从而实现被输送液体的吸入和排出。在工业生产中，隔膜泵主要用于输送腐蚀性液体、带固体颗粒的液体、高黏度、易挥发、剧毒的液体。

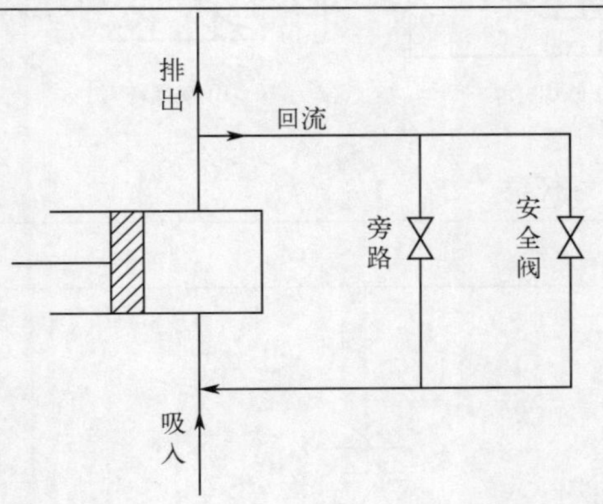

图 2-36　往复泵旁路调节

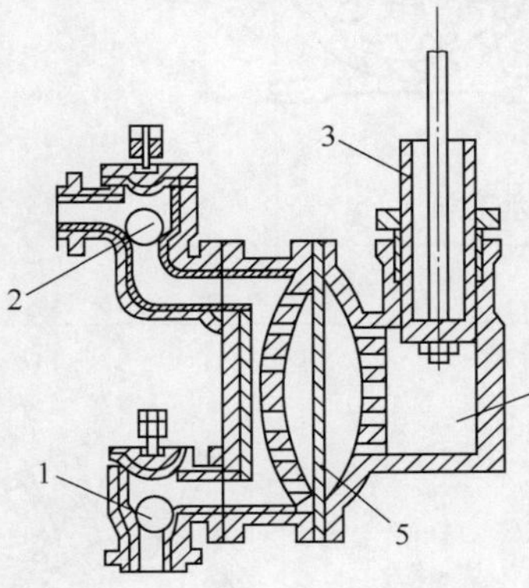

图 2-37　隔膜泵

1—吸入活门；2—压出活门；3—活柱；4—水（或油）缸；5—隔膜

（3）旋转泵

旋转泵是靠泵内的一个或一个以上转子的旋转来吸入或排出液体，因而又称转子泵。以下介绍两种常用的旋转泵。

① 齿轮泵　如图 2-38 所示，齿轮泵主要由泵壳和一对互相啮合的齿轮所组成。两个齿轮把泵体内分成吸入和排出两个空间。当齿轮按箭头方向转动时，吸入腔由于两轮的齿互相拨开，空间增大，形成低压而将液体吸入。被吸入的液体，在齿缝中因齿轮的旋转而被带动，分两路进入到排出腔。在排出腔内，由于两齿轮的啮合，空间缩小，形成高压而将液体压出。

齿轮泵制造容易，工作可靠，有自吸能力，因其齿缝的空间有限，流量较小。但它具有较大的压头，常用来输送黏稠液体以及膏状物料，但不适合输送含有固体颗粒的悬浮液。

② 螺杆泵　该泵主要由泵壳和一根或多根螺杆所组成。图 2-39（a）为一单螺杆泵，螺杆在有内螺旋的壳内作偏心旋转，沿轴向推进液体，并将其挤压至排出口。图 2-39（b）为一双螺杆泵，它依靠在螺杆间相互啮合的容积变化来输送液体。此外，还有三螺杆泵和五螺杆泵。

螺杆泵具有扬程高、效率高、无噪声、流量均匀等优点，适用于高压下输送高黏度的液体。

（4）旋涡泵

旋涡泵如图 2-40 所示，由叶轮及泵壳组成。叶轮是一个圆盘，四周铣有凹槽，其与壳壁的间隙很小。在泵的吸入口和压出口之间有一隔板，它与叶轮的间隙更小，以使吸入腔和压出腔分开。泵内液体随叶轮旋转的同时，在叶片间反复拍打，获得较多的能量。但是，由于剧烈的旋涡运动，能量损失较大，故效率相当低，一般为 20% ~ 50%。

图 2-38　齿轮泵

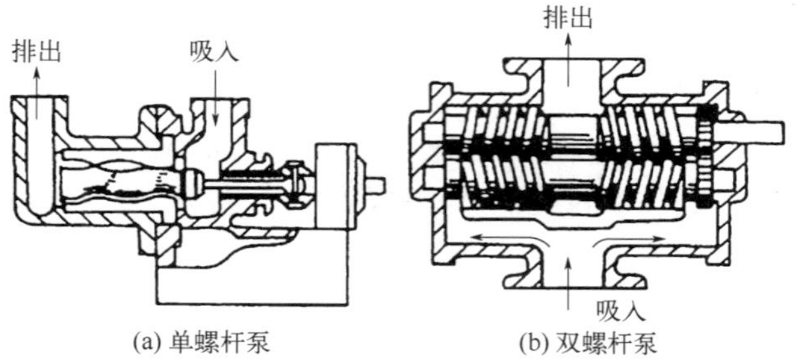

图 2-39　螺杆泵

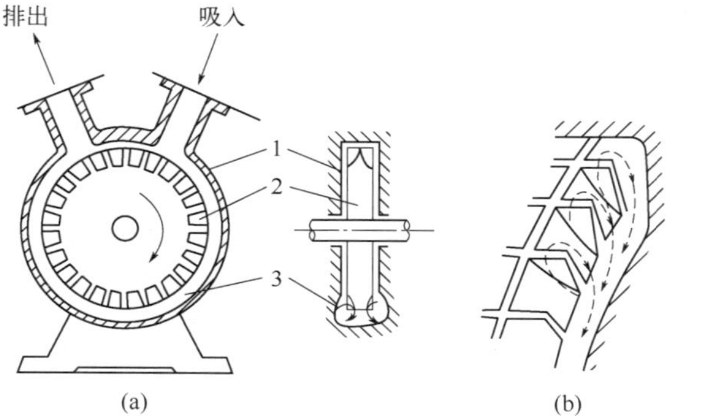

图 2-40　旋涡泵结构（a）及泵内流体运动（b）

1—泵壳；2—叶轮；3—通道

液体在旋涡泵中所获得的能量，与液体在流动过程中进入叶轮的次数有关。当流量减小时，液体流入叶轮的次数增多，泵的压头必然增大；流量增大，则情况相反。故旋涡泵开启时，应把出口阀打开，以避免电动机启动时功率过大而烧毁。调节流量时，也应该采用旁路调节的办法。旋涡泵启动前要充满液体。

旋涡泵的流量小、扬程高，其泵壳不是蜗壳形，结构简单，加工容易，体积小，适用于输送流量小、压头较高的清液。

2.2.2　气体输送设备

在中药制药生产中，不仅广泛使用液体输送设备，而且还经常使用气体输送设备，如洁净车间的通风、空气的温湿度调节及净化、蒸发浓缩系统抽真空、干燥过程热空气的输送等，都要使用气体输送设备。

气体属于可压缩流体，输送过程中，气体温度、压强和体积都会发生变化，这对气体输送设备的结构和形状有显著的影响。按出口气体的压强和压缩比的大小，气体输送设备可分为以下四类。

① 通风机：终压 $p_2 \leqslant 15\text{kPa}$（表压），压缩比 $p_2/p_1=1 \sim 1.15$。

② 鼓风机：终压 p_2 为 15 ~ 300kPa（表压），压缩比 $p_2/p_1<4$。

③ 压缩机：终压 $p_2>300\text{kPa}$（表压），压缩比 $p_2/p_1>4$。

④ 真空泵：用于减压，终压为当时当地的大气压，压缩比由真空度决定。

2.2.2.1 通风机

工业上常用的通风机有离心式和轴流式两类。

(1) 离心式通风机

离心式通风机的结构和工作原理与离心泵的基本相同。图 2-41 是低压离心式通风机的结构示意图。离心式通风机的叶轮通常为多叶片叶轮，且由于输送气体的体积较大，因而叶轮直径一般较大而叶片较短。此外，叶片的形状不仅有后弯的，还有前弯或径向叶片。后弯叶片适用于较高压力的通风机，径向叶片则适用于风压较低的场合。前弯叶片有利于提高风速，可减小设备尺寸，但阻力损失较大。

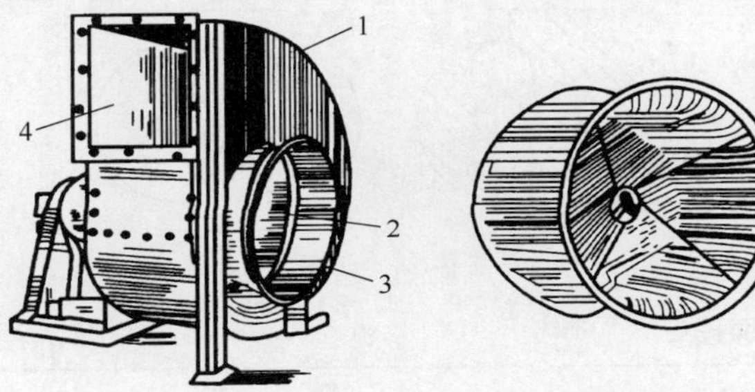

(a) 结构　　(b) 叶轮

图 2-41　离心式通风机

1—机壳；2—叶轮；3—吸入口；4—排出口

气体流通截面有方形和圆形两种，出口压强较低时多采用方形，而较高时则采用圆形。根据风机出口压强的大小，离心式通风机可分为三类，即低压、中压和高压离心式通风机，其中低压离心式通风机的出口表压不超过 1kPa，中压离心式通风机的出口表压为 1 ~ 2.94kPa，高压离心式通风机的出口表压为 2.94 ~ 14.7kPa。

中、低压离心式通风机常用于车间的通风换气，高压离心式通风机常用于气体的输送。

(2) 轴流式通风机

轴流式通风机如风扇一样，排送风量较大，但风压较小，一般只用来进行通风换气，而不用来输送气体。在空冷器和冷却水塔的通风方面，轴流式风机应用较广。

2.2.2.2 鼓风机

常用的鼓风机有离心式鼓风机和罗茨鼓风机等。

(1) 离心式鼓风机

离心鼓风机主要构造和工作原理均与离心式通风机类似，但外壳直径和宽度均较大，叶轮的叶片数目较多，转速较高。一般情况下，单级离心式鼓风机的出口表压强小于 30kPa，若所要求的风压较高，则可采用多级离心式鼓风机。

离心式鼓风机的送风量较大，但出口风压不高。由于压缩比不大，因而气体压缩过程中产生的热量较少，故一般不需冷却装置。

（2）罗茨鼓风机

罗茨鼓风机的工作原理与齿轮泵相似，如图 2-42 所示。罗茨鼓风机的壳体内有两个腰形或三星形的转子，转子之间及转子与机壳之间的缝隙很小，转子可自由转动但无过多的泄漏。工作时，两转子的旋转方向相反，气体从机壳的一侧吸入，从另一侧排出。若改变转子的旋转方向，则吸入口与排出口互换。

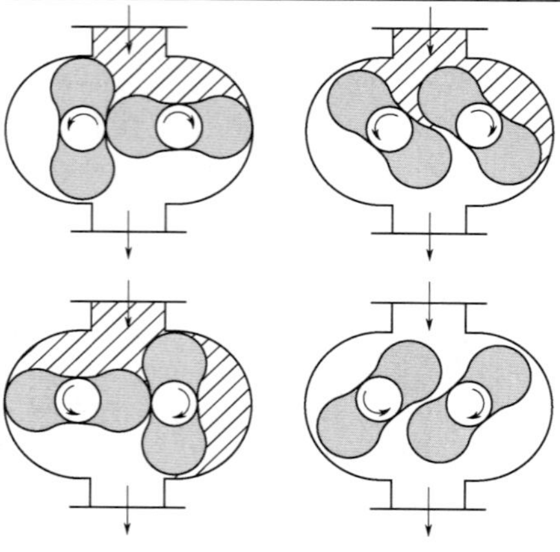

图 2-42　罗茨鼓风机工作原理

罗茨鼓风机属于正位移型，其风量与转速成正比，而与出口压力无关。罗茨鼓风机的风量范围为 2 ~ 500m^3/min，出口表压强低于 80kPa。

罗茨鼓风机的出口应安装气体稳压罐和安全阀，流量采用旁路调节，且出口阀不能完全关闭。此外，操作温度不能超过 85℃，否则转子会因热膨胀而发生卡死现象。

2.2.2.3　压缩机

（1）离心式压缩机

离心式压缩机主要结构、工作原理均与离心式鼓风机的相似。但离心式压缩机的叶轮级数较多(通常在 10 级以上)，转速较高，可达 5000 ~ 10000r/min，因而结构更为精密，产生的风压较高。由于气体的压缩比较大，因此体积变化和温度升高均相当显著。为此，在段间要设置中间冷却器，以降低气体的温度。

离心式压缩机的流量可达几十万立方米每小时，并具有体积小、重量轻、运行平稳、维修方便、无润滑油污染等优点。

（2）液环式压缩机

液环式压缩机又称为纳氏泵，其结构如图 2-43 所示。液环式压缩机的壳体呈椭圆形，叶轮上装有辐射状的叶片，壳体内充有一定体积的液体。工作时，叶片带动壳内液体随叶轮一起旋转，在离心力的作用下被抛向壳体周边而形成椭圆形液环，并在椭圆长轴处形成两个月牙形空间，每个月牙形空间又被叶片分割成若干个小室。当叶轮旋转一周时，月牙形空间内的小室逐渐变大和变小各两次，气体则分别由两个吸入区吸入，从两个排出区排出。液环可将气体与壳体隔开，使气体只与叶轮接触，因此当叶轮采用抗腐蚀材料时，即可用于腐蚀性气体的输送。

液环式压缩机产生的表压强可达 0.5 ~ 0.6MPa。此外，液环式压缩机也可作为真空泵使用，称为液环式真空泵。

(3) 往复式压缩机

往复式压缩机结构和操作原理与往复泵很相似，工作原理如图 2-44 所示。当活塞位于气缸的最右端时，缸内气体的压强为 p_1，体积为 V_1，其状态对应于 p-V 图上的点 1。此后，活塞自右向左运动。当活塞运动至截面 2 时，气体体积缩小至 V_2，压强升高至 p_2，其状态对应于 p-V 图上的点 2，该过程称为压缩过程，气体状态沿 p-V 图上的曲线 1—2 而变化。

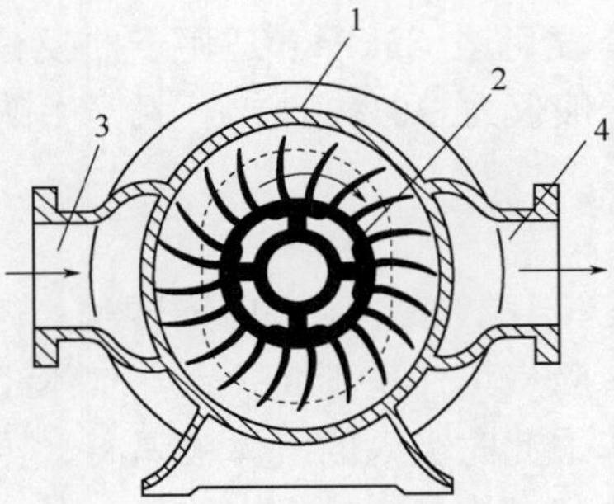

图 2-43 液环式压缩机

1—外壳；2—叶轮；3—气体入口；4—气体出口

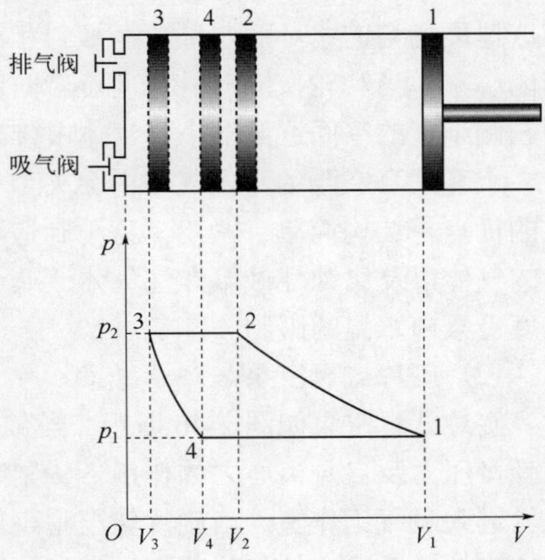

图 2-44 往复式压缩机的工作原理

当气体压强达到 p_2 时，排气阀被顶开，随着活塞继续向左运动，气体在压强 p_2 下排出。为防止活塞撞击在气缸盖上，在活塞与气缸盖之间必须留有一定的空隙，称为余隙。由于余隙的存在，当活塞运动至截面 3 时，排气过程即结束，该过程称为恒压下的排气过程，气体状态沿 p-V 图上的水平线 2—3 而变化。

排气过程结束时，活塞与气缸端盖之间仍残存有压强为 p_2、体积为 V_3 的高压气体。此后，活塞自左向右运动，气体压强随气缸容积的扩大而下降，一直降至吸入压强 p_1，该过程称为余隙气体的膨胀过程，气体状态沿 p-V 图上的曲线 3—4 而变化。

当活塞继续向右运动时，吸入阀被打开，并在恒定压强 p_1 下将气体吸入缸内，直至活塞运动至气缸的最右端，该过程称为恒定压强下的吸气过程，气体状态沿 p-V 图上的水平线 4—1 而变化。至此，完成一个工作循环。此后活塞向左运动，开始一个新的工作循环。可见，往复式压缩机的压缩循环包括吸气、压缩、排气和膨胀四个过程。

选用压缩机时，首先应根据输送气体的性质，确定压缩机的种类。然后根据生产任务及厂房的具体条件选定压缩机结构型式。最后根据生产上所需的排气量和排气压力，在压缩机的样本或产品目录中选择合适的型号。

2.2.2.4 真空泵

真空技术在制药生产中有着广泛的应用，如真空条件下的输送、脱气以及真空抽滤、真空蒸发、真空干燥、冷冻干燥、真空包装等。在真空状态下操作，有利于保护药品中的热敏性成分，同时可减少物料与空气的接触，从而可减轻甚至避免药品因氧化作用而发生破坏的危险。

从设备或系统中抽出气体的设备称为真空泵。真空泵的类型很多，下面简要介绍几种常用的真空泵。

（1）水环式真空泵

水环式真空泵的外壳呈圆形，壳内有一偏心安装带辐射状叶片的叶轮，如图 2-45 所示。工作时，先向泵内注入适量的水。当叶轮高速旋转时，水在离心力的作用下被甩至壳壁而形成厚度均匀的水环。水环兼有液封和活塞的双重作用，与叶片之间形成许多大小不同的密闭小室。当叶轮按顺时针方向旋转时，右侧小室的空间逐渐增大，气体由吸入口吸入；而左侧小室的空间逐渐缩小，气体由排出口排出。

水环式真空泵的吸入气体中会夹带一定量的液体，因而是一种湿式真空泵。此类真空泵的优点是结构简单、紧凑，易于制造和维修，最高真空度可达 83kPa，适用于抽吸有液体的气体以及腐蚀性或爆炸性气体；缺点是效率较低，一般仅为 30% ~ 50%，且产生的真空度受泵内水温的限制。

（2）旋片式真空泵

旋片式真空泵如图 2-46 所示，当带有两个旋片的偏心转子，按图示方向旋转时，旋片在弹簧压力及自身离心力的作用下，紧贴泵体内壁滑动，吸气工作室不断扩大，气体经吸气管进入吸气工作室。当旋片转至垂直位置时，吸气完毕，此时吸入的气体被隔离。转子继续旋转，被隔离的气体逐渐被压缩，压力升高。当压力超过排气阀片上方的压力时，则气体经排气管顶开阀片后排出。泵在工作过程中，旋片始终将泵腔分成吸气和排气两个工作室，转子每旋转一周，吸气和排气各两次。

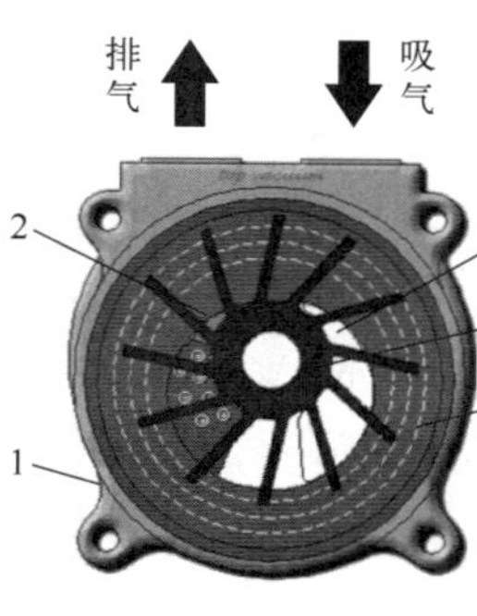

图 2-45　水环式真空泵

1—泵体；2—排气口；3—吸气口；4—叶轮；5—水环

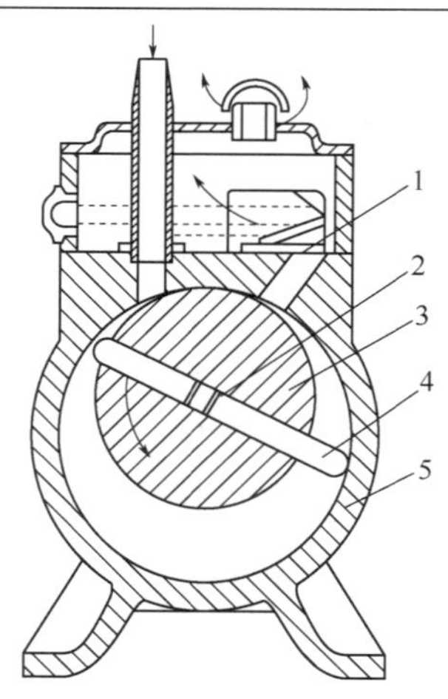

图 2-46　旋片式真空泵

1—排气阀；2—弹簧；3—转子；4—旋片；5—泵体

旋片真空泵可达较高的真空度，但抽气速率较小，用于一般实验室和小设备的抽真空。

（3）喷射泵

喷射泵属于流体作用泵，是利用流体流动时动能与静压能之间的相互转换来吸入和排出流体的，它既能输送液体，又能输送气体。实际生产中，喷射泵常用于抽真空，故又称为喷射式真空泵。

喷射式真空泵的结构如图 2-47 所示，其工作流体可以是蒸汽，也可以是高压水。工作时水蒸气在高压下以很高的速度从喷嘴喷出，在喷射过程中，蒸汽的部分静压能转变为动能，从而在吸入口处形成低压区，将气体吸入。被吸入的气体随同蒸汽一起进入混合室，随后进入扩大管，流速逐渐下降，压强逐渐上升，即部分动能转化为静压能，最后经排出口排出。

单级水蒸气喷射泵一般只能达到 90%左右的真空度。若要求的真空度不大，则常用一定压力的水为工作流体，称为水喷射泵。水喷射泵既可产生一定的真空度，又可与被吸入气体直接混合冷凝，可用作混合器、冷却器和吸收器等。

喷射泵的优点是结构简单、紧凑，没有活动部分；缺点是蒸汽消耗量较大而效率很低，故一般仅作为真空泵使用，而不作为输送设备用。

（4）往复式真空泵

往复式真空泵的结构与往复式压缩机相似，但由于真空泵仅在低压下操作，气缸内外的压力差很小，因而要求吸入阀和排出阀必须更为轻巧。若所需达到的真空度较高，则压缩比会很大，此时余隙中的残留气体对真空泵的抽气速率影响很大，故真空泵的余隙必须很小。此外，还可在气缸内壁的端部设置平衡气道，如图 2-48 所示。这样在排气终了时，气缸的高压腔与低压腔可通过平衡气道短时间连通，使余隙中的部分残余气体流向另一侧，从而减小了余隙中的残余气体量。

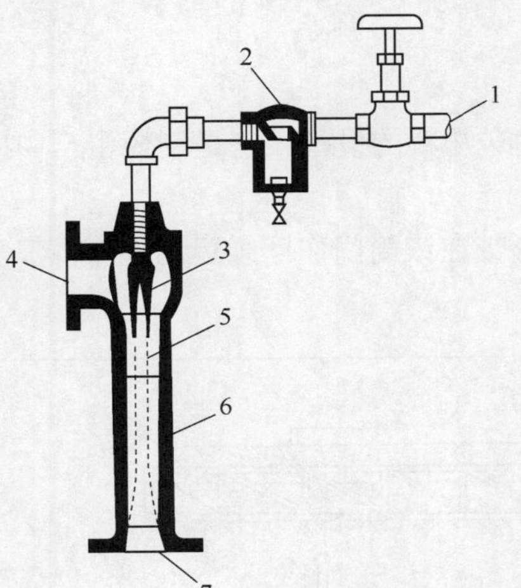

图 2-47　喷射式真空泵

1—水蒸气入口；2—过滤器；3—喷嘴；4—吸入口；5—混合室；6—扩大管；7—排出口

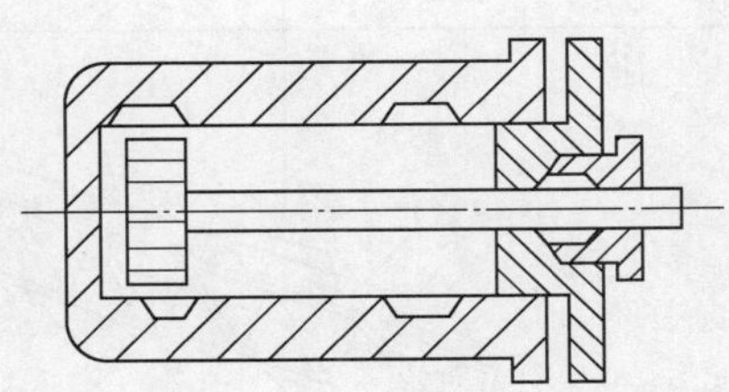

图 2-48　平衡气道

往复式真空泵有干式和湿式之分，干式只抽吸气体，可以获得较高的真空度；湿式可同时抽吸气体和液体，但真空度较低。

由于往复式真空泵存在排气量不均、结构复杂、维修费用高等缺点，因而近年来已逐渐被其他形式的真空泵所取代。

（5）水力喷射器

水力喷射器是一种具有抽真空、冷凝、排水等三种功能的机械装置，如图 2-49 所示。其工作原理是利用一定压力水流通过对称均布的且具有一定倾斜度的喷嘴喷出，聚合在一个焦点上，由于喷射水流速度较高，于是周围形成负压使器室内产生真空。另外，由于二次蒸汽与喷射水流直接接接触进行热交换，绝大部分的蒸汽凝结成水，少量未被冷凝的蒸汽与不凝结的气体亦由于与高速喷射水流互相摩擦，混合挤压，通过扩压管被排除，使器室内形成更高的真空。

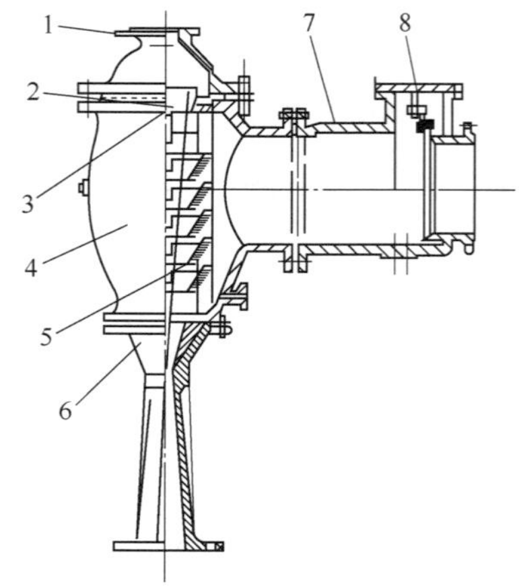

图 2-49 水力喷射器

1—器盖；2—喷嘴座板；3—喷嘴；4—器体；5—导向盖盘；6—扩散管；7—止逆阀阀体；8—阀板

水力喷射器应用极为广泛，主要适用于真空与蒸发系统，实施真空蒸发、真空抽水、真空过滤、真空结晶、干燥等工艺，是制糖、制药、化工、食品等行业广泛需求的设备。

2.2.3 固体输送设备

固体输送设备可分为连续式和间歇式两大类。连续式输送设备简称为输送机，是沿着固定线路连续不断地输送物料的装置，其优点是结构简单、生产效率高。间歇式输送设备装卸物料时停止输送，输送物料时停止装卸，工作具有周期性。下面主要介绍几种典型的连续式输送设备。

2.2.3.1 带式输送机

带式输送机是以可移动的环形带作为工作面来输送物料的设备，它是制药生产中应用最为广泛的一种连续式输送设备。

带式输送机的结构如图 2-50 所示。工作时，环形带在滚筒间作连续运动，并将带上的物料输送至所需要的位置。

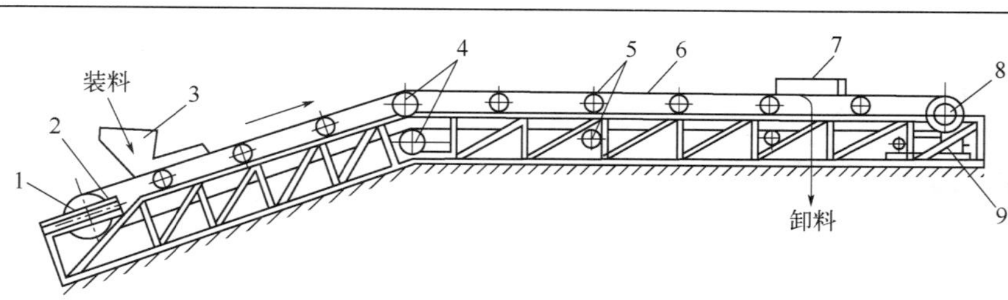

图 2-50 带式输送机

1—张紧滚筒；2—张紧装置；3—装料斗；4—改向滚筒；5—托辊；6—环形带；7—卸载装置；8—驱动滚筒；9—驱动装置

在带式输送机中，输送带既承载物料，又传递牵引力，因此也是最易磨损的部件。常用的输送带有橡胶带、纤维带、塑料带、钢带和钢丝网带等，其中橡胶带和塑料带最为常用。

带式输送机结构简单，工作可靠，使用维修方便；输送过程平稳，噪声小，且不损伤物料，并可长距离连续输送，输送能力强，输送效率高。其缺点是输送不密封，易使轻质粉状物料飞扬；设备成本高，且输送带易磨损，易跑偏。此外，即使采用钢丝网带，也不适合于倾角过大的场合。

带式输送机适用于各种块状和颗粒状物料的输送，也可输送成件物品，还可作为清洗、选择、处理、检查物料的操作台，用在原料预处理、选择装填和成品包装等工段。

2.2.3.2 链式输送机

在制药生产中，链式输送机广泛用于各种生产线上。其主要特点是利用链条牵引、承载物件，或由链条上安装的板条、金属网带和辊道等承载物料，如图 2-51 所示。

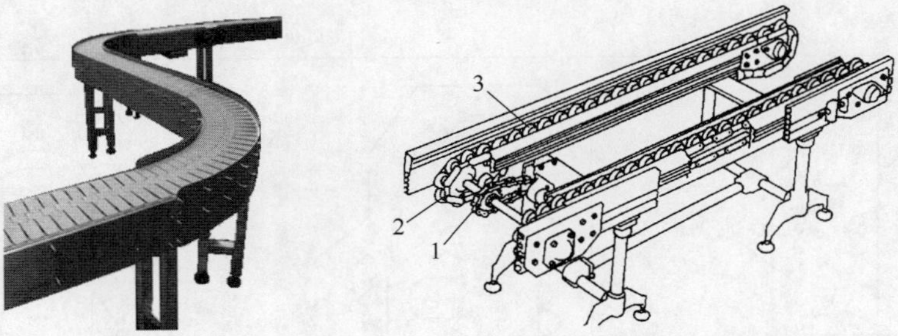

(a) 链板式输送机　　(b) 链条式输送机

1—驱动链轮；2—张紧链轮；3—牵引链条

图 2-51　链式输送机

链式输送机的特点是输送能力大、运行平稳可靠、适用范围广。除黏度特别大的物料外，绝大多数固态物料以及成件物品都可用它来输送。此外，在输送过程中还可进行分类、干燥、冷却或包装等各种工艺操作。

2.2.3.3 斗式提升机

斗式提升机是一种利用装在环形牵引构件（带或链条）上的料斗，以垂直或接近垂直方向提升物料的连续输送机械，如图 2-52 所示。

斗式提升机的工作过程包括装料、提升和卸料三个过程。斗式提升机的装料方式有挖取法和撒入法两种，如图 2-53 所示。挖取法是将物料加入底部，再被运动着的料斗所挖取提升，该法适用于中小块度或磨损小的粒状物料。撒入法是将物料由下部进料口直接加入运动着的料斗中而提升，该法适用于大块和磨损性大的物料。

斗式提升机的卸料方法有离心式、混合式和重力式三种，如图 2-54 所示。离心式卸料是当料斗升至顶端时，利用离心力将物料抛出，该法适用于输送干燥且流动性好的粒度小和磨损性小的粒料，但不适合于易破碎及易飞扬的粉状物料。混合式卸料是利用离心力和物料的重力进行卸料，该法适用于流动性不良的散状、纤维状物料以及潮湿物料。

重力式卸料是利用物料的重力进行卸料，该法适用于提升大块、密度大、磨损性大和易碎的物料。

图 2-52　斗式提升机

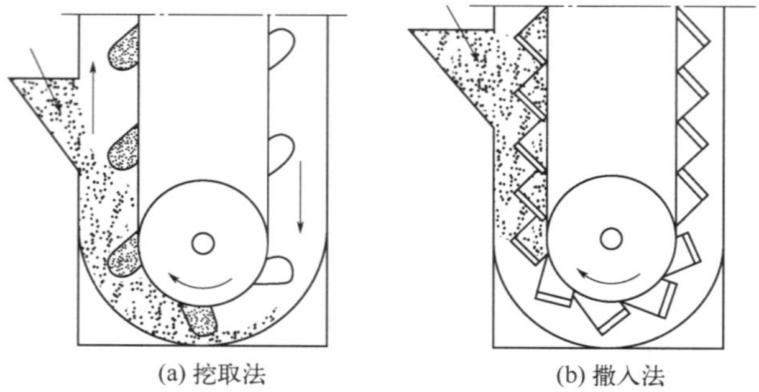

图 2-53　斗式提升机装料过程

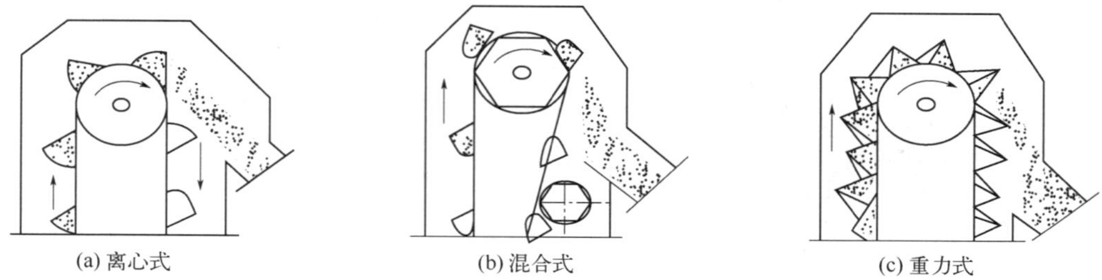

图 2-54　斗式提升机的卸料方式

斗式提升机的优点是结构简单，工作安全可靠，可以垂直或接近垂直方向向上提升，提升高度大。此外，斗式提升机的占地面积较小，并有良好的密封性，可减少灰尘污染。其缺点是不能水平输送，必须均匀供料。

2.2.3.4　螺旋式输送机

螺旋式输送机是利用螺旋叶片的旋转来输送物料的设备，它主要由料槽、进料口、卸料口、螺旋叶片、轴承和驱动装置等组成，如图 2-55 所示。

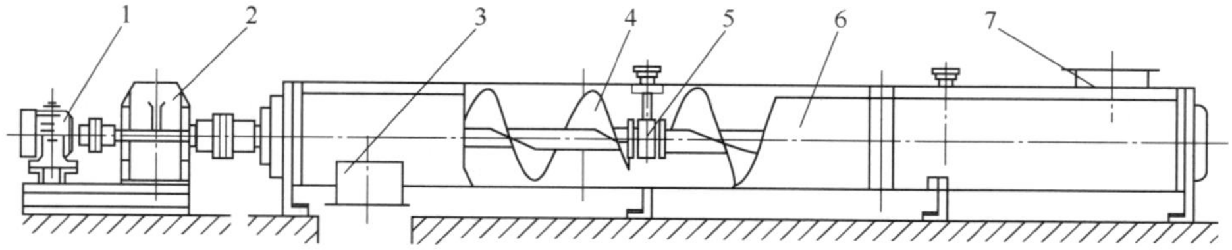

图 2-55　螺旋式输送机

1—电动机；2—减速器；3—卸料口；4—螺旋叶片；5—中间轴承；6—料槽；7—进料口

与其他输送设备相比，螺旋式输送机具有结构简单、横截面尺寸小、制造成本低、便于中间加料和卸料、操作安全方便、密封性好等优点。但在运输物料时，物料与料槽和螺旋间都存在摩擦力，因而动力消耗较大。此外，物料会因螺旋叶片的作用而产生严重破碎及损伤，同时螺旋叶片及料槽也有较严重的磨损，且运输距离不宜太长，一般在 30m 以下。

螺旋式输送机适用于需要密封运输的物料，如粉状、颗粒状及小块状物料的输送，也适用于易变质、黏性大及易结块物料的输送。

2.2.3.5　气力输送装置

气力输送装置是一种借助于具有一定能量的气流，将粉粒状物料从一处输送至另一处的连续输送设备。与其他输送装置相比，气力输送可以进行长距离的连续集中输送和分散输送；输送物料的范围较广；输送过程中可避免物料受潮、污染或混入杂质，且没有粉尘飞扬，生产环境较好；结构简单，管理方便，易于实现自动化。但气力输送动力消耗大，管道及构件易于磨损，不适用于潮湿易结块、具黏结性及易碎物料的输送。

(1) 气力输送原理

利用气体在管内流动以输送粉粒状固体的方法称为气流输送或气力输送。空气是常用输送介质，而且颗粒在垂直管、水平管中的运动状态各不相同。

在垂直管内，气流自下而上，颗粒在气流中受到三个力的作用，一是颗粒自身重力；二是气体浮力；三是气体对颗粒托举力。当颗粒受力平衡时，就会悬浮于气流中。此时的气流速度称为悬浮气速。当气流速度大于悬浮气速时，颗粒即被气流所输送，且颗粒在气流中的分布较为均匀。

在水平管内，颗粒的受力情况比较复杂。但总的趋势是气流速度越大，颗粒在气流中的分布就越均匀。当气流速度逐渐减小时，则颗粒越靠近管底，其分布就越密集。当气流速度减小至一定数值时，部分颗粒则停滞于管底，最后甚至停顿而堵塞管道。

(2) 气力输送系统

气力输送系统一般由供料装置、输料管路、分离器、卸料装置、除尘装置和气体输送设备等组成。按工作原理的不同，气力输送系统可分为吸送式、压送式和混合式三种。

① 吸送式气力输送系统　该系统是利用吸嘴将物料和大气混合后一起吸入，然后物料随气流一起被输送至指定地点，再用分离器将物料分出，含尘气体经除尘器净化后，由风机排出，其流程如图 2-56 所示。

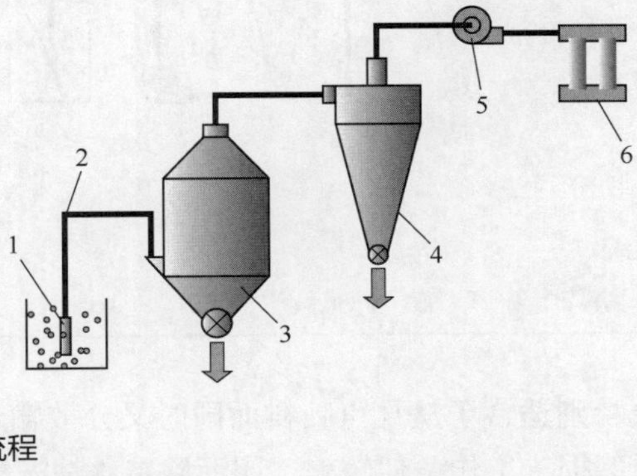

图 2-56　吸送式气力输送流程

1—吸嘴；2—输料管；3—重力分离器；4—离心分离器；5—风机；6—除尘器

吸送式气力输送系统的供料设备结构比较简单，工作时系统内始终保持一定的负压，因而不致灰尘飞扬，工作环境较好。此外，风机处于系统末端，因而油分、水分不易混入物料，这对药品和食品的输送极为有利。但吸送式气力输送系统的动力消耗较大，也不宜用于大容量和长距离输送。在制药生产中，该系统特别适合于粉状药粉的输送。

② 压送式气力输送系统　该系统是依靠压气设备排出的高于大气压的气流，在输料管中将物料与气流混合后输送至指定地点，再用分离器将物料分出，含尘气体经除尘后排出，其流程如图 2-57 所示。

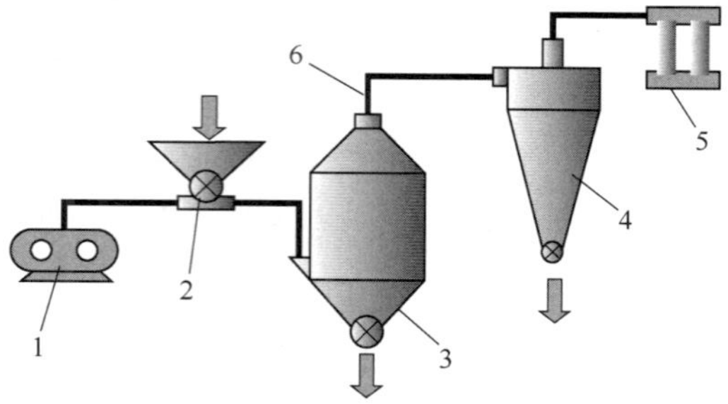

图 2-57　压送式气力输送流程

1—鼓风机；2—加料器；3—重力分离器；4—旋风分离器；5—袋滤器；6—输料管

压送式气力输送系统采用正压输送，工作压力较大，因而适用于大容量和长距离输送，适用范围较大。其缺点是供料设备的结构比较复杂，必须有完善的密封措施。

③ 混合式气力输送系统　该系统是吸送式和压送式气力输送装置的组合，其流程如图 2-58 所示。在风机之前，属真空系统，风机之后则属正压系统。真空部分可从几点吸料，集中送至分离器 5 内，分离出来的物料经加料器送入压力系统，输送至指定位置后，由分离器 2 将物料分出，含尘气体经除尘后排出。

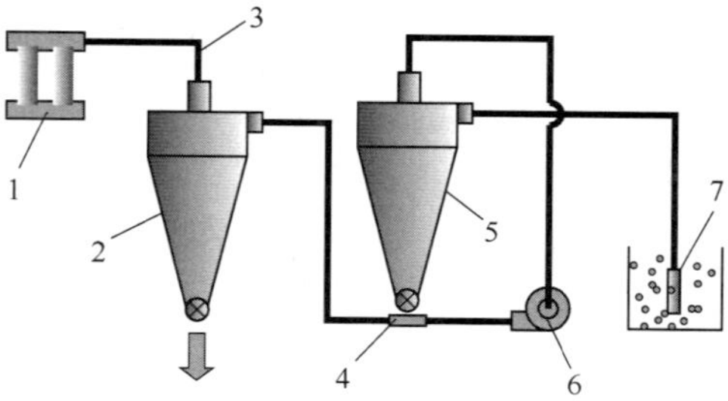

图 2-58　混合式气力输送系统

1—袋滤器；2,5—旋风分离器；3—输料管；4—供料器；6—风机；7—吸嘴

混合式气力输送系统特别适合于从几点吸料而同时又分散输送至不同地点的场合，但系统组成复杂，风机易受磨损，工作条件较差，因而除特殊情况外，生产上较少采用。

本章习题

1. 已知甲地区的平均大气压力为 85.3kPa，乙地区的平均大气压力为 101.33kPa，在甲地区的某真空设备上装有一个真空表，其读数为 20kPa。若改在乙地区操作，真空表的读数为多少才能维持该设备的绝对压力与甲地区操作时相同?

2. 采用普通 U 形管压差计测量某气体管路上两点的压强差，指示液为水，读数 R=10mm。为了提高测量精确度，改用微差压差计，指示液 B 是含 40%乙醇的水溶液，密度 ρ_B 为 910kg/m^3，指示液 A 为煤油，密度 ρ_A 为 820kg/m^3。试求微差压差计的读数可以放大的倍数。(已知水的密度为 1000kg/m^3。)

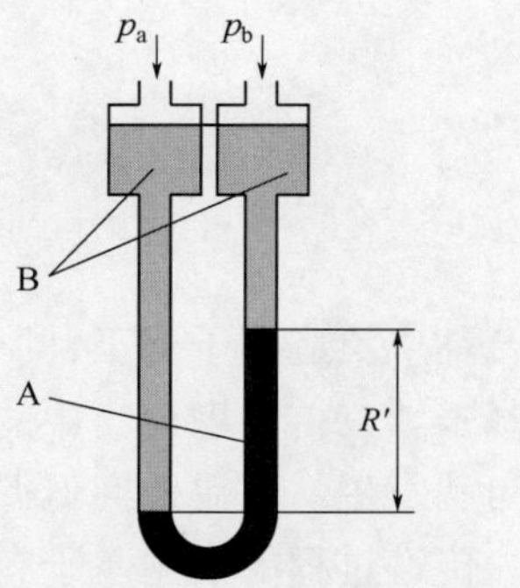

3. 水在水平管内流动，截面 1 处管内径 d_1 为 0.2m，截面 2 处管内径 d_2 为 0.1m。现测得水在某流量下截面 1、2 处产生的水柱高度差 h 为 0.20m，若忽略水由 1 至 2 处的阻力损失，试求水的流量是多少 (m^3/h)。

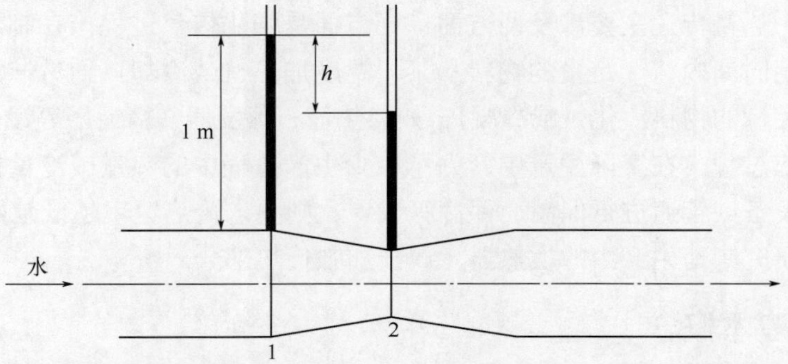

4. 某离心泵在作性能试验时以恒定转速打水，当流量为 75m^3/h 时，泵吸入口真空表读数为 0.030MPa，泵压出口处压强计读数为 0.30MPa。两测压点的位差不计，泵进出口的管径相同，测得此时泵的轴功率为 10.6kW。试求：①该泵的扬程 H_e；②该泵的效率。

第3章

传热设备

3.1 传热理论

换热器又称热交换器，是一种广泛应用于化工、制药和食品等多种行业和领域的典型传热设备。换热器的换热原理基于“三传”理论当中的热量传递理论，在物体内部或物系之间，只要存在温度差，就会自动发生从高温处向低温处的热量传递，因此，热量传递是自然界中普遍存在的物理现象。传递过程的发生基于有过程的推动力存在，传热过程的推动力是温差，因此传热设备中，至少需要两种不同温度的流体参与传热过程，其中一种流体的温度相对较高，在生产工艺过程中释放热量，而另一种流体的温度相对较低，在生产工艺过程中吸收能量。

在生产中，热量传递主要涉及两方面：一方面是强化传热过程，在制药生产工艺中，经常要求在一定时间内将一定量的物料从某一温度加热（或冷却）到另一温度，或是在一定时间内将一定量的物料汽化（或冷凝），如换热器、蒸发器、精馏塔等设备的使用；另一方面是削弱传热过程，在实际生产中，为了减少生产过程中的热量或冷量损失、降低生产成本，还需对设备或管道进行保温、保冷等设计，则要求传热速率越低越好。

本章主要研究制药生产中的换热器，属于加强传热部分。

3.1.1 传热基本概念

热量传递的快慢用热流量来表示，它是评价换热器性能的重要指标。

（1）热流量 Q 和热流密度 q

热流量 Q，即单位时间内通过整个传热面的热量，单位为 J/s 或 W。

热流密度 q，即单位时间内通过单位面积传递的热量，$q=Q/A$，单位为 W/m^2。

单位面积的热流量即热流密度，因此热流密度与换热面积大小无关，是反映传热过程速率大小的物理量。

（2）稳态传热与非稳态传热

稳态传热是指物体中各点的温度不随时间变化而变化的热量传递过程。

非稳态传热是指物体中各点的温度既随位置又随时间的变化而变化。

在制药生产中，连续生产过程所涉及的传热多为稳态传热，而间歇生产过程以及连续生产过程在开车、停车阶段所涉及的传热均属于非稳态传热。本章主要讨论在间壁式换热器中进行的稳态传热过程。

3.1.2 热量传递的基本方式

根据热量传递机理的不同，传热分为三种基本方式：热传导、热对流和热辐射。

3.1.2.1 热传导

热传导简称导热。从微观角度来看，气体、液体、金属和非金属的导热机理各不相同，但物质的分子、原子和电子等微观粒子的热运动是产生热传递的共同原因。金属固体的导热主要是通过自由电子的迁移实现的；非金属固体的导热主要是依靠相邻分子的热振动与碰撞进行热量传递的。在流体特别是气体中，分子不规则的热运动，使热量从高温区向低温区传递。此外，导热不能在真空中进行。

傅里叶定律为热传导的基本定律，表示通过等温表面的热传导热流量与温度梯度及垂直于热流方向的截面积（即导热面积）成正比。

$$Q=-\lambda A\frac{\mathrm{d}t}{\mathrm{d}x} \tag{3-1}$$

式中，Q 为热传导热流量，即导热速率，W；A 为导热面积，即垂直于热流方向的截面积，m^2；λ 为热导率，W/(m·℃)或 W/(m·K)；$\frac{\mathrm{d}t}{\mathrm{d}x}$ 为沿方向的温度梯度，K/m 或℃/m。

由此得热导率公式

$$\lambda=-\frac{Q}{A\frac{\mathrm{d}t}{\mathrm{d}x}} \tag{3-2}$$

热导率的大小，表征物质的导热能力。各种物质的热导率由实验测定，一般情况下，金属固体的热导率最大，非金属固体材料的热导率次之，液体的热导率较小，气体的热导率最小。

制药生产中常常涉及导热理论，如板式换热器、列管式换热器等设备的换热过程，设备和管路的保温、保冷中都涉及单层或多层平壁、单层或多层圆筒壁的导热问题。

（1）单层平壁的稳态热传导

如图 3-1 所示，研究单层平壁的稳态热传导。设平壁材质均匀，热导率为 λ，面积为 A，厚度为 b，平壁两侧温度分别为恒定温度 t_1、t_2，根据傅里叶定律

$$Q=-\lambda A\frac{\mathrm{d}t}{\mathrm{d}x}$$

可得

$$\int_{t_1}^{t_2}\mathrm{d}t=-\frac{Q}{\lambda A}\int_0^b\mathrm{d}x$$

$$Q=\frac{\lambda}{b}A(t_1-t_2) \tag{3-3}$$

$$Q=\frac{t_1-t_2}{\frac{b}{\lambda A}}=\frac{\Delta t}{R}=\frac{传热推动力}{热阻} \tag{3-4}$$

$$q=\frac{Q}{A}=\frac{t_1-t_2}{\frac{b}{\lambda}} \tag{3-5}$$

（2）多层平壁的稳态热传导

如图 3-2 所示，研究多层平壁的稳态热传导。以三层平壁为例，各层材质均匀，热导率分别为 λ_1、λ_2、λ_3，厚度分别为 b_1、b_2、b_3，层与层之间接触良好，即相接触的两表面温度相同，各表面温度分别为 t_1、t_2、t_3，t_4，且 $t_1>t_2>t_3>t_4$，总传热面积为 A，稳态热传导过程中，通过各层的导热热流量相等，即

$$Q=\frac{\lambda_1 A(t_1-t_2)}{b_1}=\frac{\lambda_2 A(t_2-t_3)}{b_2}=\frac{\lambda_3 A(t_3-t_4)}{b_3}$$

$$t_1-t_2=Q\frac{b_1}{\lambda_1 A}$$

$$t_2-t_3=Q\frac{b_2}{\lambda_2 A}$$

$$t_3-t_4=Q\frac{b_3}{\lambda_3 A}$$

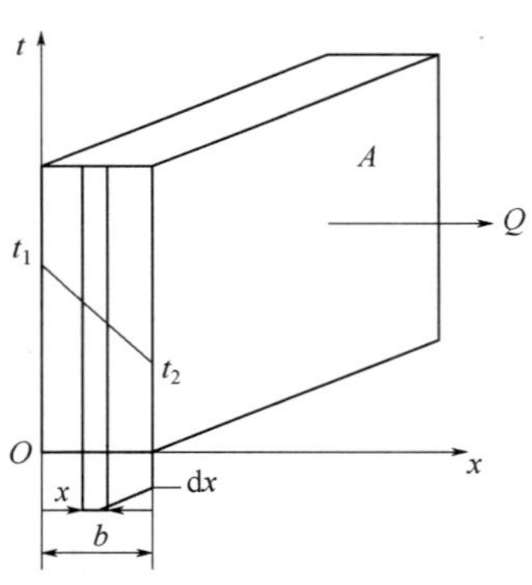

图 3-1　单层平壁的稳态热传导

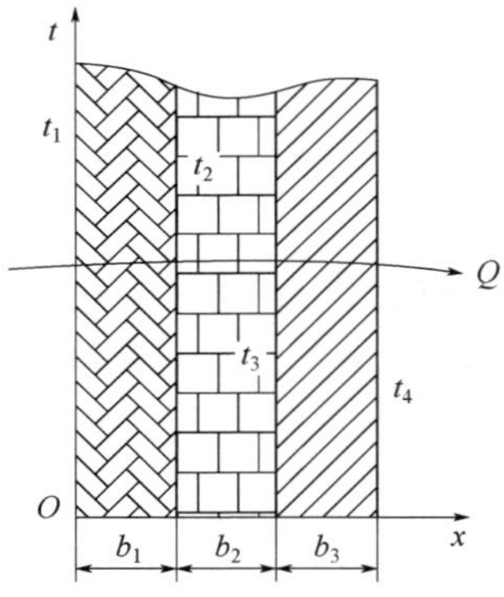

图 3-2　多层平壁的稳态热传导

由以上三式联立解得

$$Q=\frac{t_1-t_4}{\frac{b_1}{\lambda_1 A}+\frac{b_2}{\lambda_2 A}+\frac{b_3}{\lambda_3 A}} \tag{3-6}$$

因此，对于 n 层平壁的热传导热流量方程式可以表示为：

$$Q=\frac{t_1-t_{n+1}}{\sum_{i=1}^{n}\frac{b_i}{\lambda_i A}}=\frac{总推动力}{总热阻} \tag{3-7}$$

【例 3-1】某药厂锅炉房有一平壁燃烧炉，由三种材料组成：最内层为耐火砖，λ_1=1.4W/(m·℃)，b_1=200mm；中间层为保温砖，λ_2=0.16W/(m·℃)，b_2=150mm；最外层为建筑砖，λ_3=1.2W/(m·℃)，b_3=250mm。稳定操作时，测得炉外壁温45℃，炉内壁温900℃，试求单位面积热损失以及保温砖与建筑砖接触面上的温度。

解：

$$q=\frac{Q}{A}=\frac{t_1-t_4}{\frac{b_1}{\lambda_1}+\frac{b_2}{\lambda_2}+\frac{b_3}{\lambda_3}}=\frac{900-45}{\frac{0.2}{1.4}+\frac{0.15}{0.16}+\frac{0.25}{1.2}}=\frac{855}{0.143+0.938+0.208}=663.3(\mathrm{W/m^2})$$

$$q=\frac{t_3-t_4}{\frac{b_3}{\lambda_3}}$$

$$663.3=\frac{t_3-45}{\frac{0.25}{1.2}}=\frac{t_3-45}{0.208}$$

$$t_3=183(℃)$$

(3) 单层圆筒壁的稳态热传导

如图 3-3 所示，研究单层圆筒壁的稳态热传导。设圆筒材质均匀，热导率为λ，圆筒的内半径为r_1，外半径为r_2，长为l，厚度为b，圆筒内外壁的温度分别为t_1、t_2，且$t_1>t_2$，面积分别为A_1、A_2。在圆筒壁取一薄层，薄层厚度为dr，通过薄层的温度变为dr，根据傅里叶定律

$$Q=-\lambda A\frac{\mathrm{d}t}{\mathrm{d}r}$$

可得

$$Q=-\lambda 2\pi rl\frac{\mathrm{d}t}{\mathrm{d}r}$$

$$Q\frac{\mathrm{d}r}{r}=-2\pi l\lambda\mathrm{d}t$$

$$Q\int_{r_1}^{r_2}\frac{\mathrm{d}r}{r}=-2\pi l\lambda\int_{t_1}^{t_2}\mathrm{d}t$$

$$Q\ln\frac{r_2}{r_1}=2\pi l\lambda(t_1-t_2)$$

$$Q=\frac{2\pi l\lambda(t_1-t_2)}{\ln\frac{r_2}{r_1}}=\frac{t_1-t_2}{\frac{1}{2\pi l\lambda}\ln\frac{r_2}{r_1}}=\frac{\Delta t}{R} \tag{3-8}$$

$$Q=\frac{2\pi l\lambda(t_1-t_2)}{\frac{1}{\lambda}\ln\frac{r_2}{r_1}}$$

$$=\frac{2\pi l(r_2-r_1)\lambda(t_1-t_2)}{(r_2-r_1)\ln\dfrac{2\pi r_2 l}{2\pi r_1 l}}$$

$$=\frac{(A_2-A_1)\lambda(t_1-t_2)}{(r_2-r_1)\ln\dfrac{A_2}{A_1}}$$

$$=\frac{\lambda}{b}A_m(t_1-t_2)=\frac{t_1-t_2}{\dfrac{b}{\lambda A_m}} \quad (3\text{-}9)$$

（4）多层圆筒壁的稳态热传导

如图 3-4 所示，研究多层圆筒壁的稳态热传导。以三层为例，假设各层接触良好，长为l，各层热导率为λ_1、λ_2、λ_3，厚度分别为$b_1=r_2-r_1$、$b_2=r_3-r_2$、$b_3=r_4-r_3$，在稳态热传导过程中，通过各层的导热热流量相等，可得：

$$Q=\frac{t_1-t_4}{\dfrac{b_1}{\lambda_1 A_{m_1}}+\dfrac{b_2}{\lambda_2 A_{m_2}}+\dfrac{b_3}{\lambda_3 A_{m_3}}} \quad (3\text{-}10)$$

$$Q=\frac{t_1-t_4}{\dfrac{\ln\dfrac{r_2}{r_1}}{2\pi l\lambda_1}+\dfrac{\ln\dfrac{r_3}{r_2}}{2\pi l\lambda_2}+\dfrac{\ln\dfrac{r_4}{r_3}}{2\pi l\lambda_3}} \quad (3\text{-}11)$$

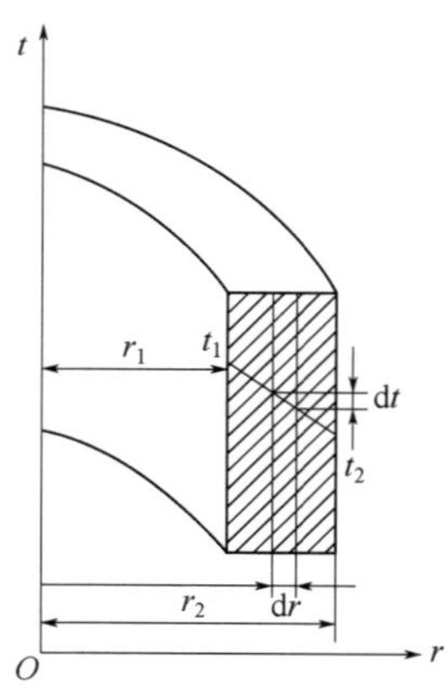

图 3-3 单层圆筒壁的稳态热传导

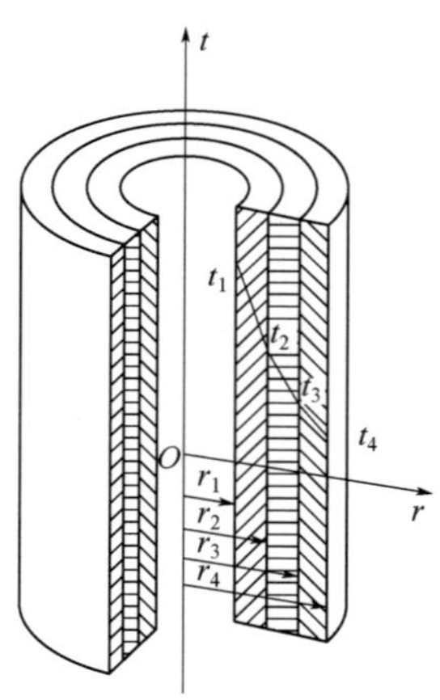

图 3-4 多层圆筒壁的稳态热传导

【例 3-2】为了减少热损失保证安全生产，对蒸汽管道进行保温。在ϕ133mm×4mm 的蒸汽管外包一层保温层石棉网，λ=0.15W/(m·℃)，蒸汽管道的外壁温度不超过 300℃，根据某厂安全操作要求，保温层外表面温度不超过 30℃，若把每米管长的热损失控制到 500W/m，试求保温层厚度。

解：

$$q_l=\frac{2\pi(t_1-t_2)}{\frac{1}{\lambda}\ln\frac{r_2}{r_1}}$$

$$500=\frac{2\times3.14\times(300-30)}{\frac{1}{0.15}\ln\frac{r_2}{r_1}}$$

$$\ln\frac{r_2}{r_1}=\frac{2\times3.14\times270\times0.15}{500}\approx0.509$$

$$r_1=133\div2=66.5(\text{mm})$$

$$r_2=e^{0.509}\times66.5\approx110.63(\text{mm})$$

$$\text{保温层厚度}=110.63-66.5=44.13(\text{mm})$$

3.1.2.2 热对流

热对流是指流体中处于不同位置的冷、热质点间发生相对运动而引起的热量传递过程。此种热传递方式仅发生在液体和气体中。对流传热可分为自然和强制对流传热。自然对流因流体冷、热各部分的密度不同所引起，流动速度一般较低。强制对流是由泵、风机或其他外力的推动而造成的，故流动速度往往很高。在强制对流传热发生时，也往往伴随着自然对流传热，由于流体中存在着温度差，所以流体分子间的热传导也必然同时存在。

对流传热是一种复杂的传热过程，影响对流热流量的因素很多。因此，对流传热的理论计算十分困难。在实际计算中可应用牛顿冷却定律进行计算。

若以热流体和壁面间的对流传热为例，对流传热热流量方程可用下式表示。

$$Q=\alpha A\Delta t \tag{3-12}$$

式中，Q 为热对流热流量，即导热速率，W；A 为对流传热面积，m^2；α 为对流传热系数，$W/(m^2\cdot℃)$或 $W/(m^2\cdot K)$；Δt 为对流传热温度差，℃或 K。

牛顿冷却定律表明，单位时间以对流方式传递的热量与传热面积和温度差成正比。

对流传热系数 α 的影响因素较多，主要有以下几个方面：

① 流体的性质：流体的密度、黏度、比热容、热导率等性质都对对流传热系数有较大的影响。对同一种流体，这些物性又多是温度的函数。

② 流体的流动形态：流体为层流，对流传热系数较低；流体为湍流，对流传热系数较高。

③ 流体的对流状态：强制对流，对流换热系数较高；自然对流，对流换热系数较低。

④ 传热壁面的形状、排列方式和尺寸传热壁面是圆管还是平面，管径、管长、管束排列方式等都会影响 α 的大小。

3.1.2.3 热辐射

任何物体，只要其绝对温度大于 0，都能以电磁波的形式向外界发射能量，同时也会吸收来自外界物体的辐射能。当发射与吸收的能量不等时，该物体就会与外界进行热量的交换，这种热量传递的方式称为热辐射。在热辐射过程中，物体将热能变为辐射能，以电磁波的形式在空中传递，被其他物体吸收后又转变为热能。因此，辐射传热过程中不仅有能量的传递，同时也伴随着能量形式的转化。另外，辐射传热可以不需任何媒介在真空中进行传播。

实际生产中，上述三种传热基本方式很少单独存在，实际存在的往往是这几种传热方式的组合，并以其中一两种方式为主。如固体内部的热量传递以热传导为主，流体与固体壁面的热传递以热传导和热对流为主，高温流体还有热辐射。

3.2 传热过程计算

3.2.1 换热器中的传热理论

换热器中热交换的方式包括以下三种。

① 直接接触式传热：冷、热流体直接接触进行热交换。

② 蓄热式传热：两种流体交替地流过蓄热器，利用蓄热器内的固体填充物积蓄和释放热量进行热交换。

③ 间壁式传热：利用固体壁面将进行热交换的两种流体隔开，冷、热流体分别在壁面的两侧流动，传热通过壁面进行，传热过程中两种流体不互相接触。

生产中，通常不允许冷、热两种流体以直接接触的方式完成热交换，而是用固体壁面将其隔开。能够实现这种操作的换热器被称为间壁式换热器。间壁式换热也是生产中最常见的一种换热器，以下对间壁式换热理论进行分析。

间壁式换热方法进行热量传递的原理如图 3-5 所示。其是由固体壁的导热和壁两侧流体的对流传热组合而成。冷、热流体通过间壁传热的过程分三步进行：热流体通过对流传热将热量传递给固体壁；固体壁以热传导方式将热量从热侧传到冷侧；热量通过对流传热将热量从壁面传给冷流体。在稳态传热过程中，热流量 Q 保持不变。

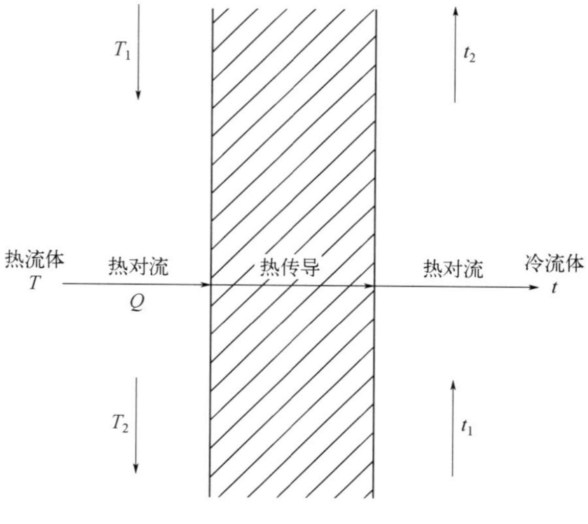

图 3-5　间壁式换热原理

3.2.2 间壁式传热的计算

3.2.2.1 热量衡算

流体间壁式换热中，热流量保持不变。根据能量守恒定律，传递的热量与热流体放热和冷流体吸热相等，即

$$Q = Q_c = Q_h$$

换热器间壁两侧无相变时，热流量为

$$Q = G_h C_{ph}(T_1 - T_2) = G_c C_{pc}(t_2 - t_1) \quad (3\text{-}13)$$

换热器间壁两侧有相变时，热流量为

$$Q = G_h r = G_c C_{pc}(t_2 - t_1) \quad (3\text{-}14)$$

饱和蒸汽冷凝，冷凝液的温度低于饱和温度时，热流量为

$$Q = G_h[r + C_{ph}(T_s - T_2)] = G_c C_{pc}(t_2 - t_1) \quad (3\text{-}15)$$

式中，Q_c 为单位时间冷流体吸收的热量，W；Q_h 为单位时间热流体放出的热量，W；C_{pc} 为冷流体的平均比热容，kJ/(kg·℃)；C_{ph} 为热流体的平均比热容，kJ/(kg·℃)；G_c 为冷流体的质量流量，kg/s；G_h 为热流体的质量流量，kg/s；T_s 为冷凝液的饱和温度，℃。

3.2.2.2 总热流量方程式

如图 3-5 所示，间壁式换热器中，稳定传热过程，热流量相等，可看作对流传热和导热热阻串联，可得

$$Q = Q_1 = Q_2 = Q_3$$

$$Q = \frac{T - t}{\dfrac{1}{\alpha_i A_i} + \dfrac{b}{\lambda A_m} + \dfrac{1}{\alpha_0 A_0}} = \frac{\Delta t}{R} = \frac{\text{冷热流体的温差}}{\text{热阻之和}} \quad (3\text{-}16)$$

可得总热流量方程式为

$$Q = KA\Delta t \quad (3\text{-}17)$$

式中，K 为传热总系数，W/(m²·℃)；A 为传热面积，m²；Δt 为温度差，℃。

3.2.2.3 总传热系数的计算

总传热系数是评价换热器性能优劣的重要指标之一，也是设计换热器的主要依据，现介绍如何用公式来确定 K 值。

如图 3-5 所示，稳态传热过程中，热流量相等，可得出

$$\frac{1}{KA} = \frac{1}{\alpha_i A_i} + \frac{b}{\lambda A_m} + \frac{1}{\alpha_0 A_0} \quad (3\text{-}18)$$

当传热面为平壁时，可得

$$\frac{1}{K} = \frac{1}{\alpha_i} + \frac{b}{\lambda} + \frac{1}{\alpha_0} \quad (3\text{-}19)$$

当传热面为圆筒壁时，工业以外表面积 A_0 为基准，可得

$$\frac{1}{K_0 A_0}=\frac{1}{\alpha_i A_i}+\frac{b}{\lambda A_m}+\frac{1}{\alpha_0 A_0} \tag{3-20}$$

$$\frac{1}{K_0}=\frac{A_0}{\alpha_i A_i}+\frac{bA_0}{\lambda A_m}+\frac{1}{\alpha_0} \tag{3-21}$$

由圆管面积比等于半径比，可得

$$\frac{A_0}{A_i}=\frac{d_0}{d_i} \qquad \frac{A_0}{A_m}=\frac{d_0}{d_m}$$

$$\frac{1}{K_0}=\frac{d_0}{\alpha_i d_i}+\frac{bd_0}{\lambda d_m}+\frac{1}{\alpha_0} \tag{3-22}$$

$$\frac{1}{K_i}=\frac{1}{\alpha_i}+\frac{bd_i}{\lambda d_m}+\frac{d_i}{\alpha_0 d_0} \tag{3-23}$$

$$\frac{1}{K_m}=\frac{d_m}{\alpha_i d_i}+\frac{b}{\lambda}+\frac{d_m}{\alpha_0 d_0} \tag{3-24}$$

综上，间壁式换热的总传热系数为热阻之和的倒数，间壁式传热的热阻为两侧流体与壁面间的对流传热及器壁的导热热阻。在实际生产中，如有污垢产生，需在式中加上壁面两侧的污垢热阻，以平壁为例，有污垢热阻时的总传热系数为：

$$\frac{1}{K}=\frac{1}{\alpha_0}+R_{so}+\frac{b}{\lambda}+R_{si}+\frac{1}{\alpha_i} \tag{3-25}$$

3.2.2.4 传热的平均温差

传热过程中存在恒温传热和变温传热两种，现对不同情况的平均温差进行讨论。

（1）恒温传热

传热过程中热流体的温度 T 和冷流体的温度 t，在传热过程中恒定不变，如一侧为饱和蒸汽在一定温度 T 下进行冷凝，另一侧为液体在恒定沸腾温度 t 下进行蒸发，则

$$\Delta t_m = T - t \tag{3-26}$$

式中，T 为热流体温度，℃；t 为冷流体温度，℃。

（2）变温传热

制药生产中使用的换热器通常是稳定的变温传热，即在传热过程中，间壁的一侧或两侧的流体沿着传热面，各点的温度不随时间而变，仅随位置而变。图 3-6 为一侧恒温一侧变温的稳态传热；图 3-7 为两侧均为变温的稳态传热。

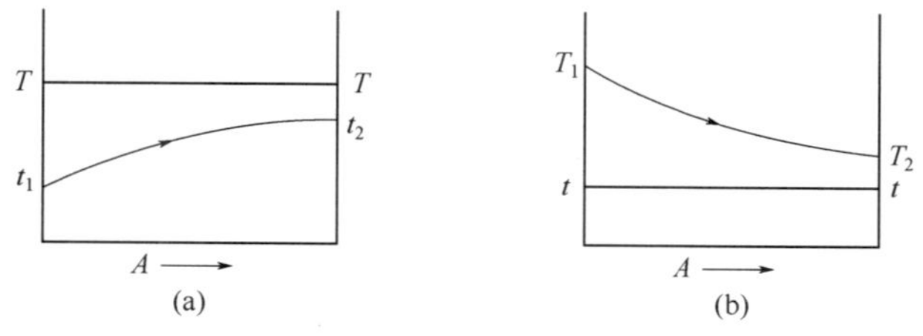

图 3-6 一侧恒温一侧变温的传热

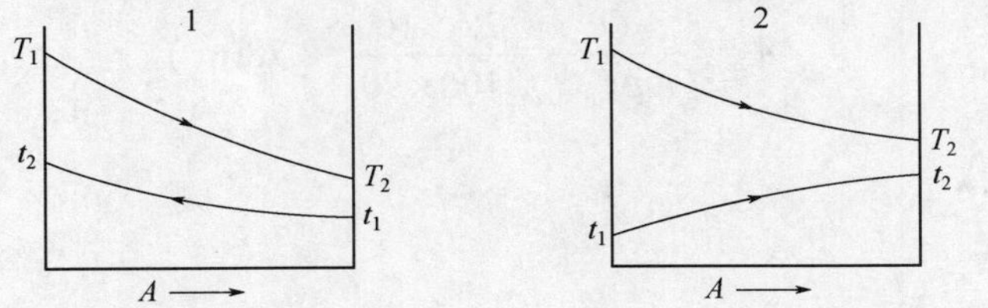

图 3-7　两侧均为变温的传热

稳态变温传热过程中，平均温度差的计算可用换热器壁面两侧温度差的对数平均值表示，即

$$\Delta t_{\mathrm{m}}=\frac{\Delta t_1-\Delta t_2}{\ln\dfrac{\Delta t_1}{\Delta t_2}} \tag{3-27}$$

当 $\dfrac{\Delta t_1}{\Delta t_2}<2$ 时，平均温差可用算术平均值来代替，即

$$\Delta t_{\mathrm{m}}=\frac{\Delta t_1+\Delta t_2}{2} \tag{3-28}$$

式中，Δt_1 为冷、热流体温差最大值，℃；Δt_2 为冷、热流体温差最小值，℃。

【例 3-3】 现用一列管式换热器加热某料液，料液进口温度为 100℃；出口温度为 150℃；加热剂进口温度为 250℃，出口温度为 180℃。试求：1）并流与逆流的平均温度差；2）若料液流量为 1800kg/h，比热容为 1kJ/(kg·℃)，总传热系数 K 为 100W/(m^2·℃)，求并流和逆流时所需传热面积。

解：

1）并流：

$$\Delta t_1=T_1-t_1=250-100=150(℃)$$

$$\Delta t_2=T_2-t_2=180-150=30(℃)$$

$$\Delta t_{\mathrm{m}}=\frac{\Delta t_1-\Delta t_2}{\ln\dfrac{\Delta t_1}{\Delta t_2}}=\frac{150-30}{\ln\dfrac{150}{30}}=74.6(℃)$$

逆流：

$$\Delta t_1=250-150=100(℃)$$

$$\Delta t_2=180-100=80(℃)$$

$$\frac{\Delta t_1}{\Delta t_2}=\frac{100}{80}=1.25<2$$

$$\Delta t_{\mathrm{m}}=\frac{\Delta t_1+\Delta t_2}{2}=\frac{100+80}{2}=90(℃)$$

2）

$$Q=G_{\mathrm{c}}C_{\mathrm{pc}}(t_2-t_1)=\frac{1800}{3600}\times1\times10^3\times(150-100)=2.5\times10^4(\mathrm{W})$$

$$A_{并}=\frac{Q}{K\Delta t_{\mathrm{m}并}}=\frac{2.5\times10^4}{100\times74.6}=3.35(\mathrm{m}^2)$$

$$A_{逆}=\frac{Q}{K\Delta t_{m逆}}=\frac{2.5\times10^4}{100\times90}=2.78(m^2)$$

3.3 换热器

3.3.1 换热器的分类

换热器大致可以分为直接接触式换热器、蓄热式换热器和间壁式换热器三类。其中直接接触式换热器是使冷热流体直接混合来进行热量交换的，例如冷却塔设备，这种换热器结构简单，成本低廉，并且大多数以塔的形式出现；蓄热式换热器的热量传递是通过蓄热体来进行的，在传热过程中使冷流体通过积蓄了热量的蓄热体，从而使冷流体升温。蓄热式换热器造价低廉、结构紧凑、连续操作性强，常被用于气体之间的热交换；间壁式换热器是两种不同温度的介质在相间隔的流道中流动，介质之间不会相互混合，整个过程连续而稳定，是工业中应用最为广泛的一类换热器。

3.3.1.1 列管式换热器

列管式换热器又称管壳式换热器，是目前应用最广泛的间壁式换热器。

列管式换热器主要由壳体、管束、管板和封头和折流挡板等组成，如图 3-8 所示，在列管式换热器中进行热交换的两种流体，一种走管内，另一种走管外。流体在管内每通过管束一次为一个管程。为提高管内流体流速，增强换热效果，可在两端封头内设置隔板，将全部管子平均分隔成若干组，每通过壳体一次称为一个壳程。这样，流体可每次只通过部分管子而往返管束多次，称为多程。为了提高壳内流体的流速，并避免流体短路，通常在壳体内安装一定数量的折流挡板，迫使流体按折流挡板规定的路线多次改变方向流经壳程空间，使湍动程度大为增加，提高壳程流体的对流换热系数，加强了换热效果。列管式换热器的突出优点是单位体积具有的传热面积大、结构紧凑、传热效果好，而且能用多种材料制造，适用性较强，能承受高温、高压，操作弹性大，大型装置中使用更为普遍。

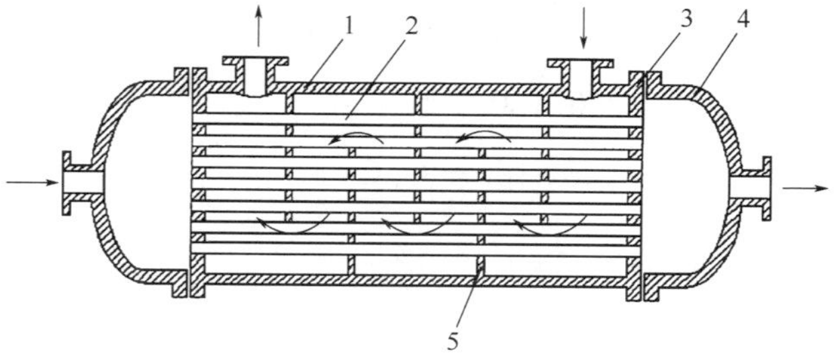

图 3-8 列管式换热器

1—壳体；2—管束；3—管板；4—封头；5—折流挡板

在列管式换热器内，由于管内外流体温度不同，壳体和管束的温度也不同。当冷热流体温差很大，换热器内部会产生很大的热应力。若两流体的温度差超过 50℃时，就可能由于热应力而引起设备变形，使加热管弯曲、断裂或从管板上松脱下来。因此，应采取适当的温差补偿措施，消除或减小热应力。根据热补偿方法的不同，列管式换热器又可以分为固定管板式、浮头式和U形管式。

固定管板式列管换热器的两端管板和壳体焊接制成一体，如图3-9所示。因此它具有结构简单和成本低的优点。但是壳程清洗和检修困难，要求壳程流体必须是洁净且不易结垢的物料。当两流体的温差较大时，应考虑热补偿，即在外壳的适当部位焊上一个补偿圈，当外壳和管束热膨胀不同时，补偿圈发生弹性变形（拉伸或压缩），以适应外壳和管束不同的热膨胀程度。这种补偿方法简单，但不宜应用于两流体温差过大（应不大于70℃）和壳程流体压强过高的场合。

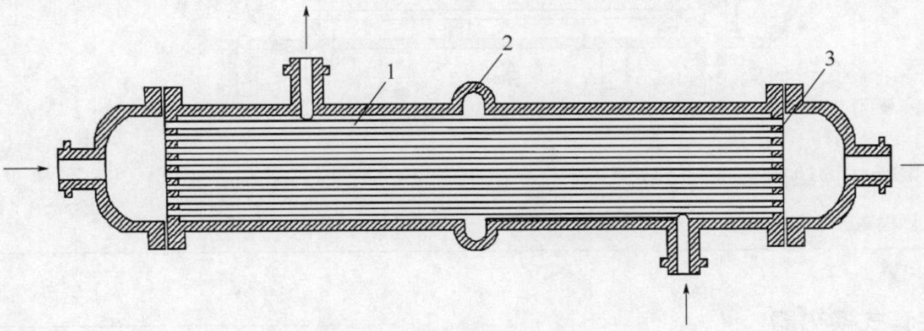

图3-9　固定管板式列管换热器

1—管束；2—补偿圈；3—管板

浮头式换热器的一端是以法兰与壳体相连接，另一端管板不与外壳连为一体，可以沿轴向自由浮动，如图3-10所示。当管束受热或受冷时，浮头端可以自由伸缩，这种浮头结构可以完全消除热应力的影响。且由于固定端的管板以法兰与壳体连接，整个可以从壳体中抽出，清洗和检修十分方便。故浮头式换热器在制药生产中应用较为普遍，但其浮头结构比较复杂，造价相对较高。

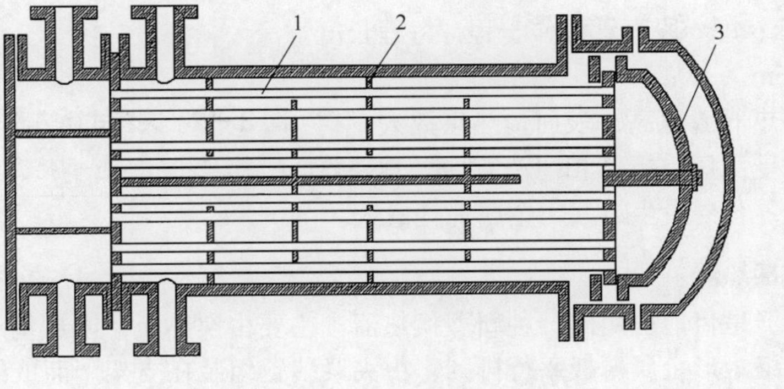

图3-10　浮头式换热器

1—管束；2—折流挡板；3—浮头

U 形管式换热器的每根管子都弯成 U 形，进出口两端分别安装在同一管板上，封头用隔板分成两室，如图 3-11 所示。U 形管的另一侧可以自由伸缩，完全消除热应力的影响。这种换热器结构比浮头式简单、重量轻，但由于管子一段是一体的 180°弯管，这就使管程极其不易清洗，所以适用于洁净而不易结垢的流体，同时适用于高温、高压场合。

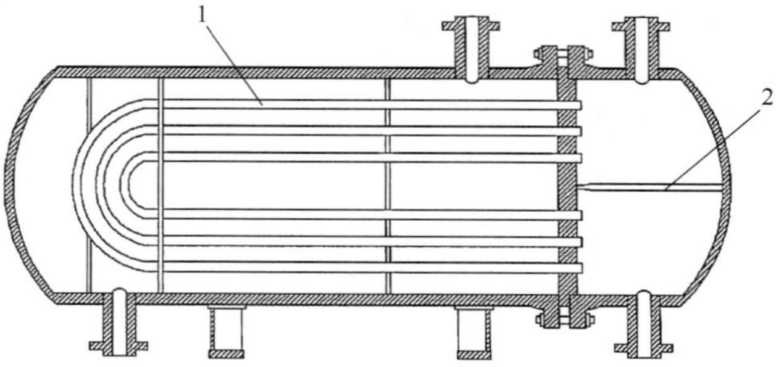

图 3-11　U 形管式换热器

1—U 形管；2—管程隔板

3.3.1.2　夹套式换热器

夹套式换热器主要用于反应过程的加热或冷却，是在容器外壁安装夹套制成，如图 3-12 所示。其结构简单，但缺点是传热面受容器壁面限制，传热系数较小，夹套内部也不易清洗。为了提高对流传热系数，可在釜内安装搅拌器，使釜内流体受热更加均匀，也可在釜内安装蛇管进一步增加传热面积。

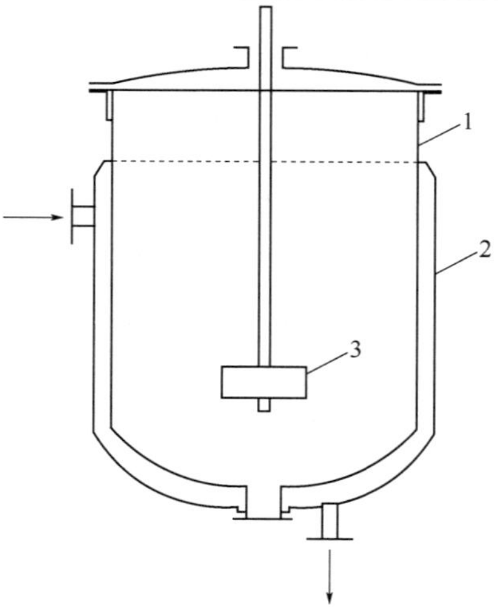

图 3-12　夹套式换热器

1—釜；2—夹套；3—搅拌器

3.3.1.3　套管式换热器

套管式换热器是将两种直径大小不同的直管装成同心套管，并用 U 形弯头把管段串联起来，如图 3-13 所示。每一段直管称作一程，每程长度一般约为 4 ~ 6m。

套管式换热器流速高，表面传热系数大，结构简单，能承受高压，拆卸和清洗方便。其缺点是管间接头多，容易发生泄漏，金属消耗量大。

3.3.1.4　板式换热器

板式换热器是目前应用的一种新型换热器，主要由换热板、密封垫片和压紧装置三部分组成。将一组矩形金属薄板平行排列，由夹紧装置组装在支架上而成的。两片相邻的换热薄板边缘之间衬有垫片，压紧后的板片之间形成封闭的流体通道，调节垫片的厚度可调节通道的大小。此换热器中最重要的组成部分是换热板，其四角开有对称圆孔，压紧后形成圆柱形流体通道，由于垫片的阻隔可使每个板间通道只留两个孔相连，冷热流体交替地在板片两侧流过，通过换热板进行换热，如图3-14所示，也可通过调节垫片的厚度来调节通道的大小。换热板厚度为0.5 ~ 3mm，通常压制成各种波纹形状，结构上可以增加刚度，不易变形，同时增大了传热面积，流体流过凹凸不平的波纹时，不断改变流动方向，提高湍流程度。

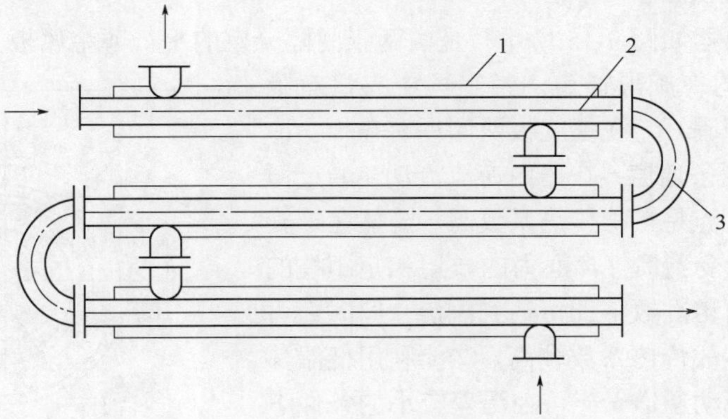

图3-13　套管式换热器

1—外管；2—内管；3—弯头

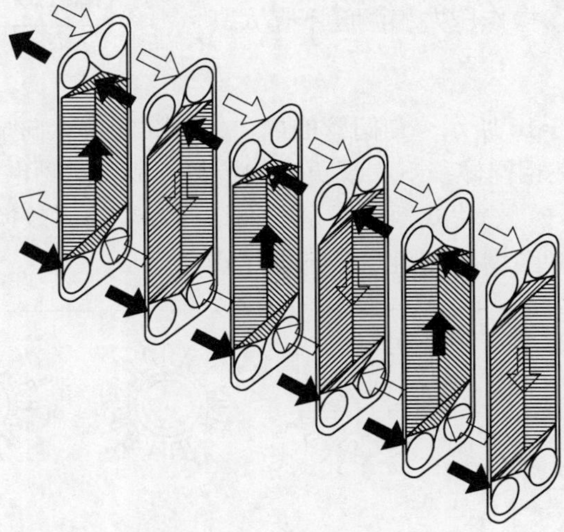

图3-14　板式换热器流体流向

板式换热器具有以下优点：①总传热系数大，换热效果好。由于流体在波纹板间流动湍动程度高、对流换热系数大，同时板片厚度小、导热快，因此总传热系数大。②操作灵活，检修拆洗方便。传热面大小可以根据生产任务的需要调节板片数量加以增减，同时板式换热器只要松动压紧螺栓，即可松开换热板，安装、维修极为方便，尤其适用于需要经常清洗设备的换热过程。③单位体积所提供的传热面积大，金属消耗量少。但其也具有以下缺点：①由于换热板间通道很窄一般只有2 ~ 5mm，当流体含有较大颗粒或纤维物质时，容易堵塞板间通道。②板间距小，流体体积小，导致处理量小。③耐高温性能差，操作温度受垫片材料的耐热性限制。④操作压力低，当压力过高时易渗漏，耐压性能差。⑤密封周边长。板片之间的密封是靠四面的周边安装垫片夹紧实现的，因此密封周边长，一旦某垫片损坏时易发生泄漏。⑥板间距小，不适用于极易结垢、堵塞的物料的换热，适用于热敏性物料。

3.3.1.5　螺旋板式换热器

螺旋板式换热器如图 3-15 所示，是由两张间隔一定的平行薄金属板卷制而成，在其内部形成两个同心的螺旋形通道。换热器中央设有隔板，将螺旋形通道隔开。在螺旋板两侧焊有盖板。冷热流体分别通过两条通道，在器内逆流流动，通过薄板进行换热。其优点是：①传热系数高。流体在螺旋流道中流动，由于受到惯性离心力的作用和定距柱的干扰，在较低的雷诺准数下即可达到湍流，同时还可选用较高的流速，故传热系数较高。②能利用低温热源。逆流流动，流动通道长，可在温差较小的条件下操作。③不易堵塞。惯性离心力作用和流体具有较高的流速，起冲刷作用。④结构紧凑，单位体积的传热面积大，节约金属材料，成本较低。其缺点是：①螺旋板两侧与盖板焊成一体，使清洗和检修尤为困难，一旦损坏，难以维修。②操作压力和温度不宜太高。

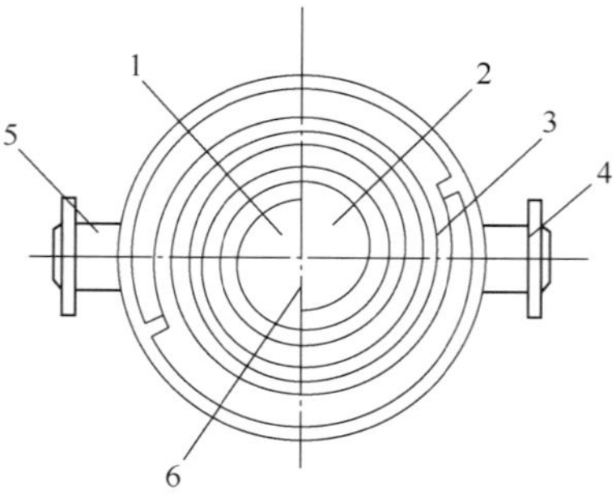

图 3-15　螺旋板式换热器

1—A 流体进口；2—B 流体出口；3—金属板；4—B 流体进口；5—A 流体出口；6—隔板

3.3.1.6　翅片式换热器

翅片式换热器如图 3-16 所示，在圆管的内、外壁横向或纵向加上一些翅片结构，可增大传热面积，使换热器在相同体积下实现更高的传热面积，同时也增加了流体的湍动程度，传热系数大，传热效果好。翅片式换热器是一种结构紧凑的高效换热器，但也要注意翅片与管的连接要紧密，否则会增大热阻，影响传热效果。

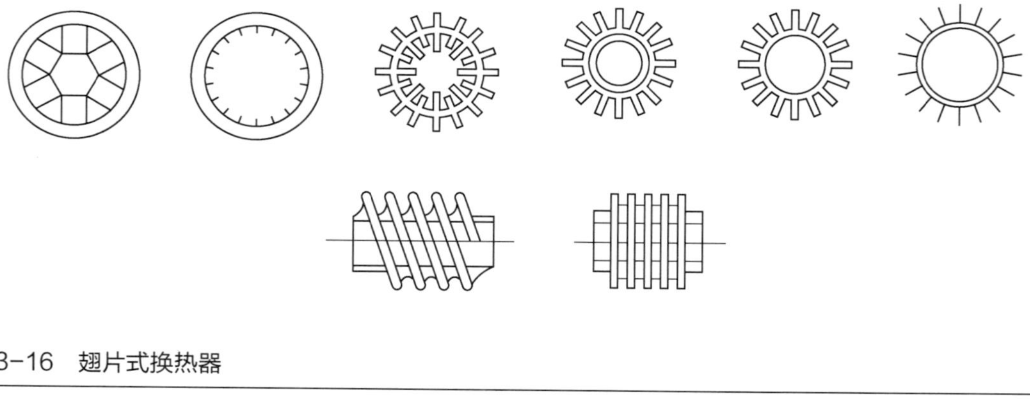

图 3-16　翅片式换热器

3.3.2　换热器的选型

换热器选型时的基本要求是：要满足生产工艺的要求，不论是设计和选型都符合工艺要求，如流体的种类、物性、操作条件、结垢情况等；换热效率要高，以保证有较大的传热系数；结构简单，使用可靠；安全、检修、清洗方便；经济性。

在具体选型时，要根据换热器的类型具体分析，如间壁式换热器选型时还要考虑流体流动区域的选择，即选择两种流体哪种走管程，哪种走壳程，更有利于间壁式换热。现以固定管板式列管换热器为例来说明，固定管板式列管换热器的两端管板和壳体是焊接制成一体，壳程清洗和检修困难，因此不洁净和易结垢的流体宜走管程，易于清洗；饱和蒸汽较洁净宜走壳程。被冷却的流体一般选壳程，换热冷却的同时便于向外散热，增强冷却效果。管程内的流体可以通过提高流速来增大其对流体传热系数，而壳程内的流体主要通过折流挡板使其流动方向不断变化，来实现湍流，因此，流量小或黏度大的流体宜走壳程。由于壳程内流体既接触管外壁又接触壳内壁，因此腐蚀性或有毒的流体宜走管程，以免壳体和管束同时受腐蚀；压力高的流体也选管程，以免壳体受压，且可节省壳体金属消耗量。当冷、热流体的温度差很大时，宜使对流传热系数大的流体走壳程，壁面的温度与对流传热系数大的流体温度相近，可减小热应力。

3.3.3 换热器的强化

换热设备稳定传热时的传热量为 Q，传热基本方程式可以表示为：$Q=KA\Delta t_{\mathrm{m}}$。由方程式可知，换热设备的换热量分别与传热系数 K、换热面积 A、传热温差 Δt_{m} 成正比，三者均是影响传热量的重要物理量，因此，扩大传热面积 A、增大传热温差 Δt_{m}、提高传热系数 K 均可以使传热过程强化。

3.3.3.1 扩大传热面积A

扩大传热面积是实现换热设备传热强化的一种有效途径，增大传热面积，是指从设备的结构入手，通过改进传热面的结构来提高单位体积的传热面积，而非靠增大换热器的尺寸。使用高效的传热面，不仅能使传热面得到充分的扩展，而且还能使流体的流动和换热设备的性能得到相应的改善。扩大传热面积可采用以下措施：

① 采用小直径换热管，并选择合适的管间距或排列方式来合理地布置受热面，在加大传热面积的同时，还可以改善流动特性。

② 圆管换热面可采用翅片管来扩大传热面面积和促进流体的湍动，从而提高传热效率。翅片管的种类和形式很多，用材广泛，制造工艺多样。

③ 平板换热面可采用异形表面来增加换热面积如板式换热器。通常异形表面可用轧制、冲压等方法将传热面制造成各种凹凸形、波纹形等，这不仅使传热表面有所增加，还使流体在流道中的流动方向不断改变，增加湍动程度，减少层流底层的厚度，从而强化传热。

3.3.3.2 增大传热温差Δt_{m}

增大平均温度差，可以提高换热设备的传热效率。平均温度差的大小主要取决于两流体的温度条件和两流体在换热器中的流动形式。可以从以下两方面增大平均温度差。

① 增加冷、热流体进出口温度差来增大平均传热温差 Δt_{m}。但物料的温度由生产工艺决定，一般不能随意变动，只能在有限范围内采用。

② 从节能的角度出发，应尽可能采用逆流传热，以增大平均传热温差。

无论哪种方法，由于工艺和设备条件的限制，都只能在有限的范围内采用，因此，不

能把增大传热温差 Δt_m 作为增强换热器传热效果的主要手段。

3.3.3.3 提高传热系数*K*

提高换热设备的传热系数 K 是传热强化的重要途径，也是当前研究传热强化的重点。提高传热系数的方法大致可以分为以下两种。

① 提高流体流速：加大流速，增强流体的湍动程度，使层流底层变薄，以提高对流传热系数，减小对流传热热阻。

② 防止或减轻污垢并及时清除垢层：适当增加流速，选择清洗方便的结构对垢层及时清除。

本章习题

1. 已知套管式换热器中，甲药液在管内流动，质量流量为 5000kg/h，进口温度为 90℃，出口温度为 60℃。乙液体在管隙流动，进口温度为 15℃，出口温度为 30℃，逆流流动，平均比热容为 1.85kJ/(kg·℃)，冷却面积为 2.5m^2，问所测得的总传热系数为多少。

2. 在一套管式换热器中，内管为ϕ180mm×10mm 的钢管，管中药液被冷却，流量为 3000kg/h，进口温度为 80℃,出口温度为 60℃，平均比热容为 4.191kJ/(kg·℃)，环隙中冷流体的温度进口为 20℃,出口温度为 50℃，平均比热容为 4.174kJ/(kg·℃)，总传热系数为 2000W/(m^2·℃)，求：1）冷流体的用量；2）并流时平均温度差及所需的管子长度。

第4章

搅拌装置与放大

4.1 概述

利用叶轮旋转或其他方式，推动设备内液体按一定流型循环流动，从而使物料混合均匀或使传热、传质过程加速的操作称为液体搅拌。液体搅拌既可以是一种独立的单元操作，如液-液混合、固-液混悬、气-液分散等，也可以用于其他单元操作中，如传热、提取、溶解、结晶、吸收等。

在工业上经常需要进行液体的搅拌，使设备内的液体产生适当的流动状态，在流动状态中达到各种操作目的。搅拌的主要目的有以下几个方面。

① 混合：互溶液体的搅拌，使两种或数种互溶液体在搅拌作用下达到浓度、温度、密度及其物性的均匀混合。混合是搅拌过程中最基本的操作之一，如制备混合物。

② 分散：不互溶液体的搅拌，使两种液体充分乳化、增加相间接触面积，通过分散达到罐内的两相液体均匀状态，如制备悬浮液和乳浊液；气液相搅拌，使气体成为微细气泡，均匀分散在液相中，形成稳定的分散质，如用于液体吸收气体。

③ 固体混悬：固相和液相的搅拌，使固体颗粒悬浮在液相中，如制备均匀的悬浮液。

④ 强化传热：强化液体与器壁的传热，减少局部过热，提高传热系数，促进介质的化学反应和物理过程。

⑤ 高黏度操作：高黏度液体的搅拌，如制造稠厚的乳剂、软膏和糊状物类的药品。

在中药工业生产中，最常用的液体搅拌操作为机械搅拌。典型的机械搅拌装置如图4-1所示。它由罐体2、搅拌器1、搅拌轴4、传动装置9和其他辅助部件所组成。常用的搅拌罐是立式圆筒形容器，它由顶盖、筒体和罐底组成，一般采用椭圆形焊接的底部，以消除流动不易达到的死区，有时为了强化传热和传质，在筒体内还装有挡板和导流筒。搅拌罐内装有一定量的液体，由电机直接或通过减速装置驱动搅拌轴，带动搅拌器，使搅拌器按一定的转速在液体中作旋转运动，将机械能施加于液体，促使液体作某种循环流动以实现搅拌的目的。

除机械搅拌外，还可以采用其他方法实现搅拌操作，如射流混合、气流搅拌等。

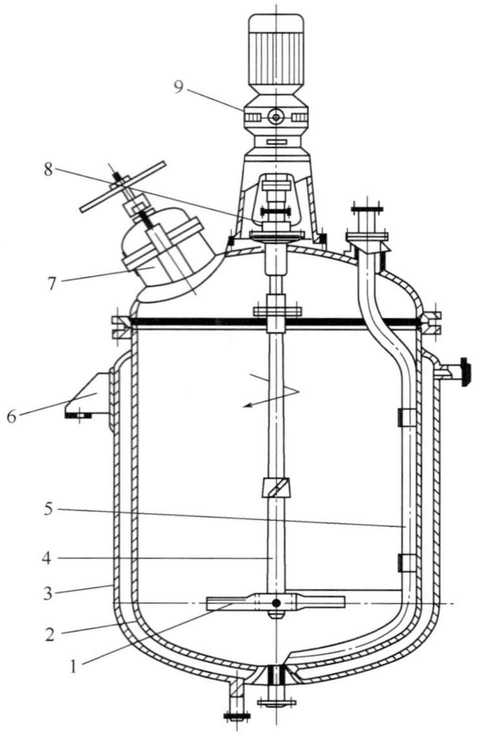

图 4-1　典型的机械搅拌装置结构

1—搅拌器；2—罐体；3—夹套；4—搅拌轴；5—压出管；6—支座；7—人孔；8—轴封；9—传动装置

本章以对牛顿型流体进行机械搅拌为主，着重讨论混合的机理、搅拌器的类型、搅拌功率及搅拌器的放大等。

4.2 混合机理

搅拌器的功能是提供搅拌过程所需要的能量和适宜的流动状态。搅拌器的主要部件是叶轮，利用叶轮的旋转把机械能传递给液体，造成搅拌罐内液体的强制对流，以达到均匀混合状态。

液体的强制对流方式有两种，即总体流动和湍流运动。

（1）总体流动

在搅拌器的作用下，全部液体沿一定途径在罐内循环流动，这种大范围的流动称为总体流动。总体流动促进了罐内液体宏观尺度上的均匀混合。总体流动的途径相当复杂，不同形式的搅拌器所形成的途径各不相同，如图 4-2、图 4-3 所示。要使总体流动能够促进罐内液体大尺度均匀混合，必须使总体流动充满至罐内各处，消除不流动的死区。总体流动的流量称为循环量，加大循环量有利于提高设备尺度上混合的均匀度。

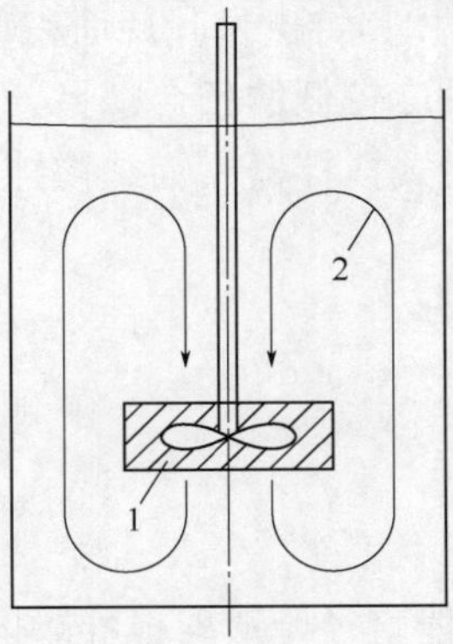

图 4-2　螺旋桨式搅拌器

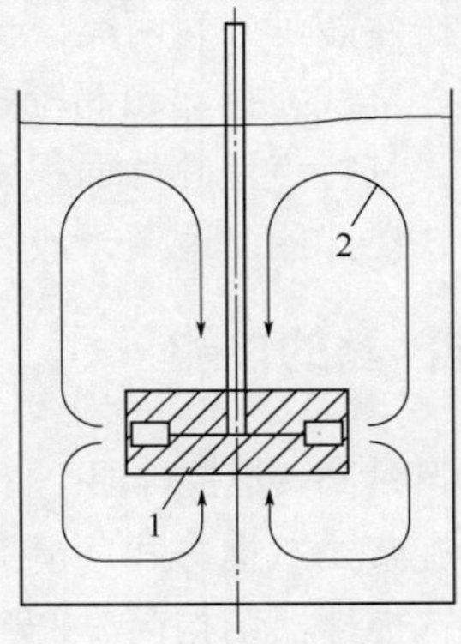

图 4-3　涡轮式搅拌器

（2）湍流运动

当叶轮旋转时，所产生的高速液流通过静止的或运动速度较低的液体中时，高速液体和低速液体在交界面及其附近产生了速度梯度，使界面附近的液体受到很大的剪切作用，因而产生大量旋涡，并且迅速向周围扩散，形成局部范围的湍流运动。湍流运动将液体破碎成微团，这种因涡流作用而产生的湍动可视为微观流动。强剪切、高度湍动有利于罐内液体达到小尺度的均匀混合。

总体流动的特点是液体以较大的尺度（相当于或略小于设备尺寸）运动，且具有一定的流动方向，流动范围较大。湍流运动的特点是流体以很小的微团尺度运动，运动距离很短，且不规则。湍流运动造成的混合速度远比总体流动所造成的混合速度快，随着湍动程度的增加，混合速度加快。不同的过程对这两种流动有不同的要求。搅拌时能量在这两种流动上的分配，是搅拌器设计中的重要问题。

搅拌互溶液体时，微团的最终消失，只能靠不属于搅拌范畴的分子扩散。实际混合过程是总体流动、涡流运动及分子扩散等的综合作用。

搅拌不互溶液体时，在搅拌过程中同时进行着液滴破碎与凝聚，并形成液滴大小不等的某种分布。若在混合液中加入少量保护胶或表面活化剂，使液滴在碰撞时难以凝聚，其结果将会使液滴尺寸趋于均一。

4.3　搅拌器

4.3.1　搅拌器的分类

搅拌器按结构形式分类，可分为旋桨式、桨式、锚式、框式、螺带式搅拌器等多种。

搅拌器按工作原理可分为两大类：一类为轴向流搅拌器，其工作原理与轴流泵叶轮相似，以螺旋桨式搅拌器为代表，液体在搅拌罐内主要作轴向和切向流动，其特点是流量大、压头低；另一类为径向流搅拌器，其工作原理与离心泵叶轮相似，以涡轮式搅拌器为代表，液体在搅拌罐内主要作径向和切向流动，与轴向流相比，其特点是流量较小、压头较高。

搅拌器按性能可分为两类：一类为小叶片高速搅拌器，其特点是叶片面积小、转速高，主要包括螺旋桨式搅拌器和涡轮式搅拌器，适用于液体黏度较低的场合；另一类为大叶片低速搅拌器，其特点是叶片面积大、转速低，主要包括桨式搅拌器、锚式搅拌器、框式搅拌器和螺带式搅拌器，适用于液体黏度较高的场合。

4.3.2 搅拌器的性能

4.3.2.1 小叶片高转速搅拌器

（1）螺旋桨式（推进式）搅拌器

螺旋桨式搅拌器结构简单、安装容易、转速较高。搅拌器直径一般取搅拌罐内径的 1/4 ~ 1/3，叶片端部的圆周速度一般为 5 ~ 15m/s，最高速度可达 25m/s 左右，适用于低黏度 μ<10Pa·s 液体的搅拌。

螺旋桨式搅拌器旋转时，液体在高速旋转的叶轮作用下作轴向和切向运动，当液体离开螺旋桨后作螺旋线运动。一方面，轴向分速度的作用，使液体沿轴向下流动，当流至罐底时再沿罐壁折回，返入螺旋桨入口，形成总体循环流动，如图 4-4 所示；另一方面，切向分速度的作用，使离开桨叶的液体带动罐内整个液体做圆周运动。

螺旋桨式搅拌器具有循环量大、压头低的特点，因此对搅拌低黏度的大量液体具有良好的效果，从而适合大尺度均匀混合的场合，如互溶液体的混合、强化搅拌罐内的传热等。

（2）涡轮式搅拌器

涡轮式搅拌器的直径一般为罐内径的 1/6 ~ 1/2，转速较高，叶片端部的圆周速度一般为 3 ~ 8m/s，适合于处理中等黏度和低黏度 μ<50Pa·s 液体的搅拌。

涡轮式搅拌器搅拌时，液体作径向和切向运动，并以很高的速度排出。液体的径向分速度使液体流向壁面，再在壁面分为上、下两路返回搅拌器，形成总体流动，如图 4-5 所示。液体的切向分速度，使搅拌罐内的液体产生圆周运动。与螺旋桨式搅拌器相比，涡轮式搅拌器所形成的总体流动的回路较曲折，由于排出速度较高，桨叶端部附近形成剧烈的旋涡和较高的剪切力，产生高度湍动，可将液体微团破碎得很细。因此，涡轮式搅拌器更适用于低黏度和中等黏度液体；要求小尺度均匀的搅拌过程；对不互溶液体的混合、固体的溶解、固体的混悬等都具有很好的效果。但对易分层的物料，如含有较重颗粒的混悬液，则不太适合。

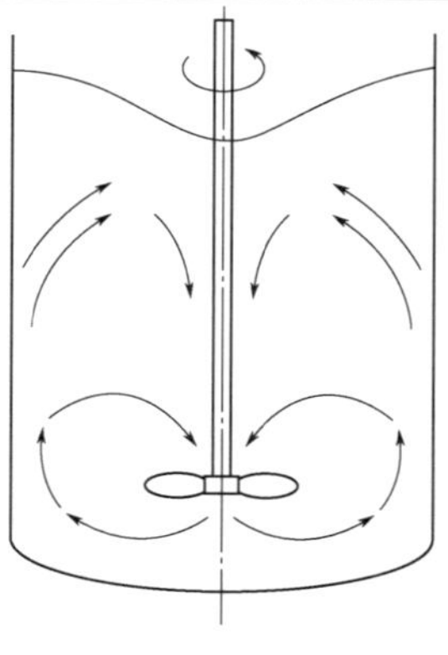

图 4-4 螺旋桨式搅拌器的搅拌状态

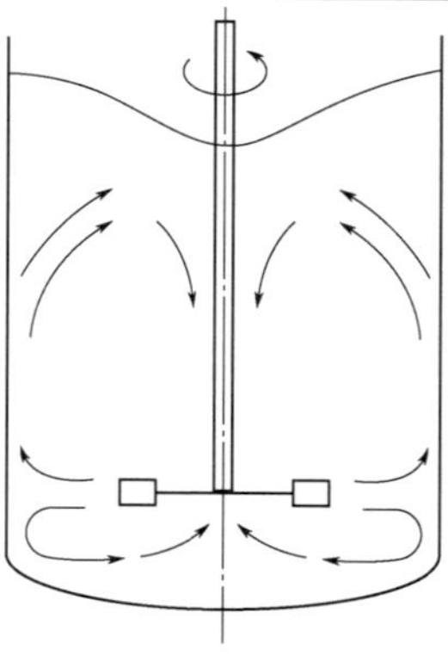

图 4-5 涡轮式搅拌器的搅拌状态

4.3.2.2 大叶片低转速搅拌器

（1）桨式搅拌器

桨式搅拌器的桨叶尺寸大，转速低，其旋转直径约为搅拌罐内径的 1/2 ~ 4/5，叶片宽度为其旋转直径的 1/6 ~ 1/4，叶片端部的圆周速度为 1.5 ~ 3.0m/s。按桨叶的不同，可分为平直叶桨式搅拌器（图 4-6）和折叶桨式搅拌器两种形式。桨式搅拌器的叶片长，通常为 2 叶，转速较慢，产生的压头较低，可使液体作径向和切向运动，折叶桨式搅拌器还可以造成轴向小范围流动。这种搅拌器的径向搅拌范围大，可用于黏度较高的液体搅拌。罐内液位较高时，可采用同一轴上安装几个桨式搅拌器或平直叶与折叶式组合的方法。

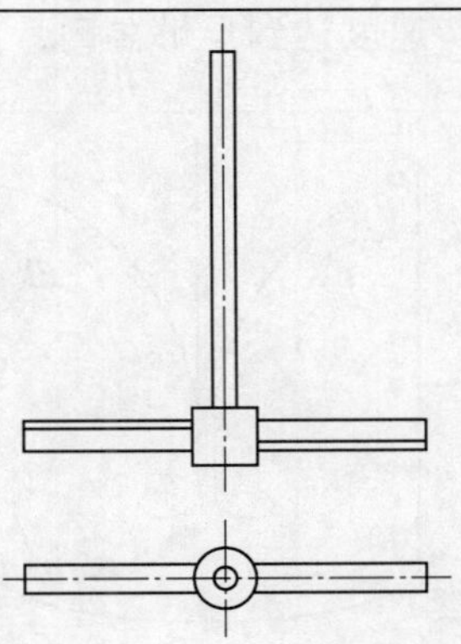

图 4-6　桨式搅拌器结构简图

（2）锚式搅拌器和框式搅拌器

锚式搅拌器（图 4-7）和框式搅拌器（图 4-8）为桨式搅拌器的变形。其形状与罐底部相似，搅拌器直径很大，与罐的内径基本相等，搅拌器与罐壁面间隙很小，转速低，叶片端部的圆周速度为 0.5 ~ 1.5m/s。搅拌器产生的剪切作用很小，搅拌范围很大，无死区。适用于高黏度液体的搅拌，尤适用于粥状物料的搅拌，可用来防止器壁沉积现象。但锚式和框式搅拌器基本上不产生轴向流动，搅拌罐内的轴向混合效果较差。

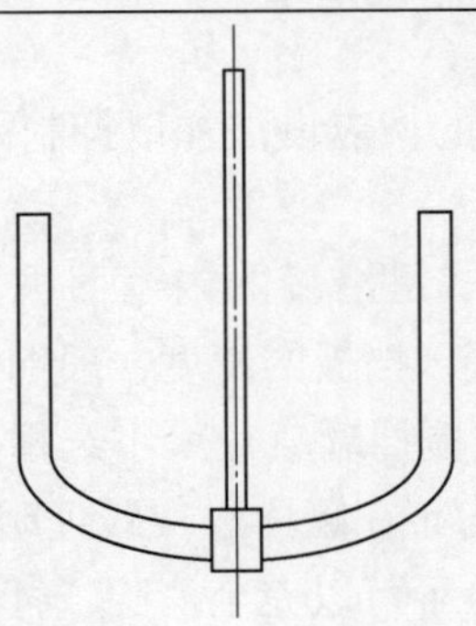

图 4-7　锚式搅拌器结构简图

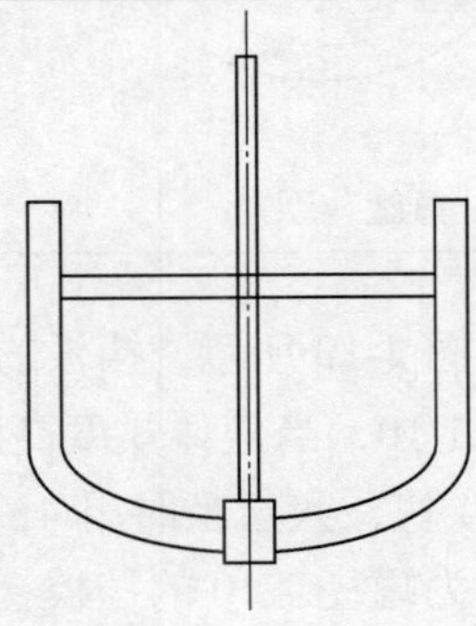

图 4-8　框式搅拌器结构简图

（3）螺带式搅拌器

螺带式搅拌器的旋转直径不小于搅拌罐内径的 9/10，叶端圆周速度小于 2m/s。这种搅拌器在旋转时能产生液体的轴向流动，使物料上下窜动混合搅匀，混合效果较好。适用于高黏度、流动性差的物料搅拌。

4.3.3 强化搅拌效果的措施

4.3.3.1 提高搅拌器转速

搅拌器的叶轮在旋转时所产生的压头 H 与转速 n、搅拌器直径 d 的关系可表示为:

$$H \propto n^2 d^2 \tag{4-1}$$

可以看出，压头 H 与转速 n 的平方成正比。因此，提高转速可以提高压头，即提高搅拌器向液体提供的能量，提高液体的混合效果。

4.3.3.2 抑制搅拌罐内的“打旋”现象

搅拌器安装在搅拌罐中心，罐壁光滑且无挡板，在低黏度液体中进行搅拌，当叶轮的旋转速度达到足够高时，液体在离心力的作用下涌向罐壁，周边部分的液面沿罐壁上升，而中心部分的液面下降，形成漏斗形的旋涡，严重时能使全部液体围绕着搅拌器旋转。叶轮的旋转速度越大，旋涡下凹的深度也越大。这种流动状态称为“打旋”，如图 4-9 所示。

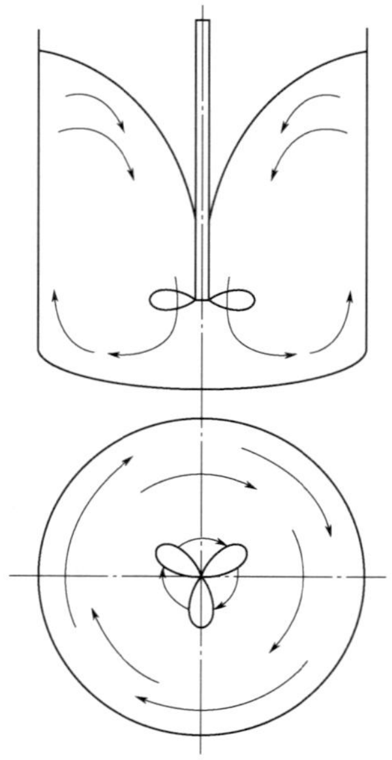

图 4-9 “打旋”现象

“打旋”会造成下列不良后果：①混合效果差，液体只随着叶轮转动，不能形成各层液体之间的相对运动，几乎不产生轴向混合作用；②当搅拌固、液相悬浮液时，不形成混合，而是发生分层或分离，其中的固体颗粒被甩至罐壁而沉降在罐底；③当旋涡中心凹度达到一定深度后，还会发生从表面吸入空气的现象，特别是当旋涡深度达到叶轮以后，吸入的空气量增大，使施加于物料的搅拌功率显著降低，降低了搅拌效果；④“打旋”时还会使搅拌器受到变动流体的作用而加剧搅拌器的振动，易使搅拌轴受损，甚至无法操作。

“打旋”对混合是不利的，应设法加以抑制。

（1）搅拌罐内安装挡板

最常用的挡板安装形式是沿罐的内壁面垂直安装条形板，如图 4-10 所示。挡板的上端高出液面，下端通到罐底，挡板的宽度一般约为罐内径的 1/12 ~ 1/10，当液体黏度高时可适当减小。挡板数量可按搅拌罐直径大小选择，小直径时用 2 ~ 4 块，大直径时用 4 ~ 8 块，以 4 块或 6 块居多，均布在罐内。实践证明，4 块均布的宽度为罐径 1/10 的挡板一般已足够用。加设挡板后，除了可以完全消除“打旋”现象外，还可以使搅拌罐内的切向流动改变为轴向流动和径向流动，同时液流在挡板后形成旋涡，这些旋涡随主体流动遍及全罐，增大了被搅拌液体的湍动程度，提高了混合效果，搅拌功率成倍增加。

（2）破坏循环回路的对称性

为了防止“打旋”现象，还可采用破坏循环回路对称性的方法，增加旋转运动的阻力，可以有效地阻止圆周运动，增加湍动，产生与设置挡板时相似的搅拌效果。最常用的方法有以下几种。

① 偏心式搅拌　搅拌器不安装在罐内的中心线上，而安装在偏心位置上，借以破坏系统的对称性，使液流各点处压力不同，增加了液流的湍动程度，防止液面下凹，有效地防止“打旋”现象，使搅拌效果有明显的提高。但偏心搅拌容易引起振动，一般适用于小型设备。

② 倾斜式搅拌　将搅拌器偏心倾斜安装在罐内。此种搅拌器适用于小型设备。其结构简单、轻便、应用广泛，适用于药品等溶解、分散、调节 pH 值和稀释等。

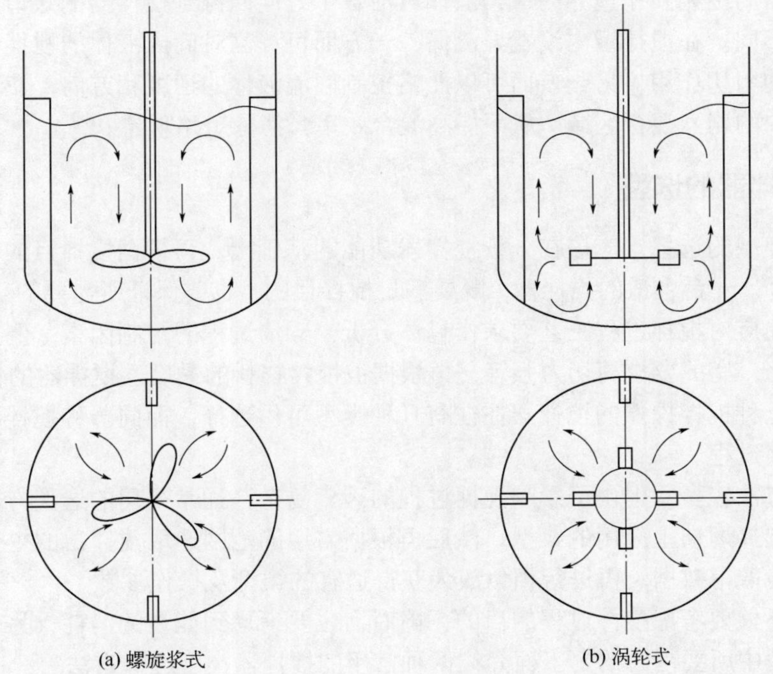

图 4-10　挡板的安装形式

③ 偏心水平搅拌　对较大的搅拌罐，也可将搅拌器偏心水平地装在罐的下部。这类搅拌器的搅拌轴短而细，轴的稳定性好，降低了安装要求，易于维修，寿命长，有利于底部出料。其缺点是轴封困难。

（3）加设导流筒

导流筒是一个圆筒，安装形式如图 4-11 所示。对于螺旋桨式搅拌器，导流筒安装在搅拌器外面，如图 4-11（a）所示；对于涡轮式搅拌器，导流筒安装在搅拌器上方，如图 4-11（b）所示。

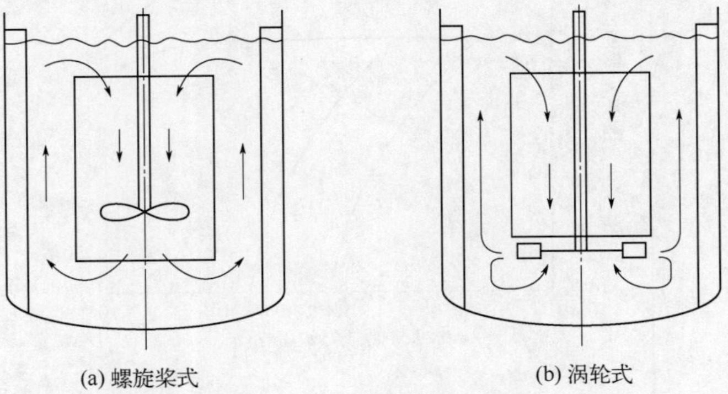

图 4-11　导流筒的安装形式

若搅拌器周围无固体边界约束，液体可沿各个方向回流到搅拌器的入口，故不同的流体微团行程不同。在搅拌罐内设置导流筒，一方面可提高对筒内液体的搅拌程度，加强搅拌器对液体的剪切作用；另一方面可以严格控制回流液体的速度和方向，使罐内的液体均通过导流筒内的剧烈混合区域。从而提高混合效率，消除短路现象。

4.3.4 搅拌器的选型

搅拌器类型的选择，应该在分析搅拌器功能的基础上，再根据搅拌目的和被搅拌液体的性质来选择。一台合适的搅拌器，既要满足搅拌目的，也要保证所需要的功率小。因此，在选型时首先应对搅拌过程工艺要求作具体分析，弄清过程的控制因素，例如，有的要求对流循环良好，有的要求剪切力强等，再根据被搅拌物料的黏度及搅拌器的性能来选型。

适于某一种搅拌操作的搅拌器往往有几种类型可供选择，而同一种搅拌器也适用于几种不同的搅拌过程。

选型的方法较多，但由于影响搅拌过程的因素复杂，通常采用的选型方法多数是根据实际经验，选择习惯上应用的桨型，然后再根据常用的范围选取搅拌器的主要参数。也有通过小型试验取得数据，再进行相似放大获得适宜的类型及操作参数。

选型时不仅要考虑搅拌过程的目的，同时，也要考虑到能量的消耗，另外，搅拌器的结构也是选型中所要考虑的。下面介绍两种常用的搅拌器类型选择方法。

4.3.4.1 根据液体的黏度选型

由于液体的黏度对搅拌状态和功率消耗都有很大影响，所以根据搅拌介质黏度的大小来选型是一种基本的方法。根据黏度选型，可参考图 4-12。该图是在搅拌功率消耗较为合理的情况下，桨型与黏度及液体体积的关系图。图中各种曲线是几种典型的搅拌器使用的极限范围，在曲线以下范围内均可使用。随黏度的增高，各种搅拌器的使用顺序为：螺旋桨式、涡轮式、桨式、锚式、螺带式等。其中螺旋桨式又分为小容量液体时用高转速，大

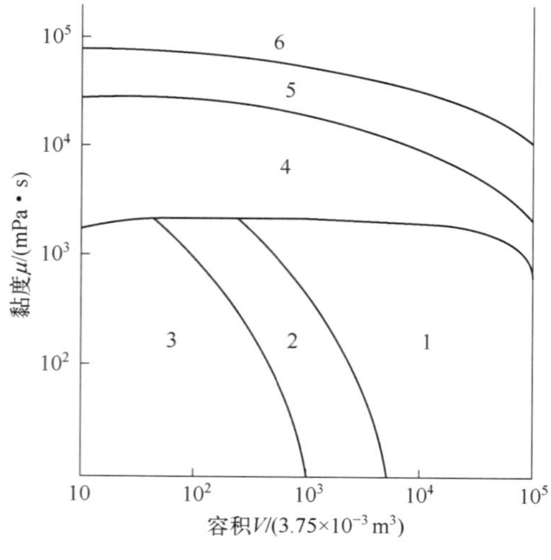

图 4-12 搅拌器适用的黏度范围

1—螺旋桨式（420r/min）；2—螺旋桨式（1150r/min）；3—螺旋桨式（1750r/min）；4—涡轮式；5—桨式；6—锚式、螺带式

容量液体时用低转速。采用这种选型方法，实际应用范围可能有重叠，例如，桨式由于其结构简单，用挡板可以改变流型，所以在低黏度中应用也较普遍，而涡轮式由于对流循环、湍流扩散和剪切力均较强，在整个黏度范围都可应用，是应用最广的一种形式。

4.3.4.2 根据操作目的选型

（1）低黏度均相液体混合

该过程要求搅拌器能产生较强的总体循环流动，其控制因素为液体在容器内的循环流量。螺旋桨式搅拌器的液体循环能力强且消耗功率小，最适合；桨式转速低，功率消耗小，但混合效果不佳；涡轮式的剪切作用强，但其功率消耗大，对于这类混合过程不经济。用混合时间、均匀度考察搅拌效果。

（2）分散（非均相液体混合）

涡轮式搅拌器具有高剪切力和较大的循环量，最适合，特别是平直叶的剪切作用比折叶和弯叶的剪切作用更强，更为适合。在分散黏度较大的液体时，可采用弯叶涡轮，以减小能量消耗。用分散速率、分散液滴比表面积考察搅拌效果。

（3）固体混悬

在低黏度液体内悬浮容易沉降的固体颗粒时，应选用涡轮式搅拌器。其中又以开启式为最好，特别是弯叶开启式涡轮，用于固体悬浮更为适合。如固液密度差小，不易沉降，则可采用螺旋桨式。对固液比在 50%以上或液体黏度高而不易沉降的，可采用桨式或锚式搅拌器。用混悬状态考察搅拌效果。

（4）提高传热效果

传热量小时可用夹套罐加热，采用桨式搅拌器；中等传热量可用夹套罐加热，采用桨式搅拌器并加挡板；传热量很大时可用蛇管传热，采用螺旋桨式或涡轮式搅拌器，并加挡板。用热流量考察搅拌效果。

（5）高黏度均相液体混合

液体黏度较高时，采用锚式搅拌器（无中间横梁），当黏度更高时可用框式搅拌器（有横梁），黏度越高，横梁越多。螺带式搅拌器适用的黏度更高，可达 500Pa·s。用混合时间考察搅拌效果。

由于搅拌目的不同及搅拌介质的多样性，因此还可根据不同的工艺过程，参考有关的设计手册所推荐的数据去选型。

4.4 搅拌功率

4.4.1 搅拌器混合效果与功率消耗

搅拌罐中搅拌器排液量为 q_v，搅拌器的压头为 H，液体密度为 ρ，则搅拌功率 P 为

$$P = \rho g q_v H \tag{4-2}$$

从前述混合机理可知，为达到大尺度上的均匀，必须有足够大的总体流动，即搅拌器必须提供足够大的流量；而要达到小尺度上的均匀，则必须提高液体的湍动程度，即搅拌器须产生足够大的压头。也就是，为达到一定的混合效果，必须向搅拌器提供足够的功率。

但是，在向搅拌器提供足够功率的同时，还存在能量合理利用的问题。如果搅拌的目的只是为了达到大尺度上的均匀混合，则希望有较大的流量 q_v；如果是为了将微团分散得很小，则希望有较大的压头 H。因此，在消耗一定功率的条件下，选用合适的搅拌器是提高能量利用率的重要途径。在等功率条件下，采用大直径、低转速搅拌器，更多的功率消耗于总体流动，有利于大尺度上的均匀混合；采用小直径、高转速搅拌器，更多的功率消耗于湍动，有利于小尺度上的均匀混合。

4.4.2 搅拌功率曲线

由于搅拌罐中液体运动的状况十分复杂，搅拌器的功率目前尚不能由理论算出，只能通过实验获得经验关联式。

4.4.2.1 影响搅拌功率的因素

影响搅拌功率的因素很多，可分为几何因素与物理因素两类。

影响搅拌功率的几何因素（图 4-13）有：

① 搅拌罐内径 D；

② 搅拌罐中所装液体高度 h；

③ 搅拌器距罐底部的距离 h_1；

④ 搅拌器的直径 d；

⑤ 搅拌器叶片数量、形状以及叶片长度 l 和宽度 B；

⑥ 挡板数目及宽度 b。

对于均相液体搅拌过程，影响搅拌功率的主要物理因素有：

① 搅拌器转速 n；

② 液体的密度 ρ；

③ 液体的黏度 μ；

④ 重力加速度 g 等。

考虑重力的影响主要是因为在"打旋"的情况下，有一些液体被推到高于平均液面的位置，此部分液体需克服重力做功。

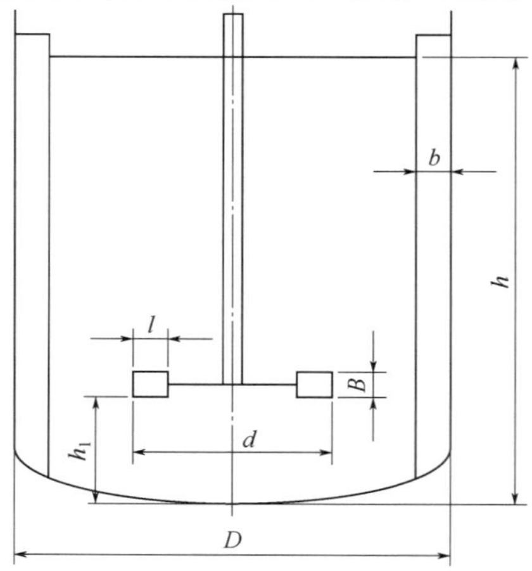

图 4-13 典型的搅拌器各部分比例关系

涡轮叶片数 z=6；4 块挡板；D/d=3；h/d=3；B/d=1/5；l/d=1/4；h_1/d=1；b/d=3/10

4.4.2.2 典型搅拌器的功率曲线

对于特定的搅拌装置，各项尺寸都和搅拌器直径成一定比例关系，通常以搅拌器的直径 d 为特征尺寸，而把其他几何尺寸用对 d 的比率变量来表示，即

$$\alpha_1 = \frac{D}{d}，\ \alpha_2 = \frac{h}{d}，\ \alpha_3 = \frac{l}{d}，\ \cdots$$

这些比值称为形状比。对于特定尺寸的系统，形状比一般为定值，故几何因素可仅考虑搅拌器直径，则搅拌功率可以表达为

$$P = f(\rho, \mu, n, d, g) \tag{4-3}$$

对于常用的安装挡板搅拌装置，液面无下凹现象，重力加速度对搅拌功率的影响可以忽略不计。假定式（4-3）的函数关系为最简单的指数函数，根据量纲分析方法可得

$$\frac{P}{\rho n^3 d^5} = K\left(\frac{\rho n d^2}{\mu}\right)^x \tag{4-4}$$

式中，P 为搅拌功率，W；K 为系统几何构型的总形状因素；d 为搅拌器直径，m；n 为搅拌器转速，r/s；ρ 为液体密度，kg/m^3；μ 为液体黏度，Pa·s；g 为重力加速度，m/s^2。

令 $N_p = \dfrac{P}{\rho n^3 d^5}$，称为功率准数；$Re_n = \dfrac{\rho n d^2}{\mu}$，为以 n 和 d^2 为特征量的雷诺数。

则式（4-4）可写成

$$\phi = N_p = KRe_n^x \tag{4-5}$$

式中，ϕ 为功率函数。

对一定形状的搅拌器进行一系列的实验，利用式（4-5）在双对数坐标纸上标绘制出 ϕ 与 Re_n 的函数关系曲线，称为功率曲线，如图 4-14 所示。

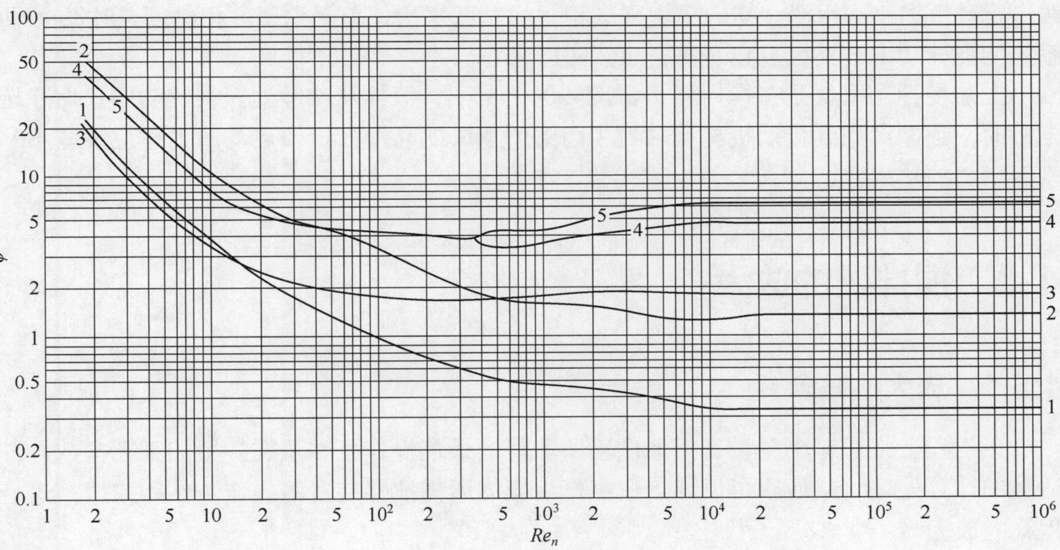

图 4-14　典型搅拌器的功率曲线（全挡板条件）

1—三叶螺旋桨式（螺距=d）；2—六片闭式涡轮；3—双叶平桨；4—六片弯叶圆盘涡轮；5—六片平直叶圆盘涡轮

根据 Re_n 数值的大小，搅拌罐中的流动情况也分为层流和湍流区。

① 层流区：$Re<10$，不同搅拌器的功率曲线在此区域内成直线关系，且斜率相同，$x \approx -1$。因此，由式（4-4）和式（4-5）可求得层流区的搅拌功率为

$$P = K_1 \mu n^2 d^3 \tag{4-6}$$

式中，K_1 为常数，其值随搅拌器的结构形式而变化，常用的几种搅拌器的 K_1 见表 4-1。

表 4-1　几种搅拌器的 K_1、K_2 值

搅拌器形式	K_1	K_2
三叶螺旋桨式（螺距=d）	42.0	0.32
六叶平直叶圆盘涡轮	71.0	6.1
六叶弯叶圆盘涡轮	70.0	4.8
双叶桨式	36.5	1.7
螺带式	$340h_1/d$	—
锚式	245	—

② 完全湍流区：$Re_n>10^4$，当 $Re_n>10^4$，液体流动呈湍流状态，功率曲线趋于平直线，即

$$P=K_2\rho n^3 d^5 \tag{4-7}$$

式中，K_2 为常数，常用的几种搅拌器的 K_2 见表 4-1。表中的 K_2 值是在 h/d=3、D/d=3 的情况下测得，若实际尺寸不符合此比例关系，应乘以校正因数 $f'=\frac{1}{3}\sqrt{\left(\frac{D}{d}\right)\left(\frac{h}{d}\right)}$。

上述功率曲线适用于单一液体，也适用于非均相的液-液或液-固系统，用上述功率曲线进行计算时，需用混合物的平均密度和平均黏度来代替单一相密度和黏度。对气-液两相系统的搅拌功率与充气量也有关，也须进行修正。

上述搅拌功率仅是在搅拌器正常运转的情况下，液体从桨叶处获得的功率。而在选择电机时，还需考虑到传动机构和轴封中阻力所损失的功率，以及启动时为适应某些不利因素而增加的功率。

4.5 搅拌器的放大

4.5.1 放大的概念

在工程上将通过小型设备模拟试验所取得的最佳操作条件及搅拌器的工艺参数，经过适当的计算处理，从而获得设计工业生产规模的所需搅拌装置的操作条件和数据，这一过程称为放大。

这种放大，并非单纯地将设备的体积增加若干倍，还包括一系列操作条件的相应变化，例如搅拌器除了直径增大外，至少还要考虑转速的变化。

对于一般搅拌装置的放大，要求实验系统（模型）与实际生产系统（原型）必须具有相似条件。

几何相似——两系统相应几何尺寸的比例都相等。这是相似放大的基本要求。

运动相似——两系统除几何相似外，同时两系统对应点的速度矢量和加速度矢量相互平行且比值为一常数。

动力相似——两系统除几何相似和运动相似外，同时两系统对应点处作用相同性质的力的方向相同，大小成一定比例，且比值为一常数。

热相似——两系统除几何相似、运动相似外和动力相似，同时两系统对应点处的温差

比值为一常数。

由于相似条件很多，而这些条件中有些条件对某一过程往往具有相反的影响，因此要同时满足这些相似条件是不可能的。所以对具体的搅拌过程，要以达到要求的生产效果为前提条件，寻找出对该过程最有影响的相似条件而舍弃次要因素，即将复杂的范畴变成相当单纯的范畴。

4.5.2 搅拌器的放大

搅拌器通常采用两种方法进行放大，一种是按功率数据放大，另一种是按工艺结果放大。

4.5.2.1 按功率数据放大

按功率数据放大，必须满足的相似条件比较少，而且在实验装置中测得的功率曲线适用于一切几何相似的搅拌系统，因此在几何相似的模型和原型中，维持同样的流体动力学状态，在抑制“打旋”的条件下只要雷诺数 $Re_n = \dfrac{\rho n d^2}{\mu}$ 相等，便有相同的功率准数值 N_p，于是即可由模型测得的功率曲线计算出原型在操作条件下的搅拌功率。其放大步骤如下：

① 由原型按几何相似建立一个实验模型。若已知实验模型，则可省略这一步。

② 实验测定模型的功率数据，并绘出功率曲线。

③ 由原型操作条件计算雷诺数 $Re_n = \dfrac{\rho n d^2}{\mu}$，并在功率曲线上查出与此 Re_n 数对应的功率函数 ϕ。

④ 在抑制“打旋”的条件下，$P = \phi \rho n^3 d^5$。因此，可由此式计算原型操作条件下的搅拌功率。

由于许多不同几何特性的搅拌装置的功率曲线可从有关手册中查出，而且几何特性的差异对搅拌功率的影响在一定程度上可以估算，因此仅仅为了功率数据的放大，一般没有必要建立小型实验系统，可参考文献数据估算。当需要在小型实验中确定最合适的几何构形时，则需建立小型实验模型，进行功率数据测定。

4.5.2.2 按工艺结果放大

由于影响搅拌结果的因素很多，按相似原理进行工艺结果的放大必须满足很多相似条件，这在实际上是很难做到的。对于不同的搅拌过程和搅拌目的，目前采用的方法是，在实验或经验判断的基础上按某一准则进行工艺结果放大，并使放大后的搅拌效果不变。下面介绍的一些放大准则可供选择时参考。

① 保持搅拌雷诺数 $Re = \dfrac{\rho n d^2}{\mu}$ 不变，即要求 $n_1 d_1^2 = n_2 d_2^2$，式中下标 1 表示“模型”，下标 2 表示“原型”。

② 保持搅拌器的流量与压头之比值 $\dfrac{q_v}{H}$ 不变，即要求 $\dfrac{d_1}{n_1} = \dfrac{d_2}{n_2}$。

③ 保持叶片端部切向速度 πnd 不变，即要求 $n_1 d_1 = n_2 d_2$。

④ 保持传热系数相等。由通用传热系数关联式，对于采用相同流体和温度的几何相似

系统要保持放大后的传热系数相等，即要求 $\frac{n_2}{n_1}=\left(\frac{d_1}{d_2}\right)^{\frac{2m'-1}{m'}}$ 。

在许多均相搅拌系统的放大中，往往需要通过加热或冷却的方法，使反应保持在适当的温度范围内进行，传热速率成为控制因素。此时，采用传热系数相等的准则进行放大，可以得到满意的结果。

⑤ 保持单位体积液体所消耗的功率 $\frac{P}{V}$ 不变。对于依赖于流体湍动程度的操作，按 $\frac{P}{V}$ 不变的准则放大，一般可获得较好的效果。在湍流时，即要求 $n_1^3d_1^2=n_2^3d_2^2$ 。

⑥ “等翻转率”准则。若罐内流体循环量为 q_V，罐内液体体积为 V，则 $\frac{q_V}{V}$ 为单位时间内的液体在罐内的翻转次数，称为“翻转率”，即要求 $n_1=n_2$。

对于过程结果主要取决于流体循环速度的搅拌操作，使用等 $\frac{q_V}{V}$ 准则比等 $\frac{P}{V}$ 准则更恰当。

具体的搅拌过程究竟采用哪个放大准则比较合适，需要通过逐级放大试验来确定。然后用此放大准则推求出实际生产中搅拌器的尺寸、转速和功率等。但有时会出现以上放大准则均不适合的情况，此时，必须进一步探索放大规律，再行放大。

本章习题

1. 按性能不同，搅拌器可以分为哪几类?
2. 搅拌器的强化措施有哪些?
3. 何谓“打旋”？其对搅拌有何影响?

第5章

固液提取设备

固液提取作为一种常用的分离技术，在医药、化学、生物、环境等领域具有广泛的应用意义。它可以提供纯净的目标物质或其混合物，方便后续的分析和研究，同时也为新药研发、食品安全监测等提供支持和基础。

1971 年，我国科学家屠呦呦对青蒿的提取方法进行了关键性的改进，用乙醚低温提取青蒿，经分离纯化，得到青蒿素晶体。她的研究工作为疟疾的防治做出了巨大贡献，她于 2015 年 10 月获得诺贝尔生理学或医学奖。

5.1 概述

5.1.1 固液提取的意义

固液提取过程可以用来获取固体物料中有价值的可溶物，或者用来除去不溶性固体物中所夹带的可溶性物质。进行提取的原料，多数情况下是溶质与不溶性固体所组成的混合物。

固液提取是一项重要的单元操作，在制药生产中意义重大。

① 分离目标物质。固液提取可以将固体物料中的目标物质从杂质中分离出来，这对于研究和分析目标物质的性质、活性以及其他方面的应用非常重要。

② 提高目标物质浓度。固液提取可以浓缩目标物质，从而提高其浓度，这对于需要高浓度目标物质的分析、研究和应用是非常关键的。

③ 清除杂质和残留物。通过固液提取，可以将固体样品中的杂质和残留物质与溶剂分离，从而减少其对目标物质分析和应用的干扰。

④ 获得活性成分和化合物。固液提取可以从植物和其他天然物质中提取出活性成分和化合物。这些物质具有广泛的应用领域，包括药物研发、功能食品制备等。

⑤ 加快反应速率。对于需要将反应物溶解在溶剂中进行反应的情况，固液提取可以通过增大反应物的表面积和提供更多的接触机会，从而加快反应速率。

固液提取在中药制药工业中应用广泛，尤其是从动植物、矿物等中药材中提取有效成分或有效部位，因此是中药制剂生产中的一个重要环节。

5.1.2 固液提取的过程

中药的提取过程就是将固体药材中的可溶物从固体组织、细胞中转移到提取溶剂中来，从而得到含有活性成分的提取物。因此，药物提取的实质就是溶质由固相到液相的传质过程。

它是应用溶剂将药物中的有效成分提取出来的过程，是一个传质过程，它以扩散理论为基础。固液提取按顺序分为下列三个阶段:

（1）浸润阶段

药材与溶剂混合时，溶剂首先附着于药材表面使之润湿，然后通过毛细管和细胞间隙进入细胞组织内部，因此浸润与溶剂表面张力、药材表面积和其所附气膜有关。

浸润阶段又分为如下 5 个过程。

① 预处理　药材在进行浸出前需要进行预处理，例如清洗、研磨、切碎等，以增加有效成分的暴露面积，促进浸出的进行。

② 前期浸出　药材与浸出溶剂接触后，溶剂开始渗透进入药材细胞，溶解细胞内的溶质。这个阶段通常速度较快，但溶质的浓度较低。

③ 主要浸出　在前期浸出之后，随着时间的推移，溶剂进一步渗透入药材组织中，溶质逐渐从细胞中释放出来。这个阶段是浸出效果最好的阶段，溶质浓度逐渐增加。

④ 尾部浸出　主要浸出阶段过后，溶剂的浸出速度逐渐减慢，溶质浓度也趋于平衡。这个阶段的浸出效果相对较差，但仍会有一部分溶质从药材中释放出来。

⑤ 较长时间浸出　在尾部浸出阶段之后，可以延长浸出时间，以尽可能多地提取溶质。这个阶段的浸出速度非常缓慢，但可以获得更高的提取率。

（2）溶解阶段

溶剂进入药材内部后，可溶性成分逐渐溶解，溶质转入到溶剂中。水能溶解晶体及胶质，故其提取液多含胶体物质而呈胶体液。乙醇提取液含胶质少，亲脂性提取液则不含胶质。一般质地疏松的药材进行得比较快，但溶剂为水时溶解速度则较慢。

（3）扩散阶段

溶剂进入药材内逐渐形成浓溶液，在药材内外部产生浓度差，这是提取过程的推动力。在浓度差的推动下，溶质由高浓度向低浓度扩散。在药材表面与溶液主体之间存在一层很薄的溶液膜，其中的溶质存在浓度梯度，该膜称为扩散边界层。

在提取过程中，溶质不断地由药材内部的浓溶液向药材表面扩散，并通过扩散边界层扩散至溶液主体中。一般情况下，溶质由药材表面向溶液主体的传质阻力远小于溶质在药材内部的扩散阻力。

提取的关键在于造成较大的浓度差，因此采用搅拌，或不断更新溶剂，都会使提取保持顺利进行。

5.1.3 提取方法分类

中药提取方法按照溶剂的种类可分为水提取、醇提取和有机溶剂提取；按提取的温度可分为冷浸（常温）、温浸（40 ~ 50℃）和热回流（沸腾）；按溶剂和中药接触方式可分为单罐浸出（平衡接触）、多罐串联（多级接触）、渗漉（微分接触）；按提取操作方式可分为间歇式、半连续式和连续式；按在设备内的处理方式或分为静态（固定床）、动态（分散接触式）和移动床（连续浸出）。

中药提取根据溶剂种类、药物性质、剂型及生产规模等选择不同的提取方法。

随着科学技术的进步，在多学科互相渗透对浸出原理及过程深入研究的基础上，各种新方法、新技术被应用于中药提取操作，如半仿生提取法、超声提取法、超临界流体萃取法、旋流提取法、微波萃取法、加压逆流提取法、酶法提取等，提高了提取效率和中药制剂的质量。

5.1.4 常用的提取工艺流程

合理选择固液提取工艺流程是中药制药生产的重要环节。适宜的工艺流程，对保证固液提取的质量、提高提取效率与经济效益是十分重要的。以下是几种常用的提取工艺流程。

（1）单罐单级浸渍提取

单罐单级浸渍提取为简单一级提取，药材和溶剂一次加入提取罐中经过一段时间提取后放出提取液，并排出药渣，通常采用常压提取。水提一般采用煮沸提取，醇提采用渗漉提取。此法提取工艺简单，提取效率低，用于批量小，价值不高品种的提取。

（2）索氏提取

索氏提取主要用于中药醇提，其流程如图 5-1 所示。将经过适当破碎或切片的中药材和一定量溶剂置于提取罐中，使药材全部润湿，开启提取罐夹套的蒸汽阀，进行提取。提取罐中提取液通过泵输入浓缩罐中。开启浓缩加热蒸汽阀门，对浸出液进行浓缩。蒸出的蒸汽经冷凝器、冷却器回到提取罐中作为提取的溶剂。

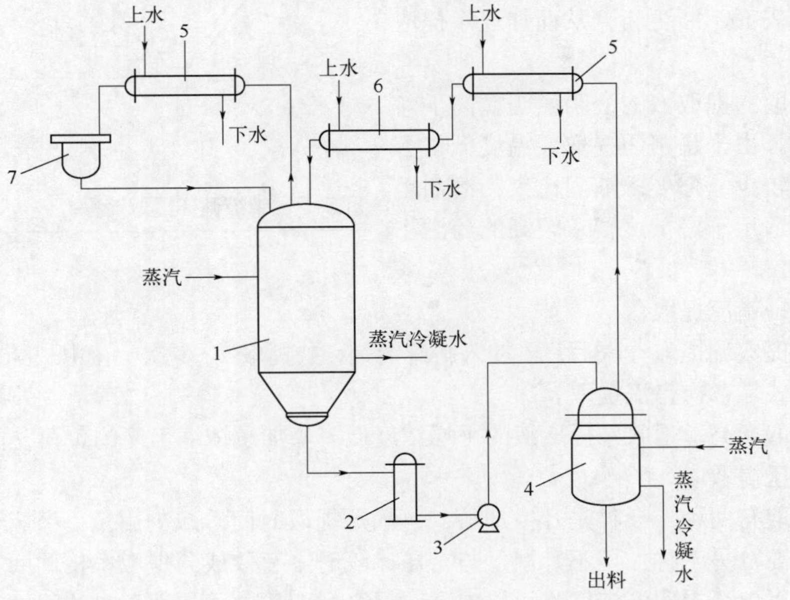

图 5-1　索氏提取流程

1—提取罐；2—过滤器；3—泵；4—浓缩罐；5—冷凝器；6—冷却器；7—油水分离器

该法优点是不断加入新鲜溶剂，使溶剂与药材内有效成分之间保持最大浓度差，从而加快提取速率和提高提取率，生产周期较短，但是提取受热时间长，对热敏性药材是不适宜的，杂质也较多，给过滤、分离带来了困难。一般用于药酒和含有挥发油类药材的生产。

（3）温浸法提取

药材经适当破碎或切片后投入提取罐中，并加入一定量的溶剂，在夹套中通入加热蒸汽或热水，使罐内温度控制在 40 ~ 50℃，温浸时间约 1h，在生产中所产生的少量溶剂蒸汽，经冷凝器、冷却器再回到提取罐中，夹套通入蒸汽将提取液浓缩，溶剂蒸汽经回收后回流入提取罐中，然后又开始继续进行温浸，依次重复，每批料操作周期 8 ~ 9h。

该法生产周期较浸渍法短，溶剂耗量较少，生产成本降低，使用效果良好，但操作比较复杂，用于药酒生产。

（4）热回流法提取

将适当破碎或切片的药材和一定量的溶剂置于提取罐中，夹套中通入蒸汽加热，控制罐内温度为 80 ~ 90℃，溶剂蒸汽经冷凝器、冷却器再回到提取罐中，溶剂可循环使用，每批料操作周期 2 ~ 3h。

热回流法提取生产周期短，适用于易挥发溶剂的提取，多用于外用药和对澄清度要求不高的酊剂。

（5）单级循环提取

单级循环提取流程如图 5-2 所示。提取液由泵进行循环流动与药材接触，其特点是固液两相在提取器中有相对运动，使固液两相边界层表面不断更新，从而加速了提取过程。

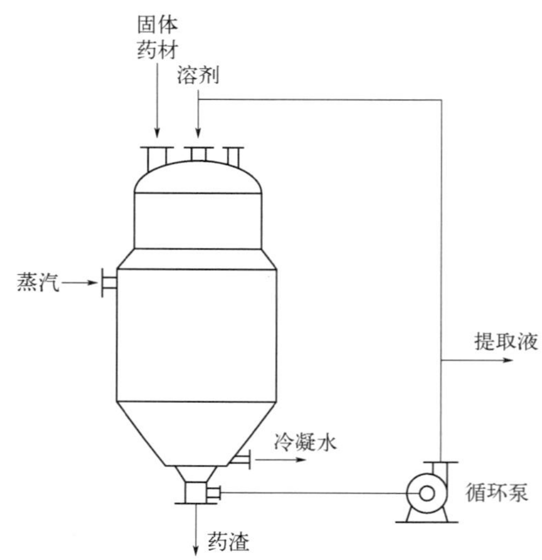

图 5-2　单级循环提取流程

该法获取的提取液的澄明度明显高于前述几种工艺。由于是密闭提取，温度低，溶剂蒸汽量也较少，但要求液固比大，溶剂用量大。此法适用于澄清度要求较高的药酒和酊剂的生产。

（6）单罐错流提取

药材在提取罐提取一次后，再加入新鲜溶剂，共提取 2 ~ 3 次，在中成药生产中应用最广，提取方式是二次错流提取。

该法提取率高，但收集提取液的平均浓度低，增加了浓缩工序的负荷，能耗高。

（7）加压提取

加压提取有两种：一种是升温加压，可缩短提取时间，减少用量，节省蒸汽消耗量，提取率也稍高；另一种加压不升温，与常压比较时，有效成分提取率相同时，提取时间则可缩短一倍以上，提取液浓度也可以提高。提高提取压力可加速药材的浸润过程，对坚实难润的药材作用较显著，对易渗透的固体药材、粉末类药材则作用不显著。加压升温提取，除压力外还加升温因素，提取速率更快，但对植物药来说，升温后会导致有效成分被破坏，此法需慎用。

(8) 罐组逆流提取

罐组逆流提取是套用溶剂，对饮片进行多次提取的技术。溶剂从第 1 罐流向最末罐，第 1 罐经过多次浸出后排出药渣，再装入新料成为最末罐，原第 2 罐成为第 1 罐，以此类推，整个提取过程一般由 5 ~ 10 个罐组成。浸出液从最后罐流出达到最大浓度。浸出液澄明度较好，并具有节省溶剂、减少后续蒸发浓缩能耗、提取条件温和等优点，特别适合大批量中药饮片的提取。

(9) 动态提取流程

动态提取是将中药饮片粉碎成粗粉，加入动态提取罐中，再按料液比 1∶10 加入溶剂，通过加热搅拌的提取过程。由于中药粒径较小，搅拌使液固接触良好，大大缩短了提取时间。动态提取一般对中药饮片提取 1 次，由于提取得比较完全，且药渣中含液量很少，对有效成分的浸出率相当于 3 次左右的重浸渍。

5.2 常用提取设备

固液提取设备需根据设计的工艺流程进行选择，合理选择提取设备是中药制剂生产的重要环节。因此，选择适宜的提取设备，对保证药物的提取质量，提高提取效率和经济效益是十分重要的。

5.2.1 渗漉罐

将药材适度粉碎后装入特制的渗漉罐中，从渗漉罐上方连续加入新鲜溶剂，使其在渗漉罐内药材积层的同时产生固液传质作用，从而浸出活性成分，自罐体下部出口排出浸出液，这种提取方法即称为“渗漉法”。渗漉是一种动态的提取方式，一般用于要求提取比较彻底的贵重或粒径较小的药材，有时对提取液的澄明度要求较高时也采用此法。渗漉提取一般以有机溶剂居多，有的药材提取也可采用稀的酸、碱水溶液作为提取溶剂。渗漉提取前往往需先将药材进行浸润，以加快溶剂向药材组织细胞内的渗透，同时可以防止在渗漉过程中料液产生短路现象而影响收率，也能缩短提取的时间。

渗漉提取的主要设备是渗漉罐，可分为圆柱形和圆锥形两种，其结构如图 5-3 所示。渗漉罐结构形式的选择与所处理的药材的膨胀性质和所用的溶剂有关。对于圆柱形渗漉罐，膨胀性较强的药材粉末在渗漉过程中易造成堵塞；而圆锥形渗漉罐因其罐壁的倾斜度能较好地适应其膨胀变化，从而使得渗漉过程顺利进行。因此，在用水作为溶剂渗漉时易使药材粉末膨胀，则多采用圆锥形渗漉罐，而用有机溶剂做溶剂时药材粉末的膨胀变化相对较小，故可以选用圆柱形渗漉罐。

渗漉提取具有以下特点。

① 高效性。渗漉提取可以快速、有效地将溶剂通过固体样品，从而提取目标化合物。

② 适用性广泛。适用于多种不同类型的化合物，包括天然产物、药物和化学品等。

③ 操作简单。相比起其他提取方法，渗漉提取的操作相对简单，可以在实验室中相对容易地进行。

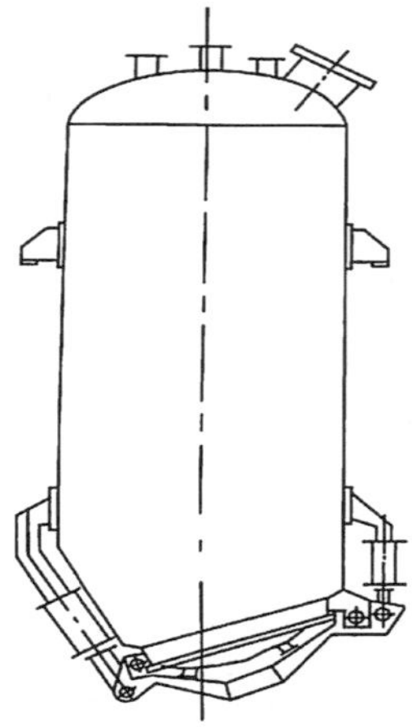

(a) 圆柱形渗漉罐

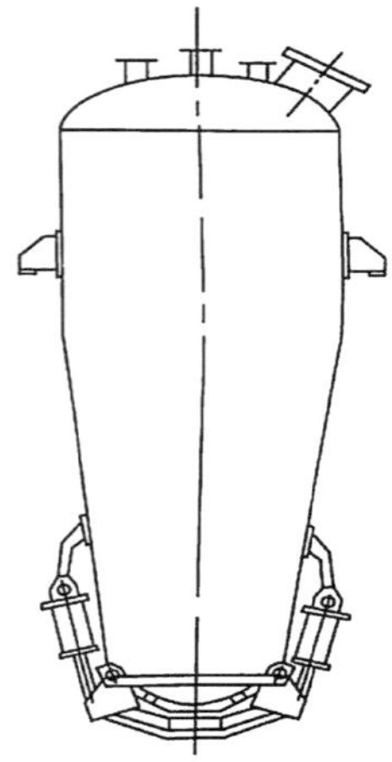

(b) 圆锥形渗漉罐

图 5-3　圆柱形渗漉罐和圆锥形渗漉罐

④ 可控性强。渗漉提取过程中可以控制溶剂的流速和温度，以优化提取效果。

⑤ 可大规模应用。渗漉提取技术可以用于小规模的实验，也可轻松扩展到大规模生产中。

渗漉罐使用时需要小心操作，确保漏斗和管道的连接处密封良好，以避免液体泄漏或溅出。

5.2.2　提取罐

提取罐是一种专门用于药物提取或浸提的设备，广泛应用于制药、中药提取、化学研究等领域。药物提取罐通常由耐腐蚀的材料（如不锈钢、玻璃等）制成，具有良好的密封性能和化学稳定性。

提取罐的设计和结构可以根据具体的提取需求而变化，但通常包括以下组件。

① 容器。药物提取罐通常有一个容器，用于装载药物样品和所需溶剂。容器通常具有密封盖或阀门，以确保提取过程中的密封性。

② 进料和出料口。药物提取罐通常有进料口和出料口。通过进料口，将药物样品和溶剂加入提取罐中，而通过出料口，可以将提取后的溶液排出。

③ 搅拌装置。为了增加溶剂与药物的接触面积和混合效果，药物提取罐通常配备搅拌装置，如机械搅拌器或磁力搅拌器。

④ 电气控制系统。一些药物提取罐可配备温度、压力或时间控制装置，以实现精确的提取条件控制。

提取罐内物料的加热通常采用蒸汽夹套加热，在较大的提取罐中，如 $10m^3$ 提取罐，可以考虑在罐内设置加热装置；对于动态提取工艺，因为可以通过输液泵将罐体内液体进行循环，所以设置罐外加热装置也比较方便。对于需要提取药材中的挥发油成分，需要用蒸汽蒸馏时还可以在罐内设置直接蒸汽通气管。

5.2.2.1　直筒式提取罐

直筒式提取罐是比较新颖的提取罐，其最大的优点是出渣方便，缺点是对出渣门和气缸的制造加工要求较高。一般情况下，直筒式浸提罐的直径限于 1300 mm 以下，对于体积要求大的，不适合选用此种形式的提取罐。其结构如图 5-4 所示。

5.2.2.2 斜锥式提取罐

斜锥式提取罐是目前常用的浸提罐，制造较容易，罐体直径和高度可以按要求改变。其缺点是在提取完毕后出渣时，有可能产生搭桥现象，需在罐内加装出料装置，通过上下振动以帮助出料。斜锥式提取罐的结构如图 5-5 所示。

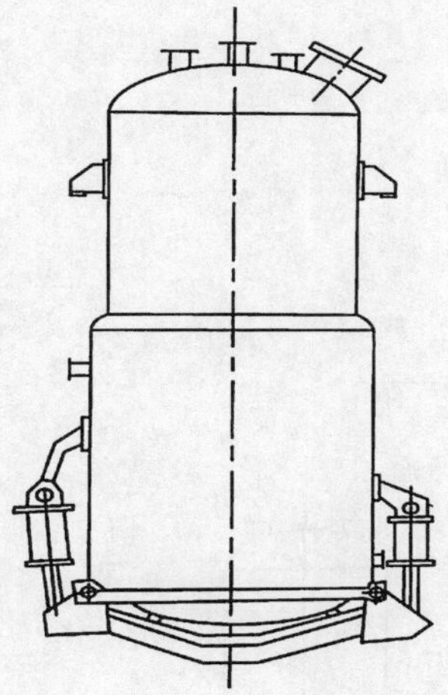

图 5-4　直筒式提取罐

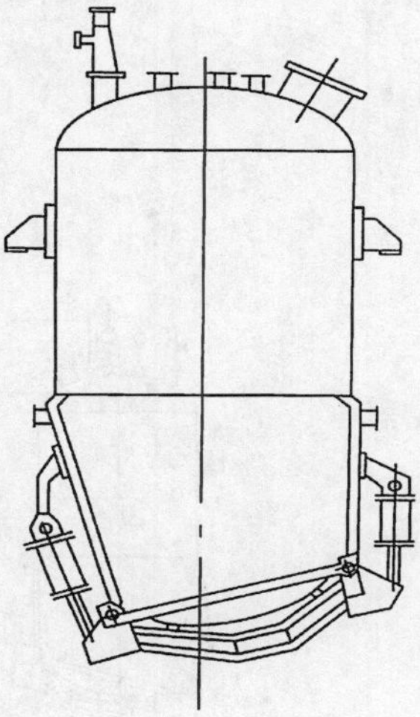

图 5-5　斜锥式提取罐

5.2.2.3 搅拌式提取罐

根据浸提原理分析，在提取罐内部加搅拌器，通过搅拌使溶剂和药材表面充分接触，能有效提高传质速率，强化提取过程，缩短提取时间，提高设备的使用率。但此种设备对某些容易搅拌粉碎和糊化的药材不适宜。搅拌式提取罐的排渣形式有两种：一种是用气缸的快开式排渣口，当提取完毕药液放空后，再开启此门，将药渣排出，这种出渣形式对药材颗粒的大小控制不是很严格；另一种是当提取完成后，药液和药渣一同排出，通过螺杆泵送入离心机进行渣液分离，这种出渣方向对药材的颗粒度大小有一定的要求，不能太大或太长，否则易造成出料口的堵塞。搅拌式提取罐的结构如图 5-6 所示。

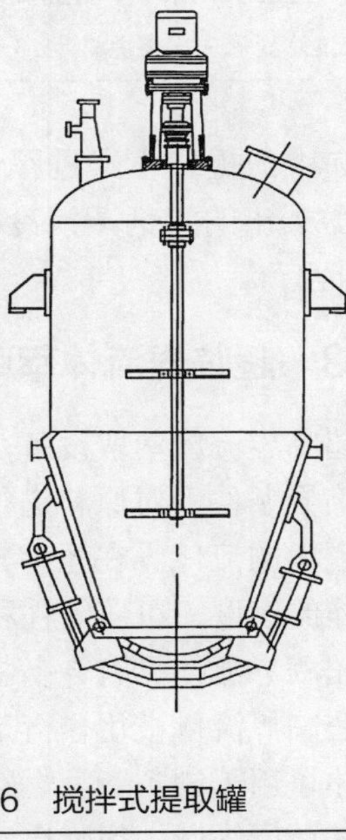

图 5-6　搅拌式提取罐

5.2.2.4 强制外循环式提取罐

强制外循环提取是指在利用溶剂提取罐内物料有效成分的过程中，用泵使提取液在罐内外进行强制循环流动。外循环式提取罐（机组）型号由产品名称代号、型式代号、规格代号等组成。例如：QTX-3 型表示容积为 3m^3 的强制外循环斜锥式提取罐（机组）；QTWJ-3 型表示容积为 3m^3 的强制外循环无锥内加热器式提取箱（机组）。国家标准中强制外循环式提取罐按罐底外形分为两类，三种类型：斜锥类以 X 代表斜锥式；无锥类以 W 代表无锥式，以 WJ 代表罐内有内加热器的无锥式。其典型的强制外循环多功能提取罐结构示意图如图 5-7 所示。

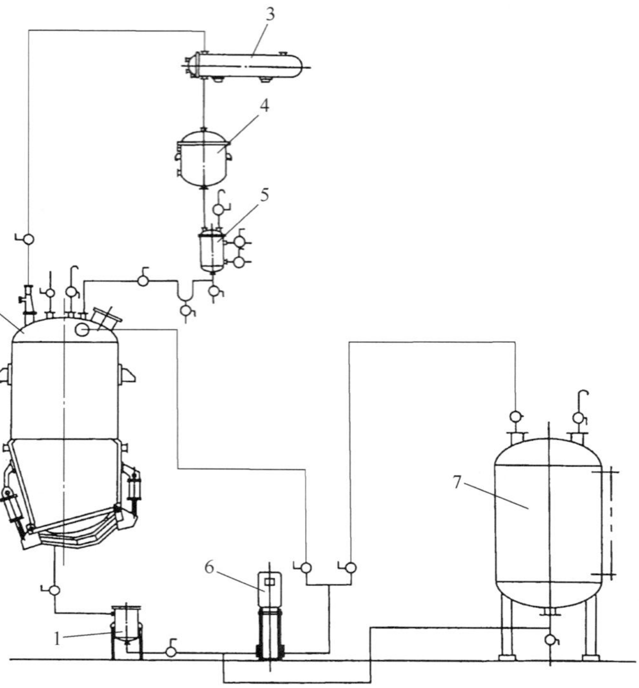

图 5-7　强制外循环多功能提取罐

1—管道过滤器；2—多能提取罐；3—冷凝器；4—冷却器；5—油水分离器；6—提取液输送泵；7—提取液贮罐

在中药提取生产过程中，可将提取罐与循环式蒸发器组合成一个单元操作系统，由蒸发器蒸出的溶剂蒸汽冷凝后可以作为新鲜溶剂加入提取罐中，从而节约工艺用水，降低能耗。

5.2.3　超临界流体萃取设备

超临界流体萃取设备（supercritical fluid extraction，SFE）是利用超临界流体作为溶剂，在超临界条件下对原料进行处理和提取的设备。超临界流体是指在临界压力和临界温度以上相区内的流体。在超临界条件下，物质的特性同时具备液体和气体的特点，即表现出类似液体的密度、可压缩性和扩散性等。常用的超临界流体包括二氧化碳和丙烷等。

超临界流体具有许多特殊性质，使其在各个领域具有广泛的应用。例如，在化学工业中，超临界流体被用作溶剂和反应介质，可以提高反应速率和选择性；在能源领域，超临界流体可用于制备新型燃料和储能材料；在制药工业中，超临界流体可以用来提取药物成分；在环境领域，超临界流体可用于废水处理和污染物的去除等。

超临界萃取技术具有高效、环保、经济等特点，在科学研究和工业应用中具有巨大潜力，为各个领域的研究和应用提供了重要的工具和方法。

超临界流体萃取设备由高压容器、制冷系统、加热系统、泵等组成。超临界萃取流程如图 5-8 所示，工作时，物质与超临界流体接触，通过溶解和扩散的作用，将目标物质从原料中萃取出来。相比于传统的有机溶剂萃取方法，超临界流体萃取具有以下优势。

① 无机溶剂残留。超临界流体通常是无机可再生的溶剂，从而避免了溶剂残留的问题。

② 萃取条件温和。超临界流体萃取在低温下进行，避免了高温对物质的破坏。

③ 溶解度可调控。超临界流体的溶解度可通过温度和压力的变化进行调控，能够满足不同物质的萃取需求。

④ 萃取效率高。由于超临界流体的低表面张力和高扩散系数，能够快速有效地将目标物质从原料中萃取出来。

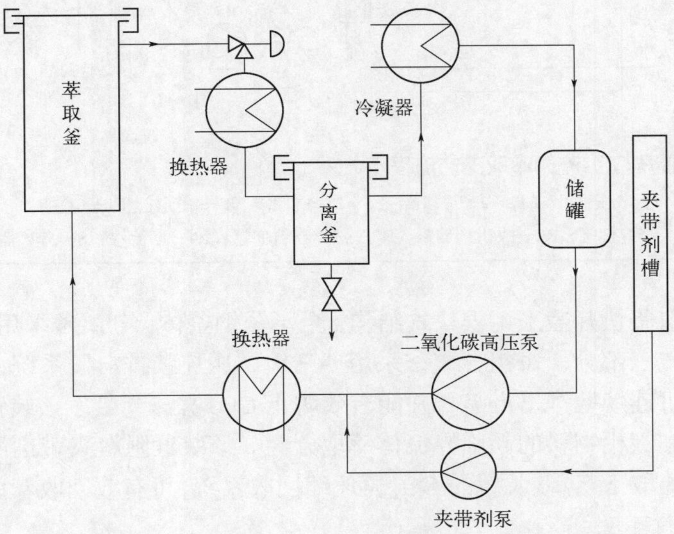

图 5-8 超临界萃取流程

超临界流体萃取设备在食品、药品、化工等领域有广泛应用，用于提取天然产物、分离纯化活性成分等。同时，超临界流体萃取也被认为是绿色环保的分离技术之一。

超临界流体萃取工业化生产装备设计和制造技术发展十分迅速，其萃取釜容积从 50L 至数立方米不等，其关键部分包括萃取釜、分离釜、换热器、高压泵等。

现阶段由于高压下连续进出固体物料技术还达不到工业化的要求，为适应固体物料频繁装卸料的需要，国际上普遍使用全镗快开盖式高压釜加原料框结构，以满足萃取生产的需要。萃取釜的快开装置主要有单螺栓式结构、多层螺旋卡口锁结构、卡箍式结构和楔块式结构等几种。

由于超临界 CO_2 流体所具有的极强的渗透和溶解能力，萃取装置的密封结构和密封材料也需要重点解决。同样，泵头密封结构和密封材料亦是柱塞式 CO_2 流体加压泵的关键技术。

超临界 CO_2 流体萃取作为一种新的提取分离技术，生产过程又需要高压技术和设备，其工艺流程设计一直为工程技术人员所关注，现在的工业化流程大多从实验室和中试生产逐步放大而来。图 5-9 是超临界 CO_2 流体萃取工艺流程。

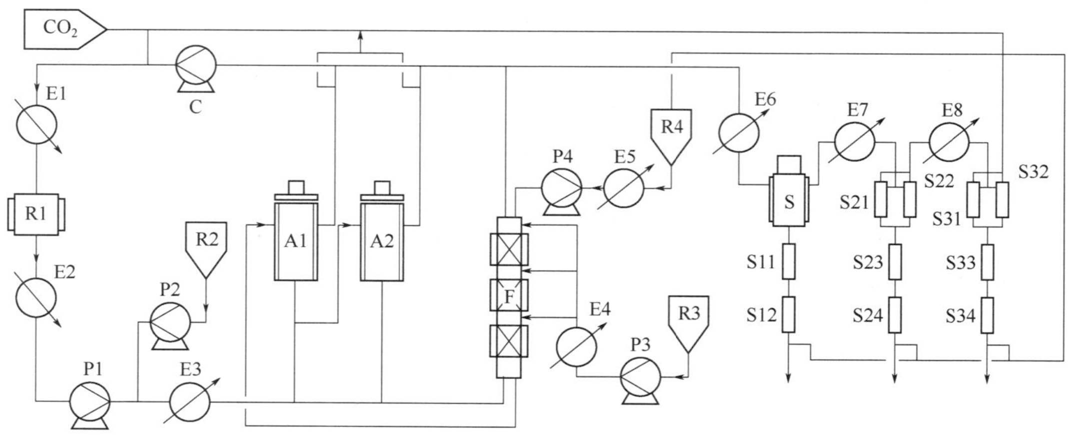

图 5-9 工业化超临界 CO_2 流体萃取工艺流程

A1，A2—萃取器；C—尾气回收压缩机；E1，E2—冷却器；E3 ~ E8—加热器；F—精馏柱；P1—CO_2 泵；P2—夹带剂泵；P3—液体物料泵；P4—回流泵；R1—CO_2 储罐；R2—夹带剂储罐；R3—液体物料储罐；R4—回流罐；S—分离器；S××—旋风分离器

该装置的萃取釜快开盖采用楔块式结构，全不锈钢釜体；分离釜采用串联三级分离釜，可将萃取产物分成三部分，每组分离釜采用“三级减压连续排料”系统，由一系列小型旋风分离器组成，可连续地排出产品，并能有效防止 CO_2 雾沫夹带。该装置还带有液体物料精馏系统，可处理液相物料的超临界流体萃取分离。该装置附有夹带剂添加系统，可适用于添加夹带剂的提取工艺。该装置的 CO_2 再压缩回收系统，可有效回收萃取釜内残存的 CO_2 气体，降低 CO_2 消耗量。

5.2.4 微波辅助提取设备

微波辅助提取设备是利用微波加热原理来辅助提取物质的设备，可用于从样品中提取化学物质、药物、天然产物成分等。微波辅助提取设备利用微波能量的特性，可以加快提取过程，并提高提取效率，内含微波反应腔和控制系统，精准控制微波功率、温度和时间等参数，实现提取过程的优化。微波辅助提取设备具有操作简便、提取效率高、样品损失少等优点，在食品、药品等生产领域得到了广泛应用。

目前，微波辅助提取已经广泛应用于药物提取生产中，中试和工业规模的提取工艺和设备也得到了迅速发展。微波提取设备大体上分为两大类，一类是间歇釜罐式，另一类是连续式，后者又分为管道流动式和连续渗漉微波提取式，具体参数一般由设备制造厂家根据使用厂家的要求设计。

微波辅助提取设备主要由微波源、微波谐振腔、萃取腔、进料与出料系统、控制系统等组成，工业化的微波辅助提取设备要求微波发生功率较大，工作状态稳定，安全屏蔽可靠，微波泄漏量符合要求。图 5-10 为微波辅助提取罐工作原理。

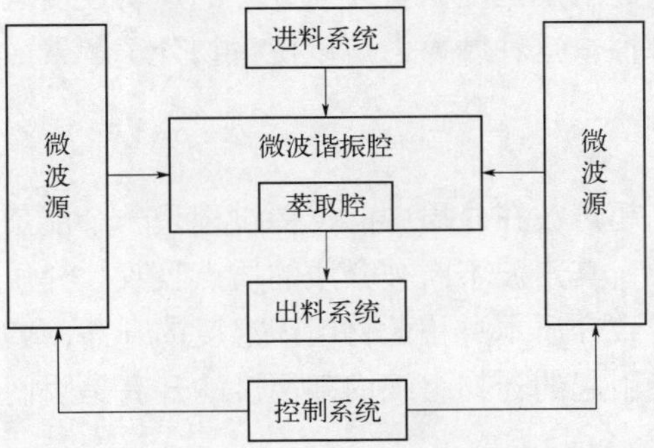

图 5-10　微波辅助提取罐工作原理

在使用微波辅助提取时，需要注意选择合适的微波辐射条件和溶剂体系，同时控制好加热温度和时间，以确保提取过程的准确性和可重复性。此外，还需要根据样品的特性和所需目标物质的性质来选择合适的提取条件和技术参数。

5.2.5　超声强化提取设备

超声强化提取设备是利用超声波的物理效应来增强物质提取过程的设备。它通常用于从植物、动物、微生物等样品中提取活性成分或相关化合物。超声波在液体中产生强烈的压力变化和微小气泡的形成与破裂，从而导致物质的溶解、乳化和分散等效应，进而加速提取过程。超声强化提取设备由超声发生器和超声探头等组成，超声波通过超声探头传导至样品中。该设备可调节超声频率、功率和时间等参数，以满足不同提取需求。

超声强化提取设备具有提取效率高、操作简便、反应时间短、对样品损伤小等优点。它在食品、药物、化妆品、环境保护等领域的提取和分离过程中有广泛应用。同时，超声强化提取设备也可以用于样品前处理、反应促进和催化剂活化等应用领域。

5.2.5.1　超声提取的基本原理

超声波（频率高于 20kHz）是一种机械波，需要能量载体——介质来进行传播。

超声波提取是利用超声波的空化效应、机械效应和热效应，通过增加介质分子的运动速度和穿透力，提取样品的化学成分。

（1）空化效应

通常介质内部或多或少地溶解了一些微气泡，这些气泡在超声波的作用下产生振动，当声压达到一定值时，气泡由于定向扩散而增大，形成共振腔，然后突然闭合，这就是超声波的空化效应。这种气泡在闭合时会在其周围产生几千个大气压的压力，形成微激波，它可造成植物细胞壁及整个生物体破裂，而且整个破裂过程在瞬间完成，有利于有效成分的溶出。

（2）机械效应

超声波在介质中的传播可以使介质质点在其传播空间内产生振动，从而强化介质的扩散、传播，这就是超声波的机械效应。超声波在传播过程中产生一种辐射压强，沿声波方向传播，对物料有很强的破坏作用，可使细胞组织变形，植物蛋白质变性，同时，它还可以给予介质和悬浮体以不同的加速度，且介质分子的运动速度远大于悬浮体分子的运动速度。从而在两者间产生摩擦，这种摩擦力可以使生物分子解聚，使细胞壁上的有效成分更快地溶解于溶剂之中。

（3）热效应

和其他物理波一样，超声波在介质中的传播过程是一个能量的传播和扩散过程，即超声波在介质的传播过程中，其声波不断被介质的质点吸收，介质将所吸收的能量全部或大部分转变成热能，从而导致介质本身和药材组织温度的升高，增大了药物有效成分的溶解速度。由于这种吸收声能引起的药物组织内部温度的升高是瞬间的，因此可以使被提取的成分的生物活性保持不变。

（4）其他效应

此外，超声波还可以产生许多次级效应，如乳化、扩散、击碎、化学效应等，这些效应的共同作用奠定了超声提取的基础。

5.2.5.2 超声提取设备的基本结构

目前，超声提取技术在中药制剂提取工艺中的应用越来越受到关注，用于天然产物有效成分的提取是一种非常有效的方法和手段。在药物提取生产中也逐步从实验室向中试和工业化发展。图 5-11 为超声提取设备基本结构。不同类型的超声提取设备在结构上可能存在差异，具体的结构设计会根据不同的应用需求进行调整和优化。超声提取设备的结构通常包括以下几个主要组成部分：

① 超声波发生器。超声发生器是超声提取设备的核心部件，负责产生超声波信号。它一般由振荡电路、功放电路和换能器组成。振荡电路产生高频振荡信号，功放电路放大信号，换能器将电能转化为机械振动，产生超声波。

② 振荡器。振荡器也称换能器，它是将电能转化为超声波振动的装置。它通常由压电陶瓷材料制成，具有良好的压电效应。当交变电压施加到换能器上时，会产生机械振动，从而产生超声波。

③ 处理腔和反射器。处理腔是装载待提取物料的容器，通常是一个封闭的空间。处理腔内部一般会设计有适当的形状和结构，以增加超声波与物料的接触面积和混合效应。反射器则用于反射超声波，增强能量的聚焦和传播。

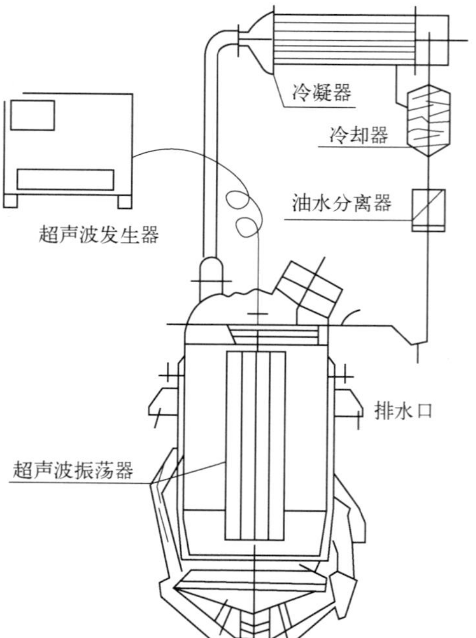

图 5-11 超声提取设备基本结构

④ 控制系统。控制系统用于控制超声提取设备的工作参数，如频率、功率和时间等。通过调节这些参数，可以对不同物料进行精确的提取操作。

除了上述基本部件外，一些超声提取设备还包括冷却系统、传感器、温度控制器等辅助装置，以确保提取过程的稳定性和安全性。

本章习题

1. 什么是固液提取？固液提取的作用和意义有哪些？
2. 常用的提取工艺流程有哪些？
3. 什么是渗漉法？渗漉罐分为哪几种？
4. 简述超临界萃取的工作原理。
5. 简述超声提取的三种效应。

第6章

固液分离设备

制药过程中的分离操作是指根据物态、粒径、密度、分子大小、吸附性质的不同，将混合在一起的不同物态、颗粒、分子分开的过程。分离包括固液分离、气液分离、液液分离、气固分离、固固分离、分子与分子之间的分离等。例如，原料药生产过程中的物料结晶过滤、液体制剂生产过程中的过滤，属于固液分离；流化床干燥机中滤袋将小粉末和空气分离，空气净化系统中对空气的过滤，属于气固分离；固固分离也称为筛分或筛析；色谱依靠吸附性质的不同将不同的分子分离，如可用于液体中不同的蛋白质、多肽等可溶性大分子的分离。在生物制药过程中，色谱是最重要的分离纯化手段。

非均相物系分离是制药生产中常见的分离过程，是利用非均相物系中的连续相与分散相具有不同的物理性质采用机械方法对混合物分离。工业上最常用的方法有沉降法和过滤法。沉降分离是根据气体或液体与固体颗粒的密度差异，受重力、离心力作用而沉降的方法；过滤分离法是利用气体或液体在重力、压强差或离心力的作用下通过过滤介质，将固体颗粒截留在过滤介质上而分离的方法。

固液分离的主要目的是：①获得固体物质，如在药品生产中的结晶除液过程；②获得澄清溶液，如制备注射剂时除去液体中的固体异物；③药液除菌；④分离溶液中的助滤剂；⑤中药生产中以动植物为原料经过萃取后，将萃取液与固体物料分离等。

6.1 离心分离

6.1.1 概述

离心分离是利用惯性离心力来分离液态非均相混合物的操作，常用来从悬浮液分离固体颗粒和纤维状物质，也可用来从乳浊液中分离出重液和轻液。

6.1.1.1 离心机分类及工作原理

根据分离方式，离心机可分为过滤式、沉降式和分离式三种基本类型。过滤式离心机于转鼓壁上开孔，在鼓内壁上覆以滤布，悬浮液加入鼓内并随之旋转，液体受离心力作用被甩出而颗粒被截留在鼓内。沉降式或分离式离心机的鼓壁上没有开孔，若被处理物料为悬浮液，其中密度较大的颗粒沉积于转鼓内壁而液体集于中央并不断引出，以上操作即为离心沉降。若被处理物料为乳浊液，则两种液体按轻重分层，重者在外，轻者在内，各自从适当的径向位置引出，此种操作即为离心分离。

6.1.1.2 离心分离因数

同一颗粒在相同的流体介质中，其离心沉降速度与重力沉降速度之比，称为离心分离因数，以 K_c 表示。

$$K_c = \frac{u_r}{u_t} = \frac{u_T^2}{gR} \tag{6-1}$$

式中，u_r 为离心沉降速度；u_t 为重力沉降速度；u_T 为切线圆周速度；R 为旋转半径。

根据 K_c 值可将离心机分为以下几种:

常速离心机，K_c<3000（一般为 600 ~ 1200）;

高速离心机，K_c=3000 ~ 50000;

超高速离心机，K_c>50000。

6.1.2 离心分离设备

6.1.2.1 碟式离心机

如图 6-1 所示，碟式离心机的转鼓安装在立轴上端，通过传动装置由电动机驱动而高速旋转。转鼓内有一组互相套叠在一起的碟形零件——碟片束，碟片之间留有很小的间隙。料液由位于转鼓中心的进料管加入转鼓，当料液流过碟片之间的缝隙时，固相颗粒（或液滴）在离心力作用下沉降到碟片上形成沉渣（或液层）。沉渣沿碟片表面滑动而脱离碟片并聚集在转鼓内直径最大的部位，分离后的液体从出液口排出转鼓。碟片的作用是缩短固体颗粒（或液滴）的沉降距离，扩大转鼓的沉降面积，大大提高了分离机的生产能力。积聚在转鼓内的固体可在分离机停机后由人工拆开转鼓进行清除，或通过排渣机构在不停机状态下从转鼓内由离心力排出。

碟式离心机按排渣方式可分为人工排渣、喷嘴排渣和活塞排渣三种机型；按分离功能不同，可分为固-液两相悬浮液的澄清分离和液-液-固三相乳浊液的离心分离两种机型。

碟式离心机是一种效率高、产量大、占地面积小、自动化程度高的先进离心分离设备。其适合固含量较低的悬浮液、相对密度差较小的互不相溶的液体分离。

碟式离心机为沉降式离心机，既可用于乳浊液的分离，又可用于含少量细粒的悬浮液的分离。K_c 可达 4000 ~ 10000，分离效率高，分离时间短，可连续操作。

6.1.2.2 管式离心机

管式离心机（图 6-2）为高转速的沉降式离心机，是一种能产生高强度离心力的离心机，鼓壁上无孔，K_c 很高（15000 ~ 65000）。

管式离心机分为 GF 分离型和 GQ 澄清型两种，如图 6-3 所示。GF 分离型管式离心机适用于轻液与重液密度差小及分散性很高的乳浊液的分离；GQ 澄清型管式离心机适用于固体含量低于 1%、固体颗粒小于 5μm 以及固体与液体的密度差很小的悬浮液的澄清。

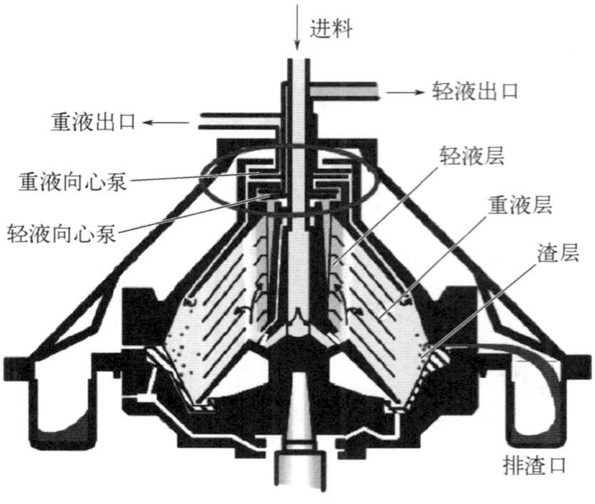

图 6-1　碟式离心机工作原理

图 6-2　管式离心机

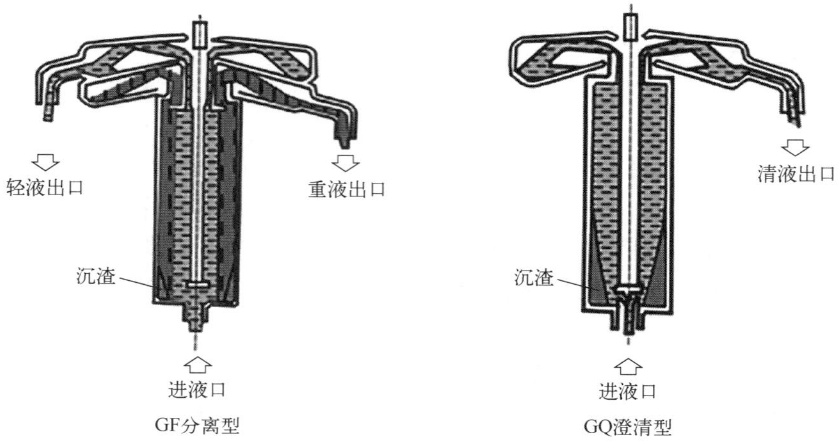

图 6-3　GF 分离型和 GQ 澄清型管式离心机工作原理

管式离心机分离乳浊液，料液经加料管连续地送至转鼓，并在转鼓内自下而上地运动，因离心力场的作用，密度不同的两种液体将被分成内层和外层，分别称为轻液层和重液层。当轻液层和重液层旋转上升至转鼓的顶部时，将由各自的溢流口单独排出。

管式离心机分离悬浊液，悬浊液被送至转鼓内，并在转鼓内自下而上地运动，液相可由转鼓上部的溢流口连续排出，而固相只能沉积于鼓壁，并待积累到一定程度停机后卸出。

管式分离机具有分离能力强、结构简单、操作维修方便、占地面积小等特点，适于处理固体颗粒直径小于 5μm、固相浓度小于 1%、轻相与重相的密度差大于 0.01 的难分离悬浮液或乳浊液。管式分离机常用于油水、细菌、蛋白质的分离以及香精油的澄清等。特殊的超速管式分离机可用于不同密度气体混合物的分离、浓缩。

6.2 过滤分离

6.2.1 概述

过滤是以某种多孔物质为介质，在外力作用下，使悬浮液中的液体通过介质的孔道，而固体颗粒被截留在介质上，从而实现固、液分离的操作。过滤操作采用的多孔物质称为过滤介质，所处理的悬浮液称为滤浆或料浆，通过多孔通道的液体称为滤液，被截留的固体物质称为滤饼或滤渣。图 6-4 是过滤操作的示意图。实现过滤操作的外力可以是重力、压力差或离心力。

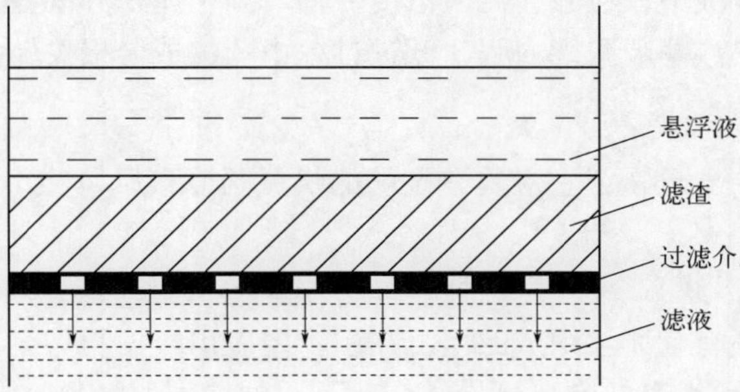

图 6-4　过滤操作示意图

6.2.1.1　过滤过程

过滤过程一般分为四个阶段：①过滤初期由于过滤介质的孔径大于料液中部分较细颗粒的粒径，往往不能阻止微粒通过，滤液可能是含有固体微粒的混浊液。随着过滤过程的进行，细小颗粒在孔道上出现“架桥”现象，固体颗粒被截留而形成滤饼，在滤饼中的孔道比介质的孔道细，能阻止微粒的通过而得到澄清的滤液。有效过滤往往是在滤饼层形成后开始的。②滤饼随过滤的进行越积越厚，滤液通过阻力增大，过滤速度降低。如果所需的是滤液，则残留在滤饼中的滤液应回收；如果所需的是滤饼，则应避免滤液影响其纯度。因此，需要用清水在推动力作用下，冲出残存在滤饼孔道中的滤液，此时排出液称为洗液。③洗涤完毕后，需将滤饼孔道中残存的洗液除掉，以利于滤饼后续工序的进行。常用的办法是用空气在压力作用下，通过滤饼以排出残留洗液。④将滤饼从滤布上卸下来的操作称为卸料。卸料力求彻底干净，若滤饼不是所需产品，可用清水清洗，在滤布使用一段时间后，应彻底进行清洗，以减小过滤阻力，此操作过程称为滤布的再生。

过滤操作分为表面过滤和深层过滤。

（1） 表面过滤

又称为饼层过滤。过滤时，悬浮液置于过滤介质的一侧，过滤介质的孔径并不需要严格小于被截留的最小颗粒的直径。在过滤开始阶段，会有一部分颗粒进入过滤介质孔道中发生架桥现象，也有少量颗粒穿过过滤介质而混于滤液中，随着滤渣的堆积形成一个滤饼层。对于表面过滤，滤饼才是有效的过滤介质，使得滤液澄清。通常，开始所得的混浊液，在滤饼形成之后返回重滤。表面过滤适用于处理固相含量较高（固相体积分率约在1%以上）的悬浮液。

表面过滤时，过滤介质和滤饼对滤液的流动具有阻力，要克服这种阻力，需要一定的外加推动力，即在滤饼和过滤介质两侧需保持一定的压强差。根据推动力不同，过滤可分为常压过滤、真空过滤、加压过滤和离心过滤。

（2）深层过滤

在深层过滤中，固体颗粒不形成滤饼而沉积于较厚的过滤介质内部。孔道的尺寸大于颗粒直径，颗粒进入介质内部构成长而曲折的通道，在惯性碰撞、扩散沉积等作用下，使颗粒沉积在过滤介质的孔道中。

深层过滤适于悬浮液中颗粒小、滤浆浓度极稀（固相体积分率在0.1%以下）的场合，如饮用水的净化。其缺点是吸附能力强，滤过过程中药物成分损失较大。

6.2.1.2 过滤介质

过滤介质是滤饼的支承物，它应具有足够的机械强度和尽可能小的流动阻力。常用过滤介质有以下几种。

① 织物介质。又称滤布，包括由棉、毛、丝、麻等天然纤维，玻璃丝和各种合成纤维制成的织物。此外，还有金属丝织成的网，在生产中应用较广泛。

② 多孔固体介质。由多孔陶瓷、烧结金属（或玻璃），或由塑料细粉粘成的多孔塑料管等，适用于含少量细小颗粒的腐蚀性悬浮液及其他特殊场合。

③ 粒状介质。包括细砂、木炭、硅藻土等细小坚硬的颗粒状物质，多用于深层过滤。

④ 多孔膜。由高分子材料制成。应用多孔膜的过滤有超滤和微滤。过滤介质的选择要根据悬浮液中液体性质、固体颗粒含量与粒度范围、操作压力与温度及过滤介质的机械强度与价格等因素来考虑。

6.2.1.3 助滤剂

悬浮液中的颗粒情况不同，有的颗粒有一定刚性，其所形成的滤饼并不因所受的压力差而变形，这种滤饼称为不可压缩滤饼；有的颗粒则比较软，其所形成的滤饼在压力差的作用下变形，使滤饼中的流动通道变小，阻力增加，这种滤饼称为可压缩滤饼。

为减少可压缩滤饼的流动阻力，可采用助滤剂来改变滤饼结构，以增加滤饼刚性。此外，当处理悬浮液含有很细的颗粒时，采用适当助滤剂增加滤饼空隙率，减少流动阻力。

助滤剂通常是一些不可压缩的粒状或纤维状固体。能悬浮于料液之中，粒子大小有适当的分布，不含可溶性盐类，具有化学稳定性。经常被用作助滤剂的有硅藻土、珍珠岩、炭粉、纤维粉末等。

助滤剂有两种使用方法：一种是先把助滤剂单独配成悬浮液，过滤时，在介质表面上形成一层助滤剂层，然后进行正式过滤；另一种是在悬浮液中加入助滤剂，一起过滤，这样得到的滤饼较为疏松，可压缩性减小，滤液容易通过。

必须指出，当滤饼是产品时不能使用助滤剂。

6.2.2 过滤基本理论

6.2.2.1 过滤基本方程

过滤速率是指单位时间内通过的滤液体积，用 $\frac{\mathrm{d}V}{\mathrm{d}\theta}$ 表示，单位为 m^3/s。

过滤速度是指单位时间内通过单位过滤面积的滤液体积，用 u 表示，单位为 $\mathrm{m/s}$。若过滤过程中其他因素维持不变，则由于滤饼厚度不断增加，过滤速度会逐渐变小。任一瞬间的过滤速度的表达式为

$$u=\frac{\mathrm{d}V}{A\mathrm{d}\theta}=\frac{\mathrm{d}q}{\mathrm{d}\theta} \tag{6-2}$$

式中，u 为过滤速度，m/s；V 为滤液体积，m^3；A 为过滤面积，m^2；θ 为过滤时间，s；q 为单位过滤面积所通过的滤液体积，$q=\frac{V}{A}$，m。

过滤基本方程式是表示过滤过程中某一瞬间的过滤速率与各有关因素的关系。滤液通过滤饼流动时，因构成饼层的颗粒尺寸较小，颗粒会对滤液的流动产生很大的阻力（压降）。因此，过滤速率可以写成

$$\text{过滤速率}=\frac{\text{过滤推动力}}{\text{过滤阻力}}=\frac{\text{滤饼压降}+\text{过滤介质压降}}{\text{滤饼阻力}+\text{过滤介质阻力}}$$

对不可压缩滤饼，过滤基本方程为

$$\frac{\mathrm{d}V}{\mathrm{d}\theta}=\frac{A^2\Delta p}{\mu r v(V+V_{\mathrm{e}})} \tag{6-3}$$

式中，Δp 为过滤压力差，Pa；V 为滤液体积，m^3；V_{e} 为过滤介质的当量滤液体积，或称虚拟滤液体积，m^3；μ 为滤浆黏度，Pa·s；v 为滤饼体积与相应的滤液体积之比，无因次；r 为单位压力差下滤饼的比阻，$1/\mathrm{m}^2$。

滤饼的比阻 r 由滤饼的特性决定，其值与构成滤饼的固体颗粒的形状、大小及床层的空隙率有关。r 的物理意义为：当滤液的黏度为 1Pa·s、平均流速为 1m/s、通过厚度为 1m 的滤饼层时所产生的压降，故 r 值的大小可反映滤液通过滤饼层的难易程度。可压缩性滤饼的过滤过程情况较为复杂，其滤饼的比阻不仅与滤饼本身的特性有关，还与过滤过程的压力差 Δp 有关。压力差对比阻的影响可用经验公式估算，即

$$r=r_0\Delta p^s \tag{6-4}$$

式中，r_0 为单位压力差下滤饼的比阻，$1/\mathrm{m}^2$；s 为滤饼的压缩指数，其值由实验测定，通常 s=0 ~ 1，对不可压缩滤饼，s=0。

将式（6-4）代入式（6-3）中，可得

$$\frac{\mathrm{d}V}{\mathrm{d}\theta}=\frac{A^2\Delta p^{1-s}}{\mu r_0 v(V+V_{\mathrm{e}})} \tag{6-5}$$

式（6-5）是对可压缩滤饼和不可压缩滤饼都适用的过滤基本方程。

过滤操作有两种典型的方式，即恒压过滤及恒速过滤。有时，为避免过滤初期因压力差过高而引起滤液浑浊或滤布堵塞，工业上常采用的操作方式为，过滤开始时采用较小的压差作为推动力，然后逐渐升压到指定压差下进行恒压操作。

6.2.2.2 恒压过滤

若过滤操作是在恒定压强差下进行的，则称为恒压过滤。恒压过滤是最常见的过滤方式。恒压过滤时滤饼不断变厚，致使阻力逐渐增加，但推动力 Δp 恒定，因而过滤速率逐渐变小。

令 $K=\dfrac{2\Delta p^{1-s}}{\mu r_0 v}$，则式（6-5）为

$$\frac{\mathrm{d}V}{\mathrm{d}\theta}=\frac{KA^2}{2(V+V_\mathrm{e})} \tag{6-6}$$

恒压过滤时，对于一定的悬浮液，μ、r_0、s 及 v 皆可视为常数，K、A、V_e 都是常数，式（6-6）的积分形式为

$$\int_0^V (V+V_\mathrm{e})\mathrm{d}V=\frac{KA^2}{2}\int_0^\theta \mathrm{d}\theta$$

得

$$V^2+2V_\mathrm{e}V=KA^2\theta \tag{6-7}$$

另 $q=\dfrac{V}{A}$，$q_\mathrm{e}=\dfrac{V_\mathrm{e}}{A}$，则式（6-7）为

$$q^2+2q_\mathrm{e}q=K\theta \tag{6-8}$$

式（6-7）、式（6-8）均为恒压过滤方程，表达了过滤时间 θ 与获得滤液体积 V 或单位过滤面积上获得的滤液体积 q 的关系。式中 K、q_e 均为一定过滤条件下的过滤常数。K 与物料物性及压强差有关，单位为 $\mathrm{m^2/s}$；q_e 与过滤介质阻力大小有关，单位为 $\mathrm{m^3/m^2}$，两者均可由实验测定。

当滤饼阻力远大于过滤介质时，过滤介质阻力可忽略，$q_\mathrm{e}=0$，$V_\mathrm{e}=0$，于是有

$$V^2=KA^2\theta \tag{6-9}$$

$$q^2=K\theta \tag{6-10}$$

6.2.2.3 恒速过滤

若过滤过程保持过滤速率不变，则称为恒速过滤。由过滤物性可知，要保持过滤速率恒定，必须持续地提高过滤压力。

对恒速过滤，过滤速度 u_R 为

$$\frac{\mathrm{d}V}{A\mathrm{d}\theta}=\frac{V}{A\theta}=\frac{q}{\theta}=u_\mathrm{R}=\text{常数} \tag{6-11}$$

将式（6-11）积分，得

$$V^2+V_\mathrm{e}V=\frac{K}{2}A^2\theta \tag{6-12}$$

或

$$q^2 + q_e q = \frac{K}{2}\theta \tag{6-13}$$

式（6-12）和式（6-13）为恒速过滤方程。

若过滤介质阻力可忽略，式（6-12）和式（6-13）可简化为

$$V^2 = \frac{K}{2}A^2\theta \tag{6-14}$$

$$q^2 = \frac{K}{2}\theta \tag{6-15}$$

6.2.3 过滤设备

工业上使用的过滤设备称为过滤机。按操作方式可分为间歇过滤机和连续过滤机，按过滤推动力产生的方式可分为压滤机、真空过滤机和离心过滤机。

过滤机的选择原则为：满足生产对分离质量和产量的要求，对物料适应面广，操作方便，设备、操作和维护的综合费用最低。

根据物料特性选择过滤机时，应考虑的因素为：

① 流体的性质，主要是黏度、密度、温度、腐蚀性等；

② 固体悬浮物的性质，主要是粒度、硬度、可压缩性、悬浮物在料液中所占体积比；

③ 产品的类型及价格，产品是滤饼还是滤液，或二者兼得，滤饼是否需要洗涤，产品的价格。

中药生产中的过滤主要针对的是中药材浸提液的澄清处理，产品是滤液。由于中药材浸提液大多数是一种由溶液、乳浊液、胶体溶液、混悬液组成的多相多组分混合体系，混悬粒子多为絮状黏软的有机物，故过滤时浸提液的温度和静置时间，有无絮凝剂，均对滤液的质量和过滤速率有很大影响。因此在选择过滤机和设计过滤工艺时应综合考虑上述这些因素。

6.2.3.1 布袋过滤器

布袋过滤器内置液体过滤滤袋或滤芯（图 6-5），材质多样，可选不锈钢、聚丙烯、尼龙等材质，精度范围广泛，高流量、耐腐蚀，清洁方便。

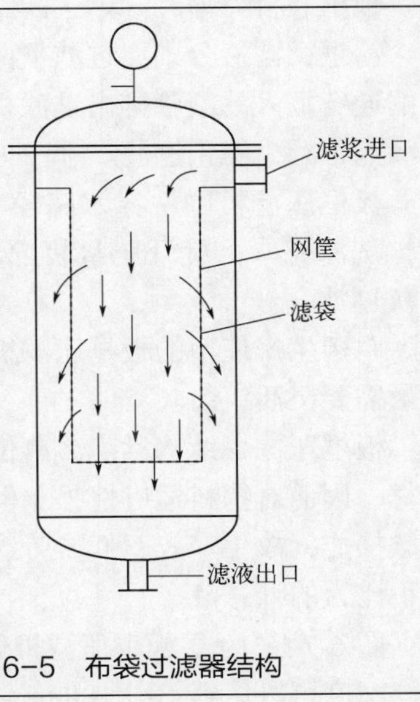

图 6-5　布袋过滤器结构

6.2.3.2 板框压滤机

板框压滤机是一种具有较长历史但目前仍普遍使用的过滤机，它由多块带凹凸纹路的滤板和滤框交替排列组装在机架上而构成，如图 6-6 所示。

板框压滤机的滤板和滤框是主要工作部件。滤板和滤框的一个对角分别开有小孔，其中滤框上角的孔有小通道与滤框中心相通，而滤板则是下角的孔有小通道与滤板中心相通，板与框组合后分别构成供滤液或滤浆流通的管路；滤板和滤框装合时给滤框两侧覆以滤布，围成了容纳滤浆及滤饼的空间；滤板中心呈

纵横贯通的空心网状，起支撑滤布和提供滤液流出通路的作用；为使板框组合严密，避免漏液，在板、框之间嵌以密封圈并将板、框编号，装合时应按板、框编号顺序排列组装。

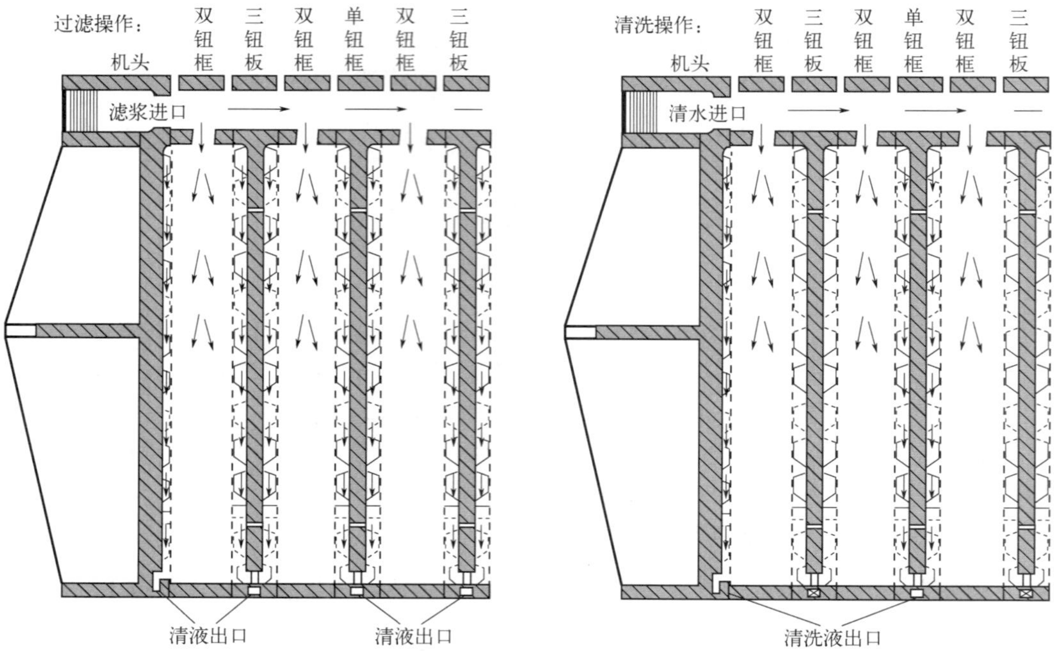

板框两侧压紧滤布，由多个板框组装而成，滤浆从两板框之间进入分别流过相邻滤板之间的滤布，得到的清液由板下方小管排出，滤渣截流在滤布上。经洗涤后，卸下板框和滤饼，进入下一轮过滤操作

图 6-6　板框压滤机工作原理

板框压滤机为间歇操作，每个操作周期由装合、过滤、洗涤、卸渣、整理五个阶段组成。板框装合完毕，开始过滤，混悬液在一定压力下经进料管由滤框上角的通孔并行压入各个滤框，滤液分别穿过滤框两侧的滤布进入滤板，沿滤板中心的网状滤液通道经滤板下角的通孔汇入滤液管排出过滤机，不能透过滤布的固体颗粒被滤布截留于滤框内，待滤饼充满滤框后，停止过滤。

板框压滤机的洗涤水路径与滤液经过路径相同。对滤饼洗涤时，由进料管压入洗涤水，洗涤完毕，旋开压紧装置，拉开板、框，卸出滤渣，更换滤布，重新装合，进行下一次过滤。

中药生产使用的板框压滤机由不锈钢材料制造。板框的个数由几个到几十个，可随生产量需要灵活组装。

板框压滤机结构紧凑，单位体积设备具有的过滤面积较大，可根据物料性质选用不同滤材，因而对物料适应性强。但因为密封周边长，操作压力不能太高，以免引起漏液；为间歇操作，故生产效率低，劳动强度大；滤布损耗较快，滤框容积有限，不适合过滤固相体积比大的混悬液。

图 6-7 是 10 层板框压滤机俯视图，板框压滤机可使用中速滤纸或尼龙滤布作为滤材，过滤精度可以达到 10 ~ 100μm。

图 6-7　10 层板框压滤机

6.2.3.3　转筒真空过滤机

转筒真空过滤机是工业上使用较广的一种连续式过滤机，如图 6-8 所示。其主体是一个能转动的水平圆筒，圆筒表面装有一层用于支撑的金属网，网上覆盖有滤布。采用纵向隔板将转鼓的内腔分隔为若干个小格，每个小格都有一根管道与转鼓侧面圆盘的一个端孔相连，该圆盘被固定于转鼓并随转鼓一起转动，称为转动盘。转动盘与另一静止的圆盘相配合，后者盘面上开有三个圆弧形的凹槽，这些凹槽均通过孔道分别与滤液排出管（连接真空系统）、洗水排出管（连接真空系统）和压缩空气管相连通，由于该圆盘静止不动，故称为固定盘。当固定盘与转动盘的表面紧密贴合时，转动盘上的小孔与固定盘上的凹槽将对应相通，称为分配头，如图 6-8 所示。

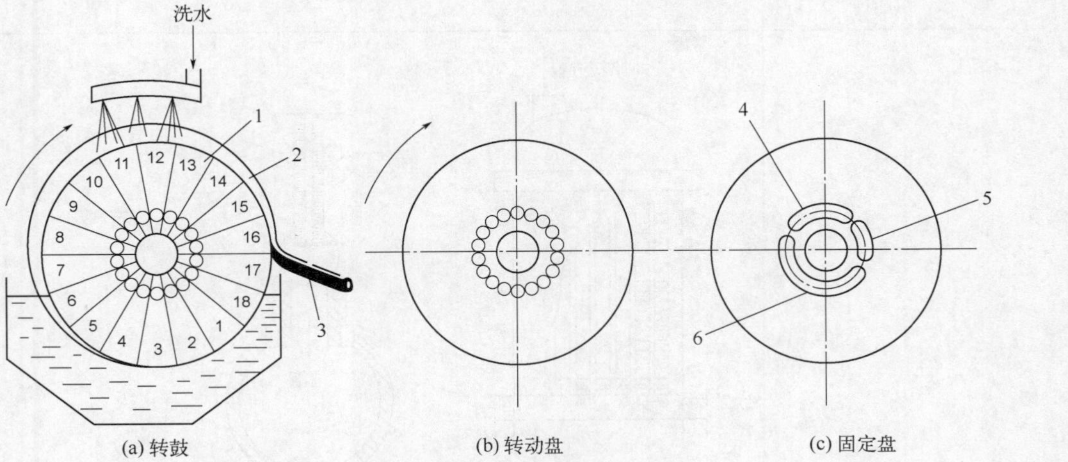

图 6-8　转筒真空过滤机

1—转筒；2—滤饼；3—刮刀；4—吸走滤液的真空凹槽；5—吸走洗水的真空凹槽；6—通入压缩空气的凹槽

转筒真空过滤机工作时，筒的下部浸入料浆中，转动盘随转鼓一起旋转。凭借分配头的作用，相应的转筒表面上的各部位分别处于被抽吸或被吹松的状态。于是，在转鼓旋转一周的过程中，每个扇形小格所对应的转鼓表面可依次进行过滤、吸干、洗涤、吸干、吹松和卸渣等操作阶段，现将部分阶段分述如下:

① 过滤阶段。当扇形格子浸入料浆中，转动盘上对应的小孔与固定盘上吸出滤液的凹槽相通，分配头将与滤液抽空系统相连，于是滤液被抽吸而出，滤饼沉积于滤布外表面，实现对料浆的过滤操作。

② 吸干阶段。该部分扇形格子离开料浆后，转动盘上对应的小孔与固定盘上吸出滤液的凹槽相通，分配头将与滤液抽空系统相连，于是滤饼中残留的滤液被吸干。

③ 洗涤阶段。当扇形格子转动到洗水喷淋处时，转动盘上对应的小孔恰好与固定盘上吸出洗液的凹槽相通，洗液被吸出，完成滤饼的洗涤操作。

④ 卸渣阶段。转筒继续旋转，当转动盘上对应的小孔恰好与固定盘上通入压缩空气的凹槽相通时，压缩空气由内向外将滤饼吹松并由刮刀刮下，完成卸渣操作。扇形格子对应的小孔继续和通入压缩空气的凹槽相通，压缩空气将残余的滤渣从滤布上吹除，完成滤布的再生。

转筒真空过滤机能连续自动操作，节省人力，生产能力大，特别适宜于处理量大而容易过滤的料浆，对难过滤的胶体系统或细微颗粒的悬浮液，若采用预涂助滤剂措施也比较方便。该过滤机附属设备较多，投资费用高，过滤面积不大。此外，由于转筒真空过滤机采用真空操作，所以过滤推动力有限，不宜过滤温度较高的滤浆，滤饼洗涤也不充分。

6.2.3.4 叶片压滤机

叶片压滤机简称叶滤机。叶滤机是由许多滤叶装合而成，如图 6-9 所示。滤叶是叶滤机的过滤元件，其形状为长方形或圆形，它是由一个金属丝框架或金属多孔板外覆盖一层滤布构成。

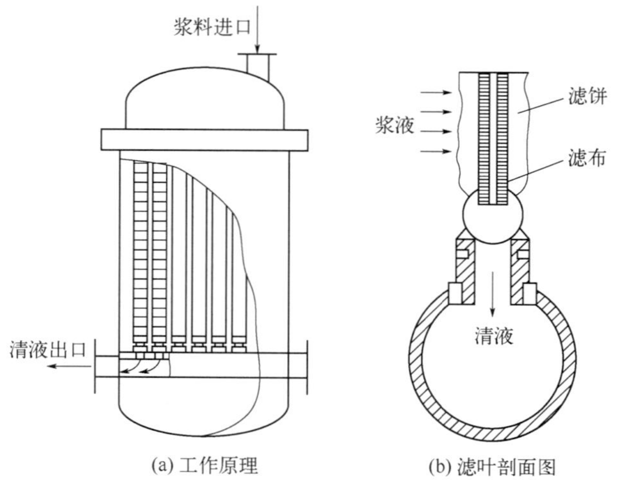

图 6-9 叶片压滤机

过滤时，将许多滤叶安装在密闭的机壳内，用泵将滤浆送入机壳内将滤叶浸没。在压差的作用下，液体穿过滤布进入滤叶内，汇集至总管后排出机外，颗粒则被截留在滤布外侧形成滤饼。若滤饼需要洗涤，则当过滤结束后通入洗涤水，洗涤水的路径与滤液的路径相同，这种操作方法为置换式洗涤法。洗涤完毕后，拆开机壳，用压缩空气、蒸汽或清水卸除滤渣并清洗滤叶。

叶滤机的操作密封，过滤面积较大，劳动条件较好。在需要洗涤时，洗涤液与滤液通过的途径相同，洗涤比较均匀。每次操作时，滤布不用装卸，但一旦滤布破损，更换较困难。对密闭加压的叶滤机，因其结构比较复杂，造价较高。

6.2.4 滤饼的洗涤

由于滤饼层的颗粒间存有空隙，其内存有一定量的滤液，这不仅降低了固相产品的质量，同时又影响了液相产品的回收，生产中一般需对滤饼进行洗涤。通常洗涤液多为清液，因其内不含固体，故进行洗涤操作时，滤饼层的厚度可视为不变。因此，若此时的操作压强差保持恒定，则洗涤液的体积流量也应为恒定。

洗涤速率可采用单位时间内所消耗的洗涤液体积来表示，即

$$\left(\frac{\mathrm{d}V}{\mathrm{d}\tau}\right)_{\mathrm{W}}=\frac{V_{\mathrm{W}}}{\tau_{\mathrm{W}}} \tag{6-16}$$

式中，$\left(\frac{\mathrm{d}V}{\mathrm{d}\tau}\right)_{\mathrm{W}}$ 为洗涤速率，m^3/s；V_{W}为洗涤过程中所消耗的洗涤液体积，m^3；τ_{W}为洗涤时间，s。

若洗涤操作的压差推动力与过滤终了时的推动力一致，且洗涤液的黏度与滤液相近，则洗涤速率与过滤终了时的过滤速率之间将存在定量的换算关系。

对于板框压滤机，由于采取的是横穿洗涤法，则洗涤液需穿越两层滤布及整个框内的滤饼层，其流经长度约为过滤终了时滤液流经长度的 2 倍，而流通截面积却只有后者的一半，故板框压滤机的洗涤速率约为过滤终了时过滤速率的 1/4。

对于叶片压滤机，由于采用的是置换洗涤法，洗涤液与过滤终了时的滤液流径基本相同，且洗涤面积与过滤面积也相同，故叶滤机的洗涤速率大致等于过滤终了时的过滤速率。因此，对于板框压滤机，其洗涤时间可用下式计算：

$$\tau_{\mathrm{W}}=\frac{8(V+V_{\mathrm{e}})V_{\mathrm{W}}}{KA^2}=\frac{8(q+q_{\mathrm{e}})V_{\mathrm{W}}}{KA} \tag{6-17}$$

6.2.5 提高过滤生产能力的措施

凡是能提高过滤速度、减少过滤洗涤时间和压滤机重装时间的方法都可以提高过滤生产能力。

① 增大过滤面积、增大过滤压差、提高转速、缩短辅助操作时间、改善过滤特性以提高过滤和洗涤速率。

② 助滤剂：改变滤饼结构，使滤饼较为疏松且不被压缩，则可提高过滤与洗涤速率。助滤剂多为刚性较好的多孔性粒状或纤维状材料，如常用的硅藻土、膨胀珍珠岩、纤维素等。

③ 絮凝剂：使分散的细颗粒凝聚成团从而更容易过滤。絮凝剂有聚合电解质类的如明胶、聚丙烯酰胺等，其长链高分子结构为固体颗粒架桥而成絮团；无机电解质类的絮凝剂，其作用为破坏颗粒表面的双电层结构使颗粒依靠范德瓦耳斯力而聚集成团。

④ 动态过滤：动态过滤克服了传统过滤装置中滤饼不被搅动而不断增厚、使过滤阻力不断增加的缺点，使滤浆在外力的作用下，与过滤面呈平行或旋转的剪切运动，在运动中进行过滤。因此，在过滤介质上不积存或积存少量的滤饼，有效地降低了过滤阻力。

⑤ 提高悬浮液的温度，以降低其黏度。

本章习题

1. 固液分离的目的是什么？制药工艺中哪些操作属于固液分离操作，这些操作常用什么设备？
2. 工业上常用的固液分离方法有哪些，这些方法分别对应什么设备？
3. 分离因数的概念是什么？根据分离因数，离心机如何分类？
4. 离心分离设备有哪些，各自特点是什么？
5. 过滤设备有哪些，各自特点是什么？

第7章

蒸发设备

中药成分复杂，中药提取液的蒸发浓缩对于提高中药的药效、质量稳定性和制剂适用性具有重要意义，是中药制剂生产过程中的关键步骤之一。中药提取液性质多样，有的料液对热稳定，有的料液对热敏感，有的料液密度不同、黏度不同，有的料液易产生泡沫，有的料液易结垢等。在进行蒸发浓缩时，需要注意选择合适的方法和设备，以确保中药的有效成分不被破坏。蒸发浓缩设备和工艺的选择直接影响着药品的安全性、有效性。

中药蒸发浓缩的目的主要体现在以下 6 个方面：①减少服用量：中药提取液浓缩后体积变小，便于服用和携带，同时减少了患者的用药量。②提高药效：中药提取液蒸发浓缩后，可以提高提取液中有效成分的浓度和含量，从而起到增强药效的作用。③便于制剂：提取液经过蒸发浓缩后，能够将提取液制成各种剂型，如丸剂、颗粒剂、胶囊剂、片剂等。④保证质量和提高稳定性：浓缩过程可以去除杂质和水分，提高中药制剂的纯度和质量，并提高了中药制剂的稳定性和适用性。⑤便于保存：浓缩后的中药提取液降低了因水分和杂质引起的变质风险，易于保存。⑥提高生产效率和产品质量：蒸发浓缩是中药生产中的关键环节之一，通过优化浓缩工艺，可以提高生产效率和产品质量。

7.1 概述

蒸发浓缩（evaporative concentration）是将物料加热至相应压力条件下溶剂的沸点后，物料中溶剂汽化排出，使料液的浓度不断提高达到所规定浓度的过程。蒸发浓缩过程是一个传热过程。广义的蒸发浓缩是指使溶液中不需要的部分减少，从而使需要部分的相对含量增加。狭义的蒸发浓缩是指从中药提取液中除去部分溶剂，使溶质和溶剂部分分离，从而使其浓度增加，以方便后续制剂工艺。蒸发浓缩的好坏将直接影响药品安全、疗效、质量、外观和口感等。

7.1.1 蒸发浓缩过程

蒸发浓缩是将稀溶液中的溶剂部分汽化并不断排出，使溶液增浓的过程。蒸发浓缩过程能够顺利完成操作必须满足以下基本条件：①有充足的加热热源，以维持料液的沸腾状态和补充溶剂汽化所带走的热量。常用热源为饱和水蒸气，通常称为一次蒸汽、加热蒸汽或生蒸汽。②及时排除蒸发过程中所产生的溶剂蒸汽，通常称为二次蒸汽，避免蒸发室达到气液平衡，导致蒸发过程缓慢或无法进行。

蒸发浓缩过程实质是热量的传递过程，溶剂汽化的速率取决于传热速率。通常具有以下特点：①相变化恒温传热过程。传热壁面一侧为加热蒸汽冷凝，另一侧为溶液沸腾，蒸发过程属于壁面两侧流体均有相变化的恒温传热过程。②沸点的改变。蒸发过程中，随着溶质含量的增加，沸点也发生变化。③溶液性质的变化。不同的物料在蒸发浓缩过程中可能会表现出不同的特性，如黏度变化、密度变化、产生泡沫、结晶析出等。④节能降耗。蒸发浓缩过程消耗大量的能量，需要合理设计和操作，充分利用二次蒸汽并考虑热损失，以降低能耗。⑤环保问题。蒸发浓缩过程中可能会产生废液、废气等，需要进行环保处理，以满足环保要求。

7.1.2 中药蒸发浓缩需注意的问题

中药蒸发浓缩时，原料即中药提取液经换热器预热后进入蒸发器中，与壳程内二次蒸汽换热并保持沸腾。蒸发器内药液自然流动到分离器内分离气相。在进行中药蒸发浓缩时，需要根据中药的特性和具体要求，选择合适的蒸发浓缩方法和设备，遵循严格的操作规程和质量标准，确保产品的安全性、有效性和质量均一性。同时，还需要注意环保和节能等方面的要求，以实现可持续发展。

中药蒸发浓缩需注意的问题主要包括：①热敏性问题。部分中药成分可能对热敏感，在蒸发浓缩过程中需要控制温度，以避免有效成分被破坏或损失。②挥发性成分变化或损失。一些中药成分可能具有较高的挥发性，在蒸发浓缩过程中需要注意防止挥发性成分的变化或损失。③颜色和气味问题。部分中药在蒸发浓缩过程中气味和颜色可能会发生变化，这可能会影响产品的外观和品质。④复杂性问题。中药复方配伍原则，在蒸发浓缩过程中要考虑配伍中药的成分可能会发生相互作用，影响浓缩效果和产品质量。⑤发泡性问题。中药中有些成分容易起泡沫，在蒸发浓缩过程中需要考虑成分的损失和污染冷凝器。⑥节能降耗。由于中药蒸发浓缩通常需要大量的能量，因此节能设计和操作对于降低生产成本具有重要意义。⑦清洁和卫生问题。中药生产过程中对清洁和卫生的要求较高，以确保产品的质量和安全性。

7.1.3 蒸发浓缩方式

（1）常压蒸发

常压蒸发也称常压浓缩，是一种在大气压下加热使溶剂汽化的浓缩方法。常压浓缩具有较大的负载量，可浓缩大量药液，适用于处理有效成分对热稳定，且溶剂不易燃、无挥发性、无毒无害的料液。常压浓缩存在加热时间长、温度高、均匀性差等缺点，不适用于热敏性或挥发性成分蒸发浓缩。

（2）减压蒸发

减压蒸发又称减压浓缩，是在密闭的容器内，抽真空降低内部压力，使料液的沸点降低而进行蒸发的方法。减压浓缩在实际制药生产中应用较普遍，能防止或减少热敏性物质的分解或损失；增大传热温度差，强化蒸发操作；并能不断地排除溶剂蒸汽，有利于蒸发进行；沸点降低，可利用低压蒸汽加热。但料液沸点降低，汽化潜热增大，减压浓缩比常压浓缩消耗的加热蒸汽量要多。减压浓缩装置在实际生产中，往往与减压蒸馏所用设备通用，如减压蒸馏装置、真空浓缩罐等。

(3) 循环式蒸发

循环式蒸发是料液在加热室中被加热上升至蒸发室，蒸发出部分溶剂后，沿循环管下降，在加热室和蒸发室之间形成循环运动，直至料液浓缩到所需浓度。循环式蒸发适用于对热稳定的药液的浓缩。

(4) 单程式蒸发

单程式蒸发也称为膜式蒸发，是指料液在蒸发器中只通过加热室一次，不作循环流动即浓缩到需要的浓度，温度损失比循环型相对减少，料液呈膜状流动，具有传热效率高、蒸发速率快、料液在蒸发器内停留时间短、器内存液量少等优点。单程式蒸发常适用于热敏性药液的浓缩。

(5) 单效蒸发

单效蒸发通常是指蒸发过程产生的二次蒸汽直接进入冷凝器被冷凝的蒸发过程。

(6) 多效蒸发

多效蒸发是将多个蒸发器串联运行，每一个蒸发器称为一效，第一效的二次蒸汽作为下一效蒸发器的加热蒸汽，第二个蒸发器称为第二效，两个蒸发器串联运行称为双效浓缩，以此类推，二次蒸汽中的潜热被充分利用，可以节加热蒸汽的消耗量。

7.1.4 蒸发浓缩设备分类

蒸发浓缩设备（蒸发浓缩器）一般由加热室和分离室（进行气液分离）组成，还包括冷凝器、冷却器、除沫器、贮罐、真空泵、各种仪表、接管及阀门等辅助装置。蒸发浓缩设备需有充足的热源，维持溶剂沸腾状态和补充溶剂汽化所带走的热量；需要一定的传热面积保证足够的传热量；需要排除蒸发产生的二次蒸汽。

根据蒸发浓缩过程中操作压力的不同，蒸发浓缩设备可以分为常压蒸发浓缩器、减压蒸发（真空蒸发）浓缩器和加压蒸发浓缩器。根据蒸发浓缩过程是否利用二次蒸汽，可分为单效蒸发浓缩器和多效蒸发浓缩器。通常将用于加热的蒸汽称为加热蒸汽或一次蒸汽，将溶剂汽化产生的蒸汽称为二次蒸汽。二次蒸汽直接冷凝而不再利用的蒸发浓缩器称为单效蒸发浓缩器。多个蒸发器组合在一起，第一个蒸发器的二次蒸汽作为后一个蒸发器的加热蒸发器使用，以此类推，二次蒸汽得到多次利用的蒸发器称为多效蒸发器。根据提取液经过蒸发器次数，可分为循环型蒸发器和单程型蒸发器。

7.2 蒸发浓缩设备

7.2.1 循环型蒸发器

循环型（非膜式）蒸发器蒸发过程中，溶液在蒸发器的加热室和分离室中进行连续循环运动，从而提高传热效率，溶液在加热室滞留量大且停留时间长，一般不适宜热敏性物料的浓缩。循环型蒸发器主要有中央循环管式蒸发器、外加热式蒸发器、列文式蒸发器、强制循环蒸发器等类型。

7.2.1.1 中央循环管式蒸发器

中央循环管式蒸发器如图 7-1 所示，也称为标准式蒸发器，是一种加热室由直立管束组成的蒸发器，其结构主要由外壳、加热室、蒸发室、中央循环管和除沫器等部分组成。在蒸发过程中，加热管与中央循环管之间由于受热不均匀，造成两管内液体产生密度差，从而驱动溶液的自然循环。当蒸汽通入加热室时，加热管内的溶液由于受热面积大，汽化迅速，形成气液混合物，且含气率高，平均密度小。而中央循环管内的溶液由于受热面积小，汽化速度较慢，含气率低，平均密度大。这种密度差使得溶液在中央循环管内下降，同时在加热管内上升，形成自然循环流动。溶液的循环速度取决于溶液产生的密度差以及管的长度，密度差越大，管子越长，循环速度越快。

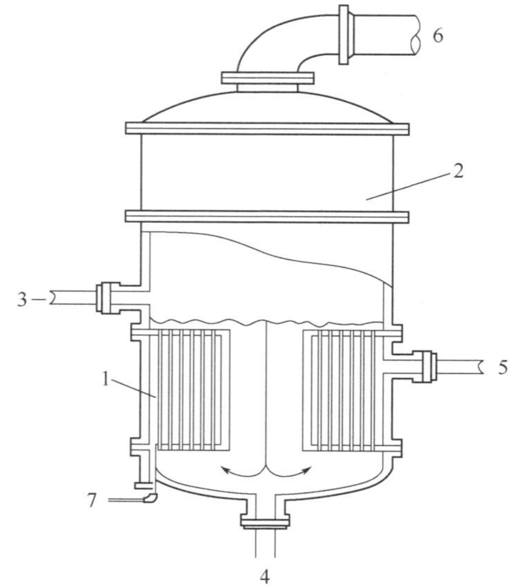

图 7-1 中央循环管式蒸发器

1—加热室；2—分离室；3—原料液进口；4—完成液出口；5—加热蒸汽进口；6—二次蒸汽出口；7—冷凝水出口

中央循环管式蒸发器能够确保传热面无积垢、无死角，通过控制中央循环管内壁的液膜厚度，可实现传热面全面覆盖。中央循环管内料液均匀分布，可形成较强的对流和分散传热，传热效率高。此外，中央循环管式蒸发器还具有溶液循环好、传热速率快等优点，也可以连续进料、连续蒸发和连续出料，操作简便，生产效率高。然而，由于蒸发器内部的循环管路采用的是管式结构，容易在管壁上形成结垢，减少蒸发器内部的流通密度和导热性，从而影响蒸发器的蒸发效率。因此，需要定期清洗、清理，以保证流体的畅通。中央循环管式蒸发器适用于黏度适中、结垢不严重、有少量晶体析出的料液蒸发浓缩。

7.2.1.2 外加热式蒸发器

外加热式蒸发器如图 7-2 所示，是一种特殊的自然循环式蒸发器，其结构特点主要体现在加热室与分离室分离、加热管的长径比和循环方式。其主要由加热室、分离室及循环管三个主要部分组成。加热室由一系列细长的加热管组成，长径比（管长与管径之比）可达 50 ~ 100，增加溶液的受热面积，提高传热效率，加热管内的溶液在蒸汽的加热下逐渐升温并汽化。加热室安装在蒸发室旁边，不仅可以降低蒸发器的总高度，而且有利于清洗和更换，可以避免大量药液同时长时间受热。分离室位于加热室的上方，蒸汽从加热管中上升进入分离室，经过除沫器等装置去除夹带的液滴后排出。溶液在加热管中被加热上升至蒸发室，蒸发出部分溶剂后，沿循环管下降，循环管内溶液不受蒸汽加热，其密度比加热管内的大，形成自然循环运动。外加热式蒸发器加热和蒸发过程是分开的，可以实现更高的热效率。溶液循环速度较快（1 ~ 1.5m/s）。由于与蒸发器外壳接触的是温度较低的沸腾液体，故其热损失较小，传热效果好。外部加热源可以方便地调节，从而控制蒸发速率和温度。还可以通过改变加热介质来适应不同的热负荷适应不同的生产需求。外加热式蒸发器适用于易结垢和易结晶料液的蒸发浓缩过程，特别是在处理有晶体析出或易结垢的料液蒸发浓缩。

7.2.1.3 列文式蒸发器

列文式蒸发器如图 7-3 所示，是一种立式长管自然循环式蒸发器，也称为外沸式蒸发器，主要由加热室、循环管、蒸发室和沸腾室四个主要部分组成。在加热室的上部增设了一段直管作为沸腾室。加热管中的溶液由于受到附加的液柱静压力作用而抑制了液体在加热管内的沸腾，使得溶液在加热室内不沸腾，而是上升到沸腾室内才开始沸腾。沸腾室内设有立式隔板，用于破坏大的气泡，使其与液体形成均匀混合物上升，从而提高循环速度。外加热式蒸发器可减轻加热管表面形成污垢，还避免在加热管中析出结晶，外加热式蒸发器适用于有结晶析出的料液蒸发浓缩。列文式蒸发器由于液柱静压头效应引起的温差损失较大，为了保持一定的有效温差，要求加热蒸汽有较高的压力。因此，在选择使用列文式蒸发器时，需要根据具体的应用场景和需求进行综合考虑。列文式蒸发器适用于高黏度、易结晶或结垢的料液的蒸发浓缩。

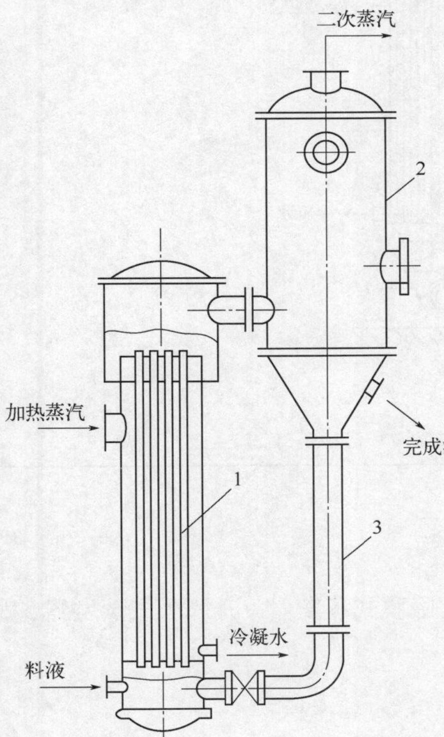

图 7-2 外加热式蒸发器

1—加热室；2—蒸发室；3—循环管

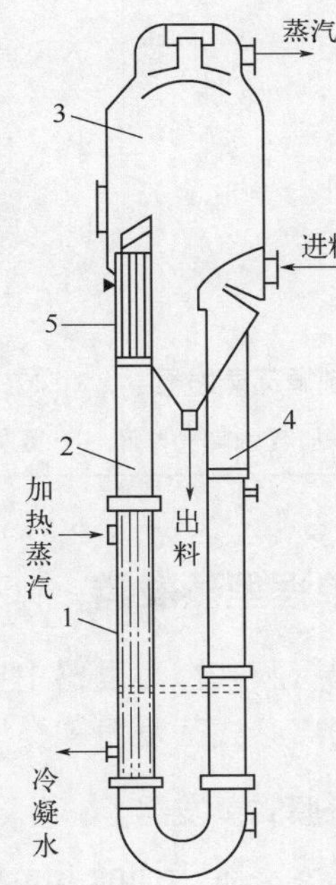

图 7-3 列文式蒸发器

1—加热室；2—沸腾室；3—蒸发室；4—循环管；5—沸腾室隔板

7.2.1.4 强制循环蒸发器

强制循环蒸发器如图 7-4 所示，是一种利用外加动力进行循环的蒸发器，利用泵迫使溶液沿一个方向以 2 ~ 5m/s 的速度通过加热管，从而实现了高效的蒸发过程。通过外加动力强制溶液循环，实现了更高的循环速度和更好的传热效果。强制循环蒸发器具有传热系数大、蒸发速度快、抗结垢、适应性强、易于清洗等优点，适用于处理黏度大、易结垢或易结晶的料液。在使用强制循环蒸发器时，需要注意一些操作事项。如在启动前需要检查各部件是否完好，确保电源、冷却水等供应正常。在运行过程中，需要密切关注各参数的变化，如液位、温度、压力等，以确保设备安全稳定运行。同时，还需要定期对设备进行清洗和维护，以延长其使用寿命。

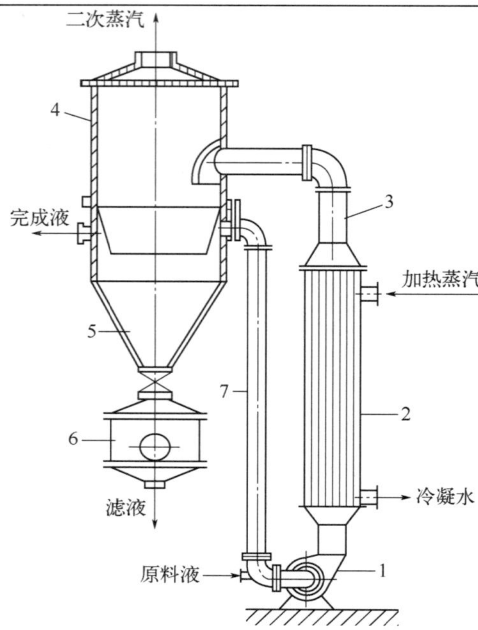

图 7-4 强制循环蒸发器

1—循环室；2—加热室；3—导管；4—蒸发室；5—圆锥形底；6—过滤器；7—溶液循环管道

7.2.2 单程型蒸发器

单程型（膜式）蒸发器主要有升膜式蒸发器、降膜式蒸发器、升降膜式蒸发器、刮板式蒸发器和离心式蒸发器等类型。

7.2.2.1 升膜式蒸发器

升膜式蒸发器（rising film evaporator）如图 7-5 所示，是液体根据虹吸泵的原理进入加热管加热，流入到分离器后液体与蒸汽分离开来，通过循环管流回到蒸发器，形成闭路循环。料液预热到沸点或接近沸点后再从蒸发器加热室底部引入，在加热管内强烈汽化，使生成的蒸汽带动料液沿管壁呈膜状上升，液膜在上升过程中继续蒸发，溶液只需一次通过加热管即可达到所要求的浓度。

升膜式蒸发器不适用于较浓溶液及黏度大、易结晶或易结垢物料的蒸发，适用于处理蒸发量较大的稀溶液、热敏性或易起泡的料液的蒸发浓缩。实际应用中可利用此蒸发器作预蒸发用，将溶液浓缩到一定相对密度后，再采用其他蒸发器如刮板式蒸发器来进一步浓缩。在设计和操作升膜蒸发器时，需要精心设计与操作，确保加热管内的二次蒸汽具有较高速度，并获得较高的传热系数，以使料液一次通过加热管即达到预定的浓缩要求。

7.2.2.2 降膜式蒸发器

降膜式蒸发器（falling film evaporator）如图 7-6 所示，与升膜式蒸发器的结构基本相同，但原料液的处理方式有所不同。原料液预热后，通过蒸发器的顶部经液体分布装置均匀进入管内，然后在重力的作用下呈膜状沿管内壁下流，并被蒸发浓缩。在这个过程中，气液混合物并流而下，最终由加热管底部进入分离室。适用于处理热敏性物料、蒸发浓度较高的溶液或黏度较大的物料，如黏度在 0.05 ~ 0.45Pa·s 范围内的物料，不适用于易结晶或易结垢的溶液，传热系数比升膜式蒸发器的小。可以与升膜式蒸发器串联使用。

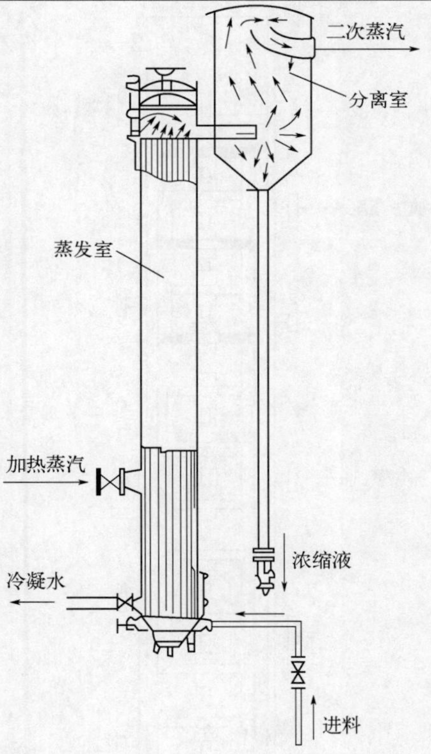

图 7-5　升膜式蒸发器

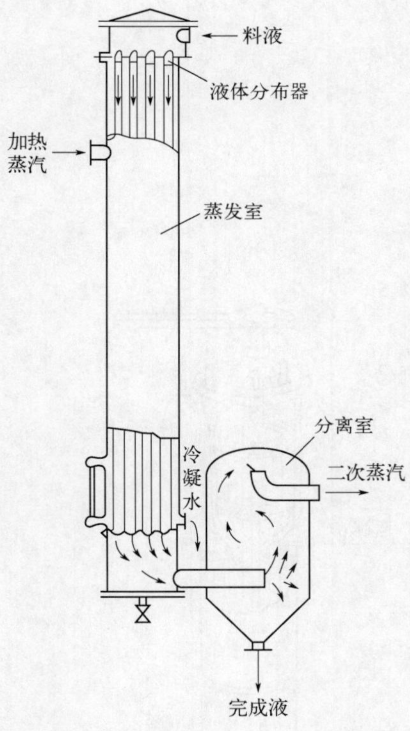

图 7-6　降膜式蒸发器

7.2.2.3 刮板式蒸发器

刮板式蒸发器如图 7-7 所示，是加热管为一根较粗的直立圆管，中、下部设有两个夹套进行加热，圆管中心装有旋转刮板。刮板的形式有两种，一种是固定间歇式，一种是可摆动式转子。料液自顶部进入蒸发器后，在重力和刮板的搅动下分布于加热管壁，并呈膜状旋转向下流动。汽化的二次蒸汽在加热管上端无套管部分被旋转刮板刮去液沫，然后由上部抽出并加以冷凝，浓缩液由蒸发器底部放出。刮板式蒸发器的主要特点是借助外力强制料液成膜状流动。刮板式蒸发器适用于高黏度、易结晶、易结垢的料液的蒸发浓缩，此时仍能获得较高的传热系数。在某些场合下可将溶液蒸干，而由底部直接获得粉末状的固体产物。

7.2.2.4 离心式蒸发器

离心式蒸发器如图 7-8 所示，是利用高速旋转的锥形碟片产生的离心力对料液的周边分布、运动扩散作用而形成液膜，具有离心分离和薄膜蒸发的双重优点，传热系数高，设备体积小，浓缩比高（15 ~ 20 倍），受热时间短（约 1s），浓缩时不易起泡和结垢，适宜热敏性、黏度高物料的蒸发浓缩。

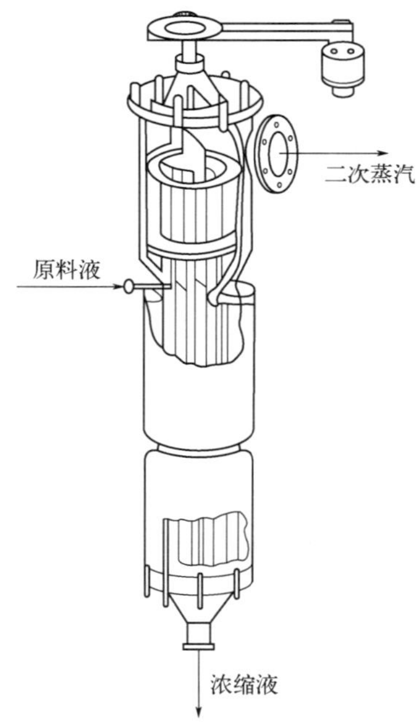

图 7-7 刮板式蒸发器

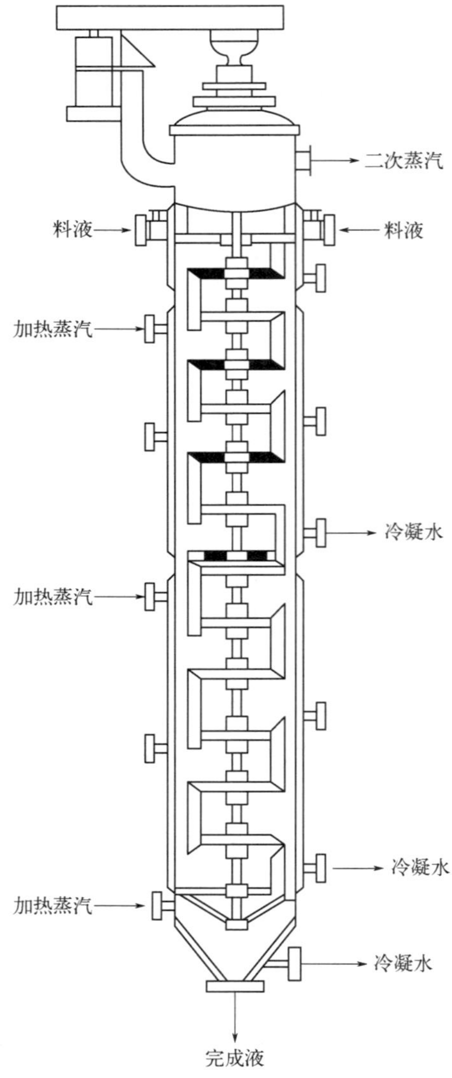

图 7-8 离心式蒸发器

7.3 蒸发浓缩的节能

7.3.1 多效蒸发浓缩器

7.3.1.1 多效蒸发的工艺流程

多效蒸发是将多个蒸发器串联运行，前一效的二次蒸汽作为下一效蒸发器的加热蒸汽，末效蒸发器产生的二次蒸汽直接引入冷凝器冷凝。多效蒸发浓缩器运行时，二次蒸汽中的潜热被充分利用，可以节约较多的生蒸汽。要使多效蒸发能正常运行，系统中除一效外，任一效蒸发器的蒸发温度和压力均要低于上一效蒸发器的蒸发温度和压力。三效蒸发器工作原理如图 7-9 所示。

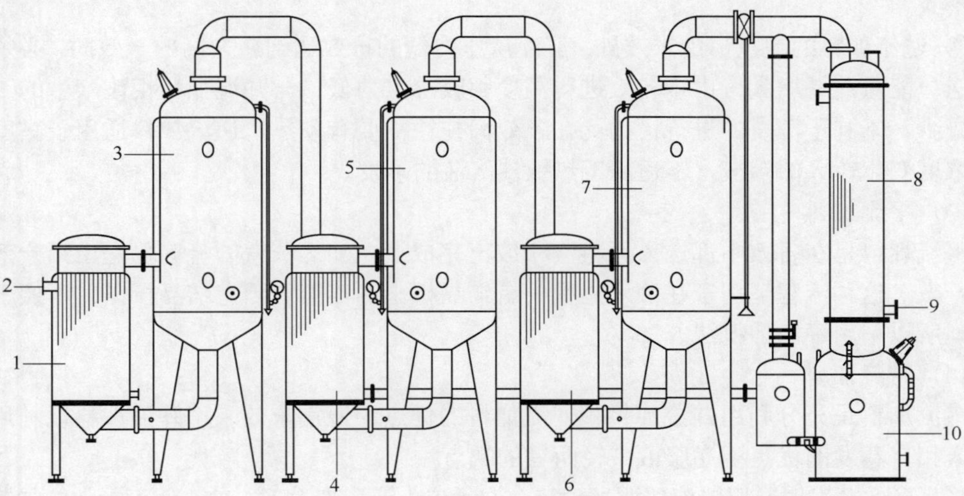

图 7-9 三效蒸发器工作原理

1—一效加热室；2—蒸汽入口；3—一效蒸发室；4—二效加热室；5—二效蒸发室；6—三效加热室；7—三效蒸发室；8—冷凝器；9—真空管；10—集液罐

7.3.1.2 多效蒸发的加料方式

(1) 并流加料

并流加料法（又称顺流加料）是最常见的多效蒸发流程。溶液和蒸汽的流向相同，都是从第一效顺序流至末效，称为并流加料法。生蒸汽通入第一效加热室，第一效产生的二次蒸汽作为加热蒸汽进入第二效加热室，第二效的二次蒸汽同样作为加热蒸汽进入第三效加热室，末效的二次蒸汽则进入冷凝器全部冷凝后排出。原料液首先进入第一效蒸发器进行蒸发，完成液作为第二效蒸发器的原料液，第二效蒸发器的完成液作为第三效蒸发器的原料液，第三效（末效）蒸发器完成液作为中间体产品经第三效底部排出。

① 并流加料的优点　后一效蒸发器蒸发室操作压力比前一效低，利用效间的压力差，溶液在各效间的流动而不需要泵的输送。溶液进入下一效蒸发室时，由于下一效的沸点降

低，溶液进入后即可呈过热状态而产生自蒸发过程，自蒸发可产生更多的二次蒸汽，减少了热量的消耗。

② 并流加料的缺点　各效溶液的浓度依次增高，而沸点依次降低，沿溶液流动方向黏度逐渐增高，导致传热系数逐渐降低，特别是在末效这种现象表现得尤为突出。对于黏度随浓度迅速增加的溶液不宜采用并流加料工艺。并流加料方式蒸发适用于热敏性物料的蒸发浓缩，不适宜于物料黏度随浓度迅速增加料液的蒸发浓缩。

（2）逆流加料

逆流加料是原料液由末效加入，除末效外依次用泵将各效溶液送入前效，最后浓缩液从第一效底部排出。加热蒸汽的流向依然是由第一效顺序至末效，即料液的流向与加热蒸汽流向相反。

① 逆流加料的优点　溶液的浓度愈大时，蒸发的温度也愈高。浓度增加黏度上升与温度升高黏度下降的影响基本上可以抵消，因此各效溶液的黏度相近，各效传热系数的大小相差不大。

② 逆流加料的缺点　除末效外，溶液从压力低的一效送到压力高的一效时，必须用泵来输送，能量消耗增大；由于各效进料温度都较沸点为低，与并流加料相比产生的二次蒸汽量减少，不利于蒸发的进行，因此在各效间往往需要有预热。逆流加料适用于黏度随温度和浓度变化较大的溶液，不适用于热敏性溶液的蒸发。

（3）平流加料

平流加料是在各效中都送入原料液和放出完成液，加热蒸汽的流向仍是由第一效流向最后一效。这种流程适用于在蒸发过程中有结晶析出的溶液。因有结晶析出，不便于效间输送，所以采用平流加料法。

（4）错流加料

错流加料是充分利用并流加料和逆流加料的优点，通常末效采用并流加料以利用不需泵输送和自蒸发的优点，克服或减轻两者的缺点。

采用多效蒸发时，原料液要适当预热。为了防止液沫带入下一效，使下一效的加热面结垢，需在各效间加入汽液分离装置，同时应及时排放或尽量地降低二次蒸汽中的不凝性气体。

7.3.2　热泵蒸发浓缩器

热泵是以消耗一部分高品位能量（机械能、电能或高温热能）为补偿，使热能从低温热源向高温热源传递的装置。热泵蒸发是指将蒸发器蒸出的二次蒸汽利用压缩机压缩或高压蒸汽，提高其压力，使其饱和温度超过溶液的沸点，然后送回蒸发器的加热室作为加热蒸汽，此种方法称为热泵蒸发。

热泵蒸发浓缩器是由热泵提供蒸汽热能，对提取液进行蒸发的浓缩设备。热泵蒸发器的原理是将蒸发器内沸腾溶液所产生的二次蒸汽，经压缩机的压缩或高压蒸汽提高压力和温度，再送回蒸发器加热室管束的壳程间，同时放出蒸汽的汽化潜热，并传递给加热室管束管程内的溶液，使其继续沸腾蒸发。由于二次蒸汽的潜热得到反复的利用，热泵蒸发仅需从外界（压缩机或高压蒸汽）供给较少的能量，就可提供使热量传递给蒸发溶液所需要的推动力，保持蒸发器内溶液连续不断的沸腾蒸发。

工业用热泵蒸发器一般多采用外加热自然循环型、中央循环管式、升膜或降膜式蒸发器。常用的热泵蒸发器有两种，一种是蒸汽机械再压缩（mechanical vapor recompression, MVR）蒸发器，另一种则是蒸汽热力再压缩（thermal vapor recompression，TVR）蒸发器。MVR 蒸发器，主要包括加热器、分离器和压缩机主体部分，以及冷凝器、真空泵、离心泵、阀门等辅助部分（图 7-10）。料液蒸发产生的二次蒸汽经压缩机压缩，温度、压力升高，热焓增大，然后进入蒸发器壳程给受热侧的料液加热，料液获得热量后沸腾汽化产生饱和气体（即二次蒸汽），二次蒸汽再经压缩机压缩后的蒸汽重新作为加热蒸汽送回蒸发器，对料液进行加热，实现热能的循环利用。由于蒸汽的潜热被充分回收和利用，能够显著降低对外界加热及冷却资源的需求，从而达到节能降耗的目的。TVR 蒸发器（图 7-11）利用高压

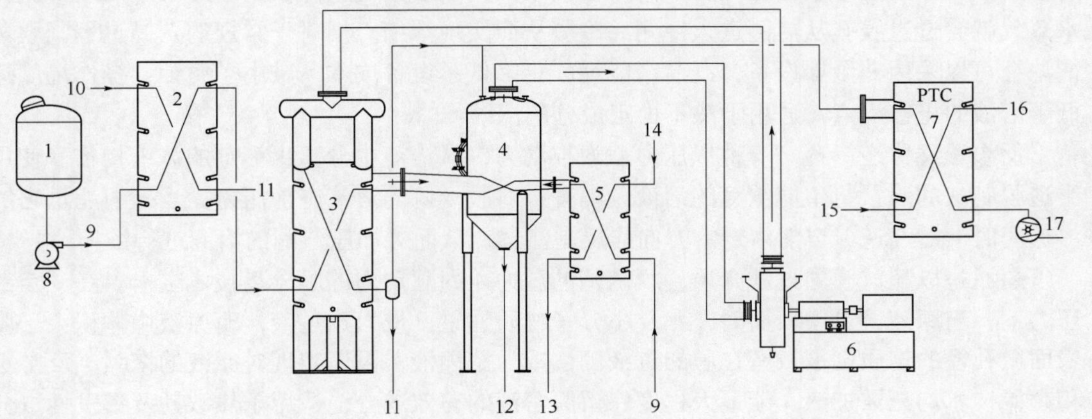

图 7-10　MVR 蒸发器

1—缓冲罐；2—预热器；3—加热器 1；4—分离器；5—加热器 2；6—热泵（压缩机）；7—冷凝器；8—离心泵；9—物料进口；10—溶剂蒸汽凝水进口；11—溶剂蒸汽凝水出口；12—出液口；13—蒸汽凝水出口；14—蒸汽进口；15—冷却循环水进口；16—冷却循环水出口；17—真空泵

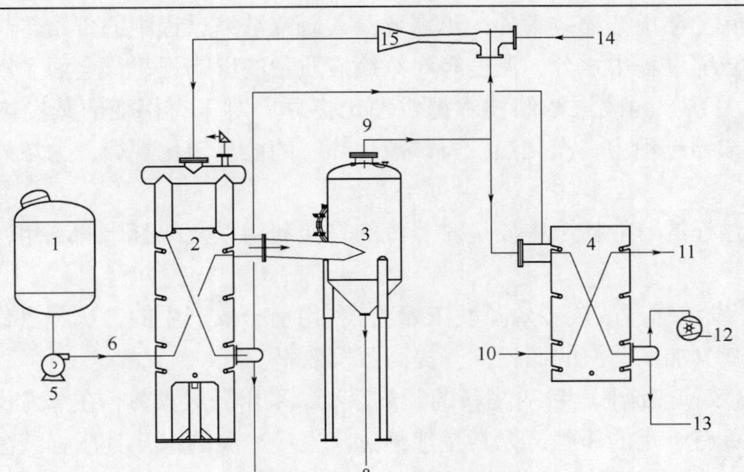

图 7-11　TVR 蒸发器

1—缓冲罐；2—蒸发器；3—分离罐；4—冷凝器；5—离心泵；6—物料进口；7—蒸汽凝水出口；8—出液口离心泵；9—二次蒸汽出口；10—冷却循环水进口；11—冷却循环水出口；12—真空泵；13—溶剂蒸汽凝水出口；14—蒸汽进口；15—热泵

蒸汽作为动力蒸汽，通过蒸汽喷射装置把部分二次蒸汽引进入低压蒸汽腔，进行再次压缩利用，升压提温，增加热焓值，在混合腔与其他二次蒸汽混合后得到中温位的混合蒸汽，为蒸发器提供热源，从而回收了部分二次蒸汽，达到节能的目的。

7.3.3 膜浓缩

膜浓缩是利用有效成分与液体的分子量的不同实现高效纯化浓缩的技术，是一种对传统工艺改革的技术，分为膜蒸馏、反渗透、纳滤和超滤技术等。

膜蒸馏是一种采用疏水微孔膜，将不同温度的水溶液分隔开，由于膜的疏水性，两侧的水溶液均不能透过膜孔进入另一侧，但由于热侧水溶液与膜界面的水蒸气压高于冷侧，水蒸气就会透过膜孔从热侧进入冷侧后冷凝从而实现浓缩。相对于常规的蒸馏过程，膜蒸馏浓缩可以采用非金属设备，既节约能耗，也降低了设备成本，减小了腐蚀，操作温度远低于溶液的正常沸点，适用于热不稳定成分的浓缩。

反渗透又称逆渗透，一种以压力差为推动力，从溶液中分离出溶剂的浓缩操作。使用半透膜制成的装置将不同浓度的溶液分隔开，对膜一侧的溶液施加压力，当压力超过它的渗透压时，溶剂逆着自然渗透的方向作反向渗透，从而对加压一侧的溶液进行浓缩。

超滤是以超滤膜为过滤介质，膜两侧的压力差为驱动力的膜分离技术之一。在一定的压力下，当原液流过膜表面时，水及小分子物质通过，成为透过液，而原液中体积大于膜表面微孔径的物质则被截留在膜的进液侧，成为浓缩液，因而实现对原液的浓缩。反渗透和超滤技术均无需加热，能最大程度保留原溶液的有效成分，适用于热敏性及挥发性成分的浓缩。

7.3.4 蒸发浓缩过程的节能措施

中药蒸发浓缩工艺耗能大、污染大，严重制约着中药产业的可持续发展。如何实现浓缩工艺与设备的节能减排，是中国制药企业面临的巨大挑战。蒸发浓缩是一个非稳态的传质传热过程，除了注重浓缩效率外，也需要深入研究浓缩过程中的传质传热机理。可通过数学模型建立浓缩过程中水分、温度等对浓缩液质量的影响规律，全面了解药效成分与操作参数的变化关系，为改进浓缩技术提供理论指导。对于有相变的蒸发浓缩及膜蒸馏浓缩，还需研究浓缩过程中“汽化热”与“液化热”的能量转化规律，为浓缩设备的创新提供方向。

蒸发浓缩过程的节能措施主要是对蒸汽的二次利用以及冷凝水的利用，可从以下几个方面考虑。

① 单效蒸发浓缩器改成多效蒸发浓缩器。利用前一效产生的二次蒸汽作为后一效的加热蒸汽，从而减少加热蒸汽的消耗，并提高蒸发效率。

② 采用分效预热流程。针对物料的预热系统，采用分级预热；在蒸发操作过程中产生的大量冷凝水具有一定的压强，尤其是加热蒸汽直接冷凝的水，其压强或温度较高，可以用来预热料液，也可以用来减压自蒸发使其压强减至与下效加热室的压强相同，冷凝水可以作为其他工艺水使用。

③ 充分利用末效二次蒸汽热能。可以将蒸发装置末效产生的二次蒸汽通过蒸汽喷射泵或离心式压缩机，将其压强提高到与加热蒸汽相同或近似，然后送入加热室作为热源。

④ 采用低压、负压或真空蒸发浓缩工艺。在蒸发过程中蒸汽压力也是影响蒸汽消耗的重要因素，真空度高有利于气耗降低。在相同压力的饱和蒸汽条件下，蒸发相同浓度的物料，真空度越低，消耗的饱和蒸汽量越多。

⑤ 采用汽电联合。可以采用多效蒸发浓缩与热泵蒸发浓缩工艺的组合，如三效蒸发浓缩器组合 MVR 或 TVR 使用，既回收了潜热，又提高了热效率，减少了对外部加热及冷却资源的需求，降低了能耗。

⑥ 设备保温的设计。设备及管线的热损失也是影响蒸发效率的关键，设备所处的作业现场环境温度过低，设备向环境中传递的热量会增加，从而使设备和管线的热损失大，蒸汽的热能就不能完全用于蒸发，造成蒸汽消耗量大。

本章习题

1. 简述中药蒸发浓缩需注意的主要问题。
2. 简述循环型蒸发器的类型和适用特点。
3. 简述升膜式蒸发器和降膜式蒸发器的异同。
4. 简述多效蒸发浓缩器的加料方式和适用特点。
5. 简述蒸发浓缩过程的节能措施。

第8章

蒸馏设备

蒸馏是利用液体混合物中各组分挥发度的差别，通过加热使液体混合物中的易挥发组分先汽化，再冷凝，从而实现组分分离的单元操作过程。蒸馏是化工过程中主要的单元操作过程之一，广泛应用于石油化工、制药工业、食品工业等领域。

蒸馏的方法有很多种，可以按不同的分类方法进行分类。

按操作压力可分为常压、加压和减压蒸馏。

根据蒸馏操作方式的不同，蒸馏过程可以分为间歇蒸馏和连续蒸馏。间歇蒸馏是指一次性向蒸馏釜中加入料液，蒸馏完成后，取出釜中的液体产品。连续蒸馏是指料液连续不断地加入蒸馏釜，同时产品也连续不断地从蒸馏釜中取出。

根据蒸馏分离的方式，可以分为简单蒸馏、平衡蒸馏（也叫闪蒸）、精馏和特殊精馏等。简单蒸馏又称单级蒸馏，是蒸馏的一种基本形式，蒸馏过程简单，多用于液体混合物的初步分离。平衡蒸馏过程中，混合液被加热至温度高于分离器压力下的料液的泡点，然后减压进入分离器，发生部分汽化，实现混合液的初步分离。精馏适合于混合物中各组分挥发度相差不大且对分离要求较高，普通蒸馏无法达到分离要求的场合，如萃取精馏、恒沸精馏、反应精馏等。

蒸馏操作广泛地应用于工业生产中。因其具有技术成熟，易于实现不同程度的高效分离，过程中可控性强，适用范围广，设备设计、制造简单，操作方便，易于维护保养，可通过自动化控制减少人员操作强度等特点，在选择混合物分离方式时，往往被优先考虑选择。

8.1 双组分溶液的气液平衡

蒸馏是气液两相间的传质传热过程。其传质推动力常用组分在两相中的浓度（组成）与平衡时的偏离程度来衡量。过程的极限状态是气液两相达到相平衡。相平衡状态下，各组分在各相的浓度之间构成的函数关系，称为该组分在此条件下的相平衡关系。气、液相平衡关系对蒸馏操作的研究十分重要，它是分析蒸馏原理和进行设备计算的理论基础。

8.1.1 理想体系的气、液相平衡关系

理想体系或称完全理想体系，其气相符合道尔顿（Dalton）分压定律，其液相服从拉乌尔（Raoult）定律。尽管此体系实际上不存在或少有，但对研究实际混合物或溶液相平衡关系还是十分有意义的。

8.1.1.1 相律

体系相平衡状态的确定，取决于系统的自由度。根据相律，相平衡体系的自由度 F 可表示为

$$F = C - \phi + 2 \tag{8-1}$$

式中，F 为自由度数；C 为相数；ϕ 为独立组分数；2 表示外界只有温度和压力影响的平衡状态。

自由度 F 是自身变化不影响系统平衡的独立变量数。这里独立变量含系统的温度、压力和两相的组成。对双组分混合物，其自由度为 2，故只需规定系统压力及某一相中的一个组成，该系统平衡状态就唯一确定下来，通过计算可求得该条件下的温度及互相平衡的气、液相的组成。

8.1.1.2 拉乌尔定律

若同类及不同类分子间作用完全相同，在混合时，不会产生体积变化和热效应，在整个浓度范围内服从拉乌尔定律的溶液称为理想溶液，即

$$p_A = p_A^0 x_A \tag{8-2}$$

$$p_B = p_B^0 x_B = p_B^0 (1 - x_A) \tag{8-3}$$

式中，p_A 为液相上方易挥发组分 A 的蒸气压，kPa 或 Pa；p_B 为液相上方难挥发组分 B 的蒸气压，kPa 或 Pa；p_A^0 为在溶液温度下纯组分 A 的饱和蒸气压，kPa 或 Pa；p_B^0 为在溶液温度下纯组分 B 的饱和蒸气压，kPa 或 Pa；x_A 为易挥发组分 A 在溶液中的摩尔分数；x_B 为难挥发组分 B 在溶液中的摩尔分数。

对于二元混合物，可略去下标，以 x 表示易挥发的 A 组分摩尔分数。

理想溶液是不存在的。某些由物性和结构相似、分子大小相近的组分所组成的溶液，如苯-甲苯、甲醇-乙醇、0.2MPa（绝压）下轻烃的混合物等可视为理想溶液，在工程上按完全理想系处理是可行的。

溶液上方的气相总压等于各组分的蒸气压之和，即

$$p = p_A^0 x_A + p_B^0 (1 - x_A)$$

或

$$x_A = \frac{p - p_B^0}{p_A^0 - p_B^0} \tag{8-4}$$

式中，p 为溶液上方的气相总压，kPa 或 Pa。

如果系统给定操作压力 p 和温度 T，即可由式（8-4）直接解得 A、B 两组分互相平衡时的气、液相组成 x、y。

纯液体的饱和蒸气压可通过查表或实验确定，也可以由 Antoine 公式确定：

$$\ln p_i^0 = A_i - \frac{B_i}{T + C_i} \tag{8-5}$$

式中，A_i、B_i、C_i为组分 i 的 Antoine 常数，可在相关化工手册上查得；T 为温度，K；p_i^0 为纯液体的饱和蒸气压，mmHg。

【例 8-1】 求：常压下、100℃（373.2K）时，苯（A）与甲苯（B）的气液相平衡组成。已知该体系可近似按理想体系处理。由手册查得 Antoine 常数 A、B、C 如表 8-1 所示。

表 8-1　常压下、100℃时，苯（A）与甲苯（B）的 Antoine 常数

组分	Antoine 常数		
	A	B	C
苯	15.90	2788.51	−52.36
甲苯	16.014	3096.52	−53.67

解： 由 Antoine 公式分别计算苯（A）、甲苯（B）给定条件的饱和蒸气压 p_A^0 及 p_B^0。

$$\ln p_A^0 = 15.90 - \frac{2788.51}{373.2 - 52.36}$$

$$\ln p_B^0 = 16.014 - \frac{3096.52}{373.2 - 53.67}$$

分别求得苯、甲苯的饱和蒸气压为：

$$p_A^0 = 1344\text{mmHg} = 179.2(\text{kPa})$$

$$p_B^0 = 554\text{mmHg} = 73.86(\text{kPa})$$

$$x = \frac{p - p_B^0}{p_A^0 - p_B^0} = \frac{101.3 - 73.86}{179.2 - 73.86} = 0.26$$

$$x_B = 1 - x = 1 - 0.26 = 0.74$$

$$y = \frac{p_A^0}{p} \times x = \frac{179.2}{101.3} \times 0.26 = 0.46$$

$$y_B = 1 - y = 1 - 0.46 = 0.54$$

【例 8-2】 已知苯、甲苯混合液的组成为苯的摩尔分数为 0.8、甲苯的摩尔分数为 0.2，试求：常压下与该液相混合物呈相平衡的气相组成及温度。

本例为在恒定压力条件下，规定液相组成 x，求体系的泡点和气相组成 y。可通过给定温度初值 T_b，通过试差的方法求解其泡点，从而获得与 x 呈平衡的气相组成 y。

解： 由【例 8-1】中查得的 Antoine 常数，设泡点初值为 T_b=85℃，由式（8-5）计算苯、甲苯的饱和蒸气压 p_A^0、p_B^0：

$$p_A^0 = 116.9\text{kPa} \quad p_B^0 = 45.8\text{kPa}$$

由式（8-4）计算液相苯的组成 x：

$$x=\frac{101.3-45.8}{116.9-45.8}=0.78<0.80$$

重新设温度初值：T_b=84.5℃，计算得：

$$p_A^0=115.2\text{kPa} \quad p_B^0=45.0\text{kPa}$$

由式（8-4）计算液相苯的组成 x：

$$x=\frac{101.3-45.0}{115.2-45.0}=0.802\approx 0.80$$

以上结果达到允许误差，所设温度为给定条件下体系的平衡平衡温度，即泡点，其值为 84.5℃，与该液相呈平衡的气相组成 y 为：

$$y=\frac{115.2}{101.3}\times 0.8=0.91$$

运用【例 8-1】、【例 8-2】的方法可求得不同温度下的苯、甲苯的饱和蒸气压如表 8-2 所示。101.3kPa 和不同温度下气、液相的平衡组成，其结果如表 8-3 所示。此外，该平衡数据也可由实验研究确定。

表 8-2　苯、甲苯饱和蒸气压与温度的关系

t/℃	80.0	82	86	90	94	98	102	106	110	110.63
p_A^0 / kPa	101.3	107.4	121.1	136.1	152.6	170.5	189.6	211.2	234.2	237.8
p_B^0 / kPa	39.0	41.6	47.6	54.2	61.6	69.8	78.8	88.7	99.5	101.3

表 8-3　总压为 101.3kPa 下苯、甲苯体系气、液相平衡数据（摩尔分数）

t/℃	80.0	82	86	90	94	98	102	106	110	110.63
x	1.0	0.9073	0.7306	0.575	0.4363	0.3131	0.2031	0.1030	0.0133	0
y	1.0	0.9620	0.8734	0.7725	0.6572	0.5270	0.3801	0.2150	0.0307	0

8.1.1.3　两组分理想溶液的气-液相平衡图

（1）温度-组成图（T-x-y 图）

二元混合物的温度-组成图（T-x-y 图）是在恒定压力下，由不同温度下两相互呈平衡的气-液组成（x_i, y_i），在温度-组成坐标中标绘的图形。由表 8-2 中数据在温度-组成坐标中绘得苯、甲苯的温度-组成图，如图 8-1 所示。

图中 A 点为纯苯在常压下的沸点 T_A，B 点为纯甲苯在常压下的沸点 T_B。曲线 T-x 为体系恒定压力（常压）下，在液相组成变化在全域内饱和液体组成与光点的关系，故该线称为饱和液体线或泡点曲线。T-y 线为气相在整个组成变化范围内，其饱和蒸气的组成和露点的关系曲线，称为饱和蒸气线或露点曲线。这两条曲线将温度-组成图划分为三个区域：在 T-x 线下方为过冷液相区，在 T-y 线上为过热气相区，在两线之间为两相共存区。当总组成落在 T-x 线或 T-y 线上时，该混合物为饱和液体或饱和蒸气。

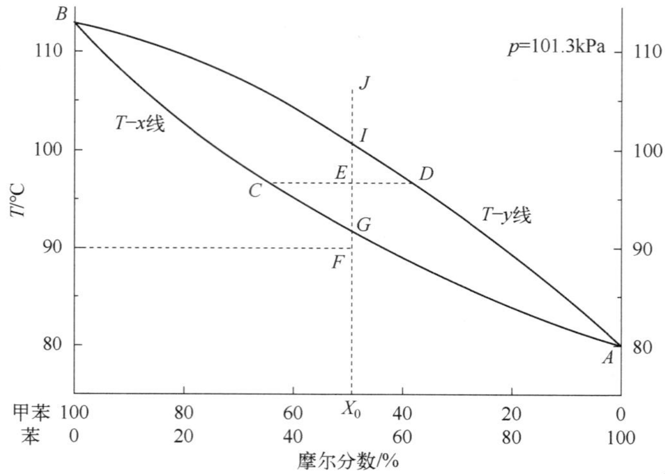

图 8−1　苯、甲苯温度−组成图

由温度-组成图可以确定二元混合物在传热、传质过程中所处状态。如图 8-1 中，*F* 点表示苯、甲苯混合物的温度为 90℃，苯的摩尔分数为 x_0 的过冷混合液体。当加热使温度升至 *G* 点时，混合物开始汽化，该混合液达到泡点，即为泡点状态。当继续加热温度升至 *E* 点时，该混合液不断发生部分汽化，至平衡时形成气、液两相共存，两相的量符合杠杆定理。*C*、*D* 两点所示组成为互呈平衡组成 *x*、*y*，对应的温度 T_E 为其相平衡状态下的平衡温度。平衡时气、液两相的温度、压力相等。两相区内任意水平线连接 *T-x* 线及 *T-y* 线上的两点，关联了该压力和温度下气、液两相间相互平衡的组成 *x* 和 *y*。由图可见，对 A 组分，$y>x$，而对 B 组分有 $y_B<x_B$，说明 A 组分较 B 组分更易挥发。两组分挥发能力存在差异，只要混合物状态落在两相区内，就可以形成组成不同的相互平衡的气、液两相，使混合物得到一定程度的分离。然而将混合物继续加热至 *I* 点或 *I* 点以上，则形成与原混合液组成相同的气相混合物。*I* 点表示饱和蒸气，*I* 点以上则表示过热蒸气。由此可见，混合物在两相区外，无论温度如何变化，其组成维持不变，过程不具备分离能力。

T-x-y 图的形状、位置受总操作压力的影响。当压力提高时，混合物的泡点温度升高，引起泡点曲线及露点曲线上移，两相区缩小，即混合物中各组分挥发能力的差异减小。引起蒸馏过程的传质推动力下降，对蒸馏过程不利。

（2）气-液相平衡图（*x-y* 图）

苯-甲苯混合液在 101.3kPa 下的气-液相平衡曲线 *x-y* 曲线是由 *T-x-y* 图转化而来，如图 8-2 所示。

图中 *C* 点表示一定总操作压力及组成为 x_1 的液相与组成为 y_1 的气相互成平衡。图中对角线 $y=x$ 称为参考线。由于易挥发组分气相组成 *y* 总大于液相组成 *x*，所以平衡线居于参考线上方。平衡曲线（*x-y*）与对角线相对位置的远近反映了两组分挥发能力差异的大小和分离的难易程度。平衡曲线离对角线越远，说明两组分挥发能力的差异越大，越易于分离，有利于蒸馏过程。反之，两组分挥发能力差异越小，越不易分离。

x-y 图可以通过 T-x-y 图作出（图 8-3）。许多常见的两组分溶液在常压下 x-y 平衡数据已通过实验测出，需要时可从物理化学或化工手册中查取。

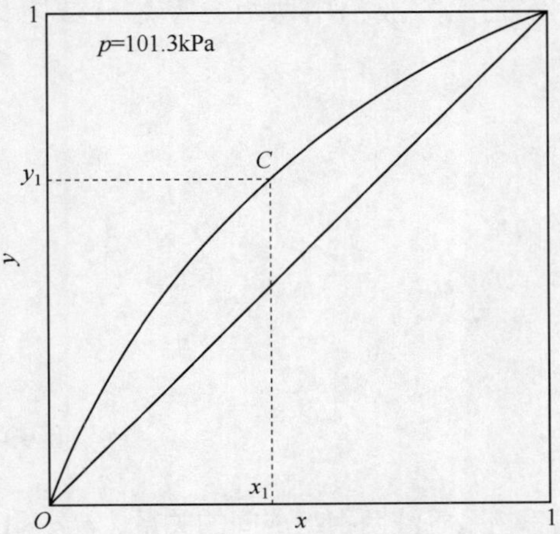

图 8-2　苯-甲苯混合液 x-y 图

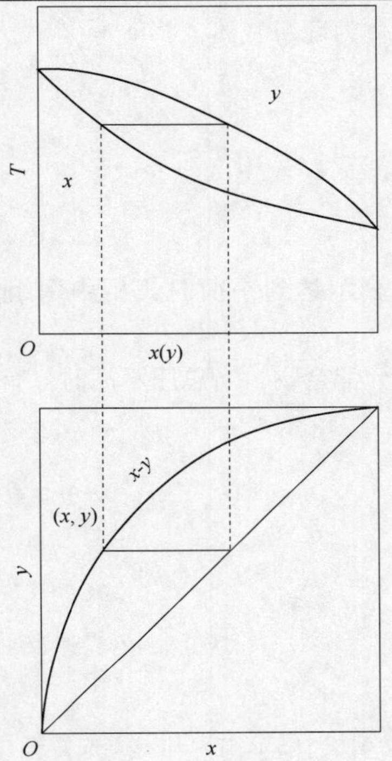

图 8-3　温度-组成图与气-液平衡组成图的转换

8.1.2　相对挥发度

理想物系的平衡关系还可以用相对挥发度来表示。

纯组分的挥发度是用该液体在一定温度下的饱和蒸气压来表示的。混合液中各组分的蒸气压因组分间的影响而比纯组分的饱和蒸气压略低，二元混合液中各组分的挥发度可用其平衡蒸气分压与其在液相中的摩尔分数之比来表示。溶液中组分 i 的挥发度 v_i 可用它在蒸气中的分压和与之平衡的液相中的摩尔分数之比来表示，即

$$v_i = \frac{p_i}{x_i} \tag{8-6}$$

为了实现蒸馏过程，体系中各组分挥发能力的差异应足够大。各组分挥发能力的差异通常由相对挥发度 α 来表示。

$$\alpha_{ij} = \frac{v_i}{v_j} = \frac{\dfrac{p_i}{x_i}}{\dfrac{p_j}{x_j}} \tag{8-7}$$

对理想溶液，有

$$\alpha = \frac{P_A^0}{P_B^0} \tag{8-8}$$

若气体为理想气体，将 $y_i = \frac{p_i}{p}$ 代入整理，得

$$\alpha = \frac{\frac{y_A p}{y_B p}}{\frac{x_A}{x_B}} = \frac{\frac{y_A}{y_B}}{\frac{x_A}{x_B}}$$

此式表示达到平衡时气相中两组分的摩尔分数之比为液相中两组分摩尔分数之比的 α 倍。

对二元混合物，当总压不高时，有

$$\alpha = \frac{\frac{y}{1-y}}{\frac{x}{1-x}}$$

整理为

$$y = \frac{\alpha x}{1+(\alpha-1)x} \tag{8-9}$$

式（8-9）为相平衡方程，表示互为平衡的二元理想物系气液两相组成间的关系。若 $\alpha>1$，则 $y>x$，α 越大，y 值比 x 值比例越大，说明物系越易分离；若 $\alpha=1$，则 $y=x$，说明平衡时气相组成与液相组成相同，此类混合液不能用普通蒸馏方法分离。

在操作温度范围内，其相对挥发度 α 可近似为常数。α 可取操作温度范围内 α_i 的算术平均值或几何平均值，一般由塔两端 α_i 值计算其平均值：

$$\alpha_m = (\alpha_d + \alpha_s)/2$$

或

$$\alpha_m = \sqrt{\alpha_d \alpha_s} \tag{8-10}$$

【例 8-3】利用【例 8-2】所给出的苯和甲苯的饱和蒸气压数据，计算苯、甲苯在常压下不同温度时的相对挥发度，并采用平均相对挥发度计算不同温度下的气-液平衡组成。

低压下苯、甲苯混合体系可近似按理想体系处理，其相对挥发度可由式（8-8）计算。

$$\alpha_1 = \frac{p_A^0}{p_B^0} = \frac{101.3}{39.0} = 2.60$$

其余各温度下的相对挥发度列于表 8-4 中。

表 8-4　常压下苯、甲苯体系不同温度下的相对挥发度

T_i /℃	80.1	82	86	90	94	98	102	106	110	110.63
α_i	2.60	2.58	2.54	2.51	2.47	2.44	2.41	2.38	2.35	2.347

由式（8-10）计算操作范围内的平均相对挥发度：

$$\overline{\alpha}=\sqrt{2.60\times2.347}=2.47$$

由式（8-9）计算各温度下的气-液平衡组成：

$$y=\frac{\alpha x}{1+(\alpha-1)x}$$

$$=2.47\times\frac{0.9073}{1+(2.47-1)\times0.9073}=0.9603$$

其余各温度下的气-液平衡组成列于表 8-5 中。

表 8-5　常压下苯、甲苯体系不同温度下的气-液平衡组成（摩尔分数）

T/℃	80.0	82	86	90	94	98	102	106	110	110.63
x	1.0	0.9073	0.7306	0.575	0.4363	0.3131	0.2031	0.1030	0.0133	0
y	1.0	0.9603	0.8701	0.7697	0.6566	0.5296	0.3863	0.2210	0.0322	0

8.2 精馏

精馏是利用混合物中各组分挥发度的差异，通过加热使其部分汽化产生气、液两相，通过多级蒸馏过程，使混合物的气、液两相经过多次混合接触和分离，进行质量和热量的传递，使混合物中的组分达到更高程度的分离。

8.2.1 精馏原理

8.2.1.1 多次部分汽化和部分冷凝

精馏分离原理可用 T-x-y 图来进行说明。如图 8-4 所示，把组成为 X_F、温度为 T_F 的某混合液加热至泡点以上，混合液被部分汽化，得到气、液两相，其平衡组成为 y_1 和 x_1。将其中的气相组分进行部分冷凝，可得到组分为 y_2 的气相组成和与之平衡的组成为 x_2 的液相组成。继续将组成为 y_2 的气相部分冷凝，得到组成为 y_3 的气相和与之平衡的组成为 x_3 的液相组成。由图可知，$y_3>y_2>y_1$。如此持续下去，气相组分经过多次部分冷凝，即可获得高纯度的易挥发组分产品。同时将组成为 x_1 的液相进行部分汽化，得到平衡液相组成为 x_1' 的液相组分及与之平衡的气相组分。继续将液相组分部分汽化，得到平衡液相组成为 x_2' 的液相组分及与之平衡的气相组分。由图可知，$x_1>x_2'>x_3'$。如此持续下去，液相组分经过多次部分汽化，即可得到液相纯度较高的难挥发组分产品。

8.2.1.2 精馏塔塔板模型

精馏操作所需的多次部分汽化和部分冷凝是在精馏塔内的塔板上进行的。精馏塔上的操作情况如图 8-5 所示。以筛板塔为例，塔板从上至下排序，现以塔内任意第 n 块板进行分析。由下层（第 n+1 层）塔板上升的气相组成为 y_{n+1} 的蒸气通过第 n 块塔板上的筛孔，与从第 n−1 块塔板上下来的液相组成为 x_{n-1} 的液体在第 n 块塔板上进行混合。进行热量和质量传递，液相中的易挥发组分进入气相，同时气相中的难挥发组分进入液相，即 $x_n<x_{n-1}$，$y_{n+1}<y_n$。之后液相通过降液管进入下层（第 n+1 层）塔板，气相上升进入上层（第 n−1 层）塔板，继续进行质量和热量传递。

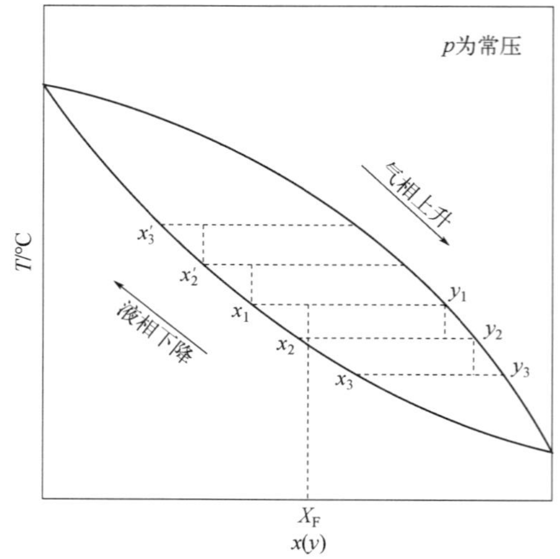

图 8-4　精馏多次汽化和多次冷凝原理

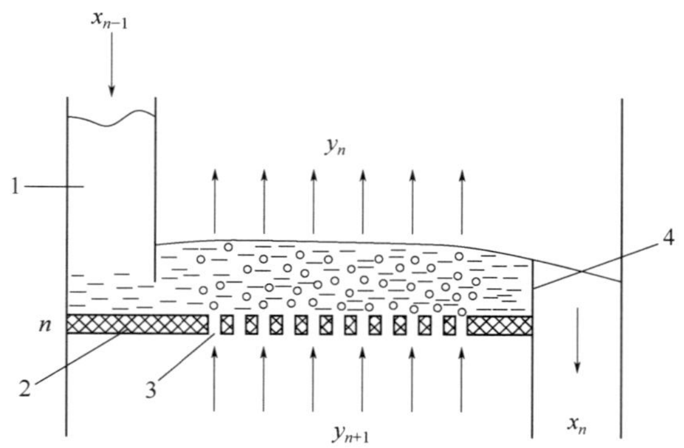

图 8-5　筛板塔塔板上气、液两相操作情况

1—第 n−1 块塔板降液管；2—第 n 块塔板；3—筛孔；4—溢流堰

为保证每块塔板上气、液两相进行充分的传质传热，必须保证塔顶有下降的液体即液相回流和塔底有上升的蒸气流。因此连续精馏塔操作的必要条件是塔顶液相回流和塔底蒸气上升。

8.2.2　精馏塔

精馏操作是在保温良好的圆柱形精馏塔内进行的。塔内装有多层塔板或填料，塔顶设有冷凝器，塔底装有再沸器，塔中部适宜位置设有进料板，如图 8-6 所示。在开车时原料由进料板加入，或由开工线将料液直接加入塔釜，以节省时间。当釜中的料液建立起适当液位时，再沸器进行加热，使料液部分汽化。反应塔内气相沿塔上升直至塔顶，由塔顶冷凝器将其进行全部或部分冷凝。开始时将凝液全部返回塔内作回流液，即全回流。通过一段时间的全回流操作，塔顶达到分离要求时，可将塔顶蒸气凝液部分作为塔顶产品取出，称其为馏出物。另一部分凝液作为回流返回塔顶。回流液从塔顶沿塔流下，在下降过程中与来自塔底的上升蒸气多次进行逆向接触和分离。当流至塔底部时，被再沸器加热部分气化，气相返回塔内作为气相回流，液相作为塔底产物采出。

由于在塔板上传质过程的发生，气、液两相每通过一次接触和分离，气相中易挥发组分就得到一次增浓，而液相中的难挥发组分也得到一次浓缩。在液相下降和气相接触的过程中，将逐级发生类似的过程，从而使液相在下降过程中，其易挥发组分被上升气相不断提馏出来，其难挥发组分不断增浓。当达到塔底时，液相中难挥发组分浓度增至最高。只要塔板数足够多，气相回流量足够大，即可从塔底获得所需要纯度的难挥发组分的产品。

同理，气相在逐级上升的过程中，与流下的液相接触进行传质而得到精制，使其难挥发组分不断向液相中转移。同时，液相中易挥发组分向气相中转移，随气相逐级上升，其易挥发组分不断增浓，到达塔顶，易挥发组分浓度达到最高。只要塔板数足够多，回流足够大，在塔顶即可获得所要求纯度的易挥发组分产品。

精馏塔设有一个或多个进料口，进料位置将塔分为两段。在进料板以上，主要起到精制气相中易挥发组分的作用，故称该段为精馏段。进料板以下含进料板，在液相逐级下降过程中，液相的易挥发组分被上升气相逐级提馏出来，使液相的难挥发组分不断增浓，故称该段为提馏段。

精馏塔按操作压力可分为加压塔、常压塔和减压塔；按塔设备内部结构分为板式塔和填料塔两大类，如图 8-7 所示。

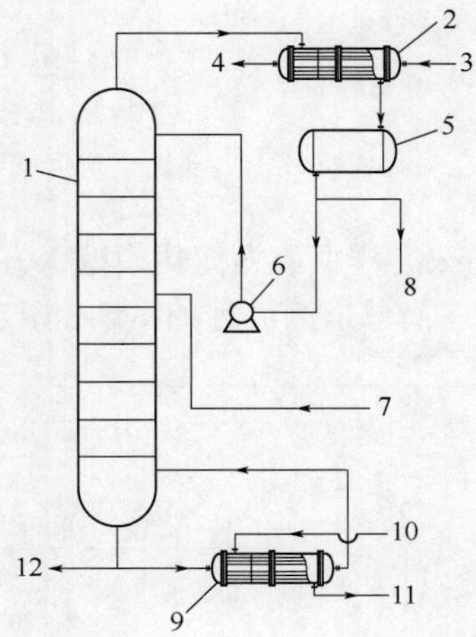

图 8-6　精馏装置

1—塔体；2—冷凝器；3—冷却水进口；4—冷却水出口；
5—回流罐；6—回流泵；7—进料；8—塔顶产品；
9—再沸器；10—加热蒸汽进口；11—加热蒸汽出口；
12—塔底产品

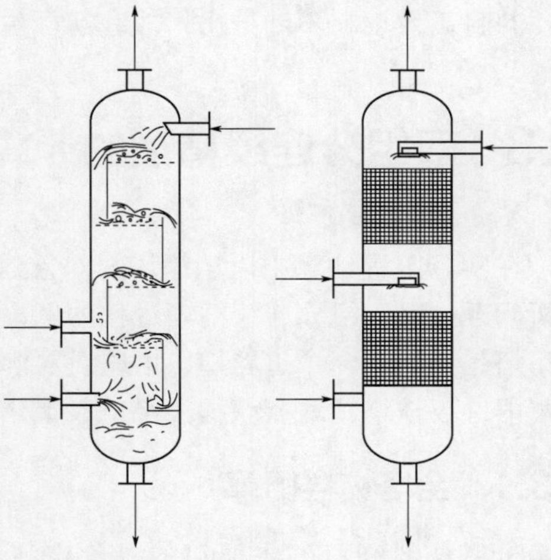

图 8-7　板式塔（a）和填料塔（b）

在板式塔内，装有提供气、液两相接触传质场所的多层塔板，塔板上开有多个小孔作为气相通道。塔板设有降液管，降液管上方设有溢流堰，下方留有底隙，液体从上层塔板降液管底隙流出，进入该塔板，然后液体横向流过塔板，翻越溢流堰板流入降液管，经底隙进入下一层塔板。下层塔板的上升蒸气穿过塔板的气体通道进入液层，形成泡沫态或喷射态，进行传质、传热过程。然后，气、液相分离，气相进入塔板上方的空间继续上升，如图 8-7（a）所示。在板式塔内，气、液两相逐级接触进行传质，使气、液两相组成发生阶跃式变化，故也称板式塔为逐级接触设备。

填料塔如图 8-7（b）所示。填料塔内装有供液相附着的特制填料。液相从塔顶喷淋在填料层表面上，并沿填料孔隙向下流动，将填料表面润湿，形成液膜，附着在填料表面上。气相从塔底进入，通过填料孔隙沿塔而上，在上升过程中与附着在填料表面液膜逆向接触，进行传热、传质，使气、液两相组成发生连续变化，故称填料塔为微分接触式设备。当填料层较高时常常分成数段，段与段之间加上流体收集器和流体再分布器，使流到壁的流体再次流到填料层中，避免壁流。

填料是填料塔中的传质元件，按填料的安装方式，将其分为散装填料和规整填料。

散装填料是指填料的安装以填料乱堆为主，该类填料是具有一定外形结构的颗粒体，主要包括拉西环、鲍尔环、阶梯环、矩鞍环填料及星形填料等。规整填料主要有丝网波纹填料及孔板波纹填料，特点是具有流通量大，能改善流体分布，提高分离效率，克服放大效应，降低填料层阻力及持液量，适合大规模生产，节能效果好。

工业生产对填料的要求有：传质分离效率高；压降小；气液相通量大；重量轻；价格低；有适当的耐腐蚀性；表面不易结垢。

在精馏过程中两种类型的塔均得到广泛的应用。由于填料塔具有阻力小、通量大的特点，并且高效填料不断推出，故在实际生产中，填料塔得到更为广泛的应用。

8.3 双组分连续精馏的计算

在实际工程计算中以精馏塔为对象建立描述精馏过程的数学模型。为简化模型，方便分析问题，以双组分连续精馏过程为例，建立精馏数学模型。简单塔的流程如图 8-8 所示。简单塔是指具有一个进料口，塔底设再沸器，塔顶设全凝器，仅从塔顶塔底获得产品的精馏塔。

8.3.1 全塔物料衡算

全塔物料衡算的主要目的是确定注入与流出物流之间的数量关系。如根据进料条件和分离要求确定塔两端的采出量。对图 8-8 所示的稳态二元连续精馏在所画虚线范围内进行全塔物料衡算有：

总物料 $$F = P + W \tag{8-11}$$

易挥发组分 $$Fx_F = Px_P + Wx_W \tag{8-12}$$

式中，F 为原料液流量；P 为塔顶产品（馏出液）流量；W 为塔底产品（釜液）流量；x_F 为原料液中易挥发组分的摩尔分数；x_P 为馏出液中易挥发组分的摩尔分数；x_W 为釜液中易挥发组分的摩尔分数。

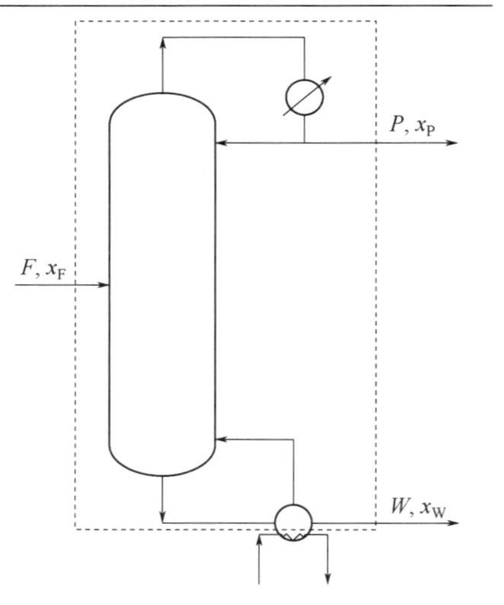

图 8-8 简单塔

对于一般工程问题，F、x_F、x_P 和 x_W 均为已知，产品流量 P 和 W 可通过式（8-11）和式（8-12）联立解得

$$\frac{P}{F} = \frac{x_F - x_W}{x_P - x_W} \tag{8-13}$$

【例 8-4】 每小时将 5000kg 含苯 30%和甲苯 70%的混合物在连续精馏塔中进行分离，要求馏出物中含苯不小于 98%，釜液中含苯不大于 3%（以上均为质量分数）。试求：馏出

液和釜液的质量和摩尔流量。

解：

$$F = P + W$$

$$Fx_{\mathrm{F}} = Px_{\mathrm{P}} + Wx_{\mathrm{W}}$$

将已知的质量流量和质量分数代入，可得

$$P=1421\mathrm{kg/h} \qquad W=3579\mathrm{kg/h}$$

苯的摩尔质量为 78g/mol，甲苯的摩尔质量为 92g/mol。当组成以摩尔分数表示时，各组分的摩尔分数为

$$x_{\mathrm{F}} = \frac{\frac{0.3}{78}}{\frac{0.3}{78} + \frac{0.7}{92}} = 0.3358$$

$$x_{\mathrm{P}} = \frac{\frac{0.98}{78}}{\frac{0.98}{78} + \frac{0.02}{92}} = 0.983$$

$$x_{\mathrm{W}} = \frac{\frac{0.03}{78}}{\frac{0.03}{78} + \frac{0.97}{92}} = 0.0352$$

进料的平均摩尔质量

$$M_{\mathrm{F}} = 78 \times 0.3358 + 92 \times (1 - 0.3358) = 87.3(\mathrm{g/mol})$$

进料的摩尔流量

$$F = \frac{5000}{87.3} = 57.3(\mathrm{kmol/h})$$

将上述数据代入前面式中，得

$$P = 18.18\mathrm{kmol/h} \qquad W = 39.12\mathrm{kmol/h}$$

【例 8-5】 分离甲醇水溶液的连续精馏塔，进料含甲醇 38%（摩尔分数，下同）。已知馏出液含甲醇 95%，且其中甲醇的回收率为 98%。试求：此时釜液中甲醇的组成。

解： 由 $\varphi = \frac{Px_{\mathrm{P}}}{Fx_{\mathrm{F}}} = 0.98$，可得

$$\frac{P}{F} = \frac{\varphi x_{\mathrm{F}}}{x_{\mathrm{P}}} = 0.98 \times \frac{0.38}{0.95} = 0.392$$

由

$$F = P + W$$

可得

$$\frac{W}{F} = 1 - \frac{P}{F} = 1 - 0.392 = 0.608$$

又根据 $Fx_F = Px_P + Wx_W$，有

$$\frac{W}{F}x_W = x_F - \frac{P}{F}x_P$$

$$x_W = \frac{0.38 - 0.392\times 0.95}{0.608} = 0.0125$$

8.3.2 操作线方程

对于连续精馏过程，离开任一理论板的气、液相组成之间满足相平衡关系，在板式精馏塔中，不平衡的气、液两相在塔板上接触，进行传质、传热。在离开塔板时，若两相在组成、温度方面都达到了相平衡时，称这种塔板为理论塔板。把表达从一理论板下降液相的组成 x_n 与其下一块塔板上升气相组成 y_{n+1} 之间的关系的方程，称为操作线方程。

8.3.2.1 恒摩尔流假设

由于精馏过程比较复杂，既涉及传热过程又涉及传质过程，为了便于导出表达操作关系的方程，先作如下假定。

气相恒摩尔流假设：对于精馏塔的操作，无论是精馏段还是提馏段，该段内各层塔板的上升蒸汽摩尔流量均相等，但是由于在塔中部进料的原因，精馏段和提馏段的上升蒸汽量不一定相等。

液相恒摩尔流假设：对于精馏操作，无论是精馏段还是提馏段，该段内通过每层塔板的下降液体流量均相等，但由于在塔中部进料的原因，精馏段和提馏段的下降液体摩尔流量不一定相等。

恒摩尔流假设成立的条件是：各组分的千摩尔汽化潜热相等；气、液两相交换的显热可以忽略；保温良好，塔的热损失可以忽略不计。实践证明，对于多数化学性质类似的液体，其千摩尔汽化潜热可近似认为满足以上条件。

8.3.2.2 精馏段操作线方程

如图 8-9 所示，对精馏段进行物料衡算，可得

$$L = V + P$$

式中，V 为精馏段气相流量；L 为精馏段液相流量。

对精馏段易挥发组分进行物料衡算，可得

$$Vy_{n+1} = Lx_n + Px_P$$

由上两式得

$$y_{n+1} = \frac{L}{L+P}x_n + \frac{P}{L+P}x_P \tag{8-14}$$

式（8-14）即精馏段的操作线方程，根据恒摩尔流假设，式（8-14）的斜率（$\frac{L}{L+P}$）为一常数。由于进料及分离要求分别给定，故 P 和 x_P 也是确定的。精馏段操作线方程的截距（$\frac{P}{L+P}x_P$）也被确定，所以精馏段操作线为一确定直线。

设回流比 R 为回流量与塔顶采出量之比，$L/P=R$，代入式（8-14），有

$$y_{n+1}=\frac{R}{R+1}x_n+\frac{x_P}{R+1} \tag{8-15}$$

式（8-15）也是精馏段的操作线方程，也是常用的一种表达方式。其斜率是回流比 R 的函数，随着 R 增大而增大。该操作线方程关联了精馏段任一塔截面上气、液两相组成 y_{n+1} 和 x_n 的关系，是精馏计算中的重要关系式之一。

8.3.2.3 提馏段操作线方程

如图 8-10，对提馏段进行物料衡算，得

$$L'=V'+W$$

式中，L'为提馏段液相流量；V'为提馏段气相流量。

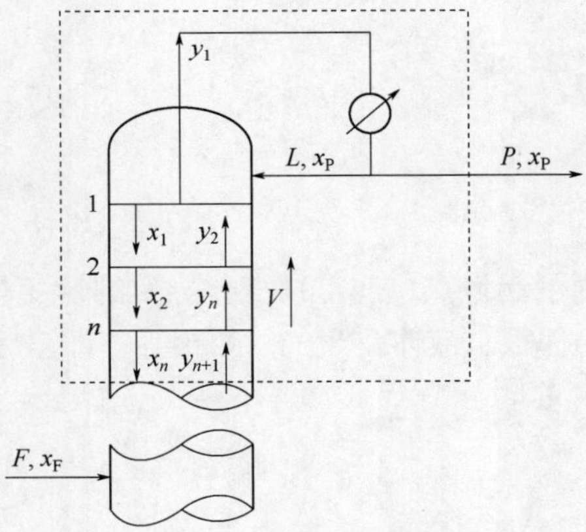

图 8-9　精馏段操作线方程推导

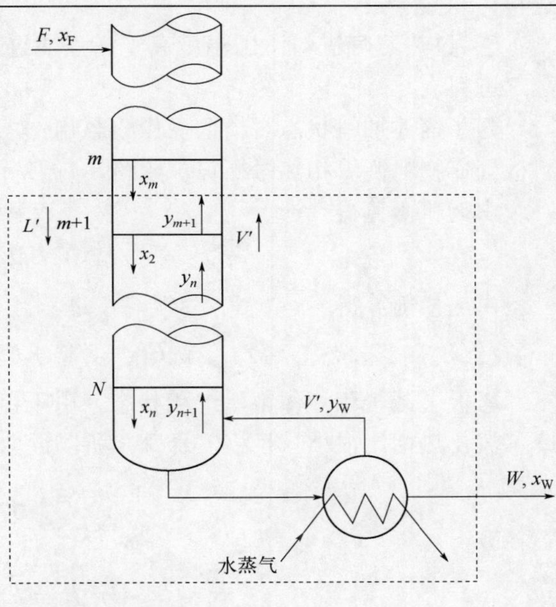

图 8-10　提馏段操作线方程推导

对提馏段易挥发组分进行物料衡算，得

$$L'x_m=V'y_{m+1}+Wx_W$$

由上两式得

$$y_{m+1}=\frac{L'}{L'-W}x_W-\frac{W}{L'-W} \tag{8-16}$$

式（8-16）为提馏段操作线方程，它表明从任一层板下降的液相组成 x_m 与下层板上升 y_{m+1} 之间的关系。在 x-y 图上，该方程表示为一直线，过点（x_W, x_W）。式中 L'与进料流量及其热状况有关。

当进料状态为饱和液体进料时，原料温度与加料板上液体温度相等。原料加入后不会在板上产生汽化或冷凝，全部进料与来自精馏段下降的液体汇合，进入提馏段，作为提馏

段的回流。根据恒摩尔流假设，提馏段上升的蒸汽量不会因进料而发生改变。

8.3.3 进料热状态对精馏操作的影响

在实际生产中，精馏塔往往具有不同的进料温度和进料状态，因而其进料的焓差很大，使精馏段和提馏段的气、液体流量产生差别。进料可能有以下五种情况：

① 过冷液体进料，即原料液温度低于泡点进料；

② 泡点进料，即进料为饱和液体；

③ 气液混合状态进料，即温度介于泡点和露点间的气、液混合物进料；

④ 露点进料，即温度处于露点的饱和蒸气进料；

⑤ 过热蒸气进料，即温度高于露点的过热蒸气进料。

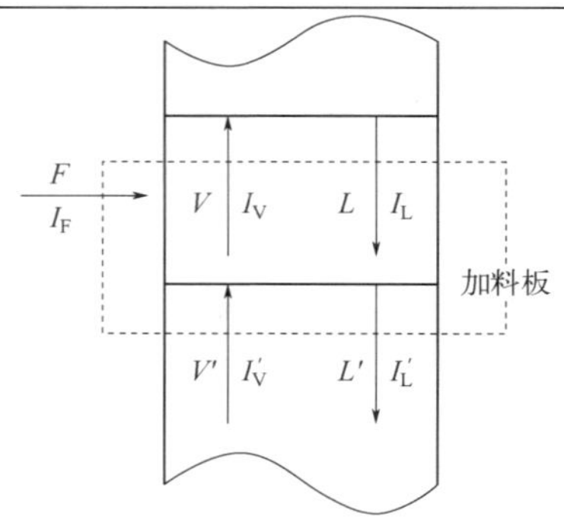

图 8-11 加料板处物料衡算和热量衡算

为了描述加料状态对精馏操作的影响，对加料板处作物料衡算和热量衡算，如图 8-11 所示。

由物料衡算得

$$F + V' + L = V + L' \tag{8-17}$$

由热量衡算得

$$FI_{\mathrm{F}} + V'I'_{\mathrm{V}} + LI_{\mathrm{L}} = VI_{\mathrm{V}} + L'_{\mathrm{L}} \tag{8-18}$$

塔板上蒸气和液体都呈饱和状态，由于组成不同引起泡点（露点）变化导致的焓变与摩尔汽化热相比很小，且相差悬殊，所以近似认为相邻板上液体及蒸气的焓相等，即

$$I_{\mathrm{V}} = I'_{\mathrm{V}} \quad I_{\mathrm{L}} = I'_{\mathrm{L}}$$

整理得

$$(V - V')I_{\mathrm{V}} = FI_{\mathrm{F}} - (L' - L)I_{\mathrm{L}}$$

将式（8-17）代入上式得

$$[F - (L' - L)]I_{\mathrm{V}} = FI_{\mathrm{F}} - (L' - L)I_{\mathrm{L}}$$

整理得

$$\frac{I_{\mathrm{V}} - I_{\mathrm{F}}}{I_{\mathrm{V}} - I_{\mathrm{L}}} = \frac{L' - L}{F} \tag{8-19}$$

令

$$q = \frac{I_{\mathrm{V}} - I_{\mathrm{F}}}{I_{\mathrm{V}} - I_{\mathrm{L}}} = \frac{\text{每千摩尔进料变为饱和蒸气所需热量}}{\text{进料的千摩尔汽化潜热}} \tag{8-20}$$

式中，F 为进料流量，kmol/h；I_{F} 为原料液的焓，kJ/kmol；I_{V}、I'_{V} 分别为进料板上、下处饱和蒸气的焓，kJ/kmol；I_{L}、I'_{L} 分别为进料板上、下处饱和液体的焓，kJ/kmol。

q 值即为进料热状态参数。对各种进料热状态均可用式（8-20）计算 q 值。由式（8-19）得

$$L' = L + qF \tag{8-21}$$

$$V' = V - (1-q)F \tag{8-22}$$

式（8-21）和式（8-22）表达了精馏段、提馏段的蒸气流量（V、V'）和液体流量（L、L'）与进料量 F、进料热状态 q 的关系。由式（8-21）还可以从另一方面来定义 q，即对于饱和液体、气液混合物及饱和蒸气，q 值是进料中的液相分率。

$$q = \frac{L' - L}{F} \tag{8-23}$$

表 8-6 和图 8-12 列出了 5 种不同进料状态下 q 值的范围以及精馏段、提馏段的流量关系。

表 8-6　进料热状态对塔内气、液流量的影响

进料热状态	I_F 范围	q 值范围	精馏段、提馏段的液、气相流量关系
过冷液体	$I_F < I_L$	>1	$L' > L + F$ $V' > V$
饱和液体	$I_F = I_L$	=1	$L' = L + F$ $V' = V$
气液混合物	$I_V > I_F > I_L$	0 ~ 1	$L' > L$ $V' < V$
饱和蒸气	$I_F = I_V$	0	$L' = L$ $V' = V - F$
过热蒸气	$I_F > I_V$	<0	$L' < L$ $V' < V - F$

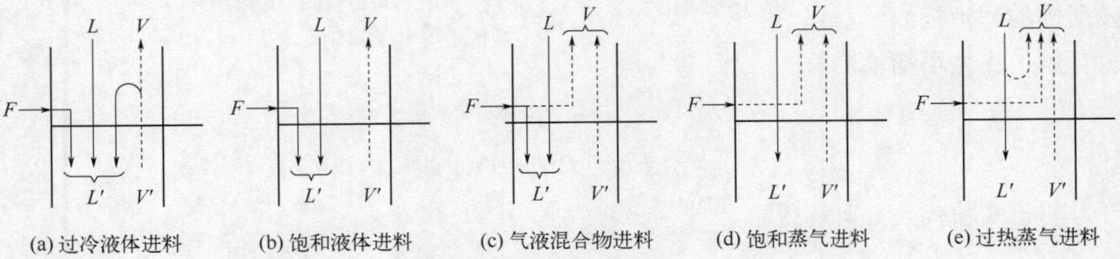

图 8-12　进料状态对进料板上下各股流量的影响

由于进料热状态影响了塔内气、液两相流量分布，从而导致对塔的分离能力及塔板水力学性能的影响，也将影响精馏塔的设计和操作。例如，对塔高和塔径均会造成影响。

8.3.4　理论板数的计算

对二元混合物的精馏所需理论板数的计算方法有图解法或逐板计算法。

8.3.4.1　逐板计算法求理论板数

已知二元连续精馏塔的精馏段及提馏段操作方程和在给定体系操作条件下的相平衡关系。

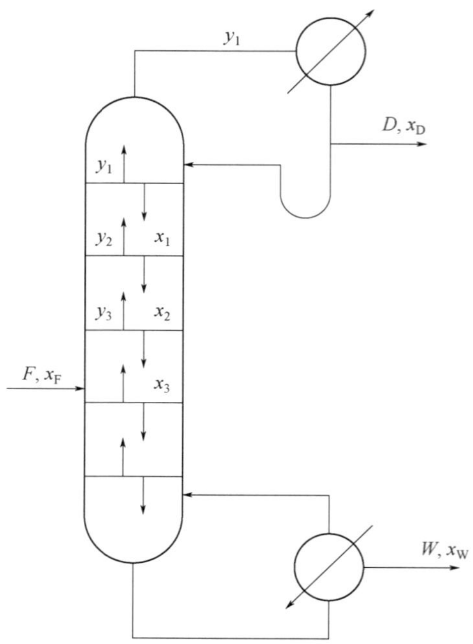

图 8-13　精馏塔（饱和液体进料）

以饱和液体进料，塔顶蒸气全部冷凝且为泡点回流的精馏过程为例（见图 8-13）。当塔顶蒸气全凝时，塔顶馏出液组成 x_D 等于塔顶蒸气的组成 y_1，即 $x_D=y_1$。气相平衡组成 y_1 与第 1 块板上流下的液相组成 x_1 呈相平衡关系，由相平衡关系式（8-9）即可求得 x_1。x_1 与进入第一块板的气相组成 y_2 符合物料衡算关系，由精馏段操作线方程（8-15）确定 y_2，向下依次类推，交替使用相平衡关系和物料衡算关系，逐级计算各板上的气、液相组成。当计算到液相组成 $x_i \leqslant x_F$ 时，该板作为进料板。同时，物料衡算关系改为提馏段操作线方程，然后进行提馏段的逐板计算，直到其液相组成 $x_j \leqslant x_F$ 时，结束计算。在逐板计算中调用相平衡关系的次数，即是完成以上规定分离要求所需要的理论板数。

【例 8-6】常压下用连续精馏塔分离含苯 0.44（摩尔分数，下同）的苯-甲苯混合物。进料为泡点液体，进料流量为 100kmol / h。要求馏出液中含苯不小于 0.94，釜液中含苯不大于 0.08。设该物系为理想溶液，相对挥发度为 2.47，塔顶设全凝器，泡点回流，选用的回流比为 3。试求：精馏塔两端产品的流量及所需的理论板数。

解：由全塔物料衡算

$$F = P + W$$

$$Fx_F = Px_P + Wx_W$$

将已知值代入，可解得

$$P = 41.86\text{kmol / h}$$

$$W = 58.14\text{kmol / h}$$

精馏段操作方程为

$$y_{n+1} = \frac{R}{R+1}x_n + \frac{x_P}{R+1}$$

即

$$y_{n+1} = \frac{3}{3+1}x_n + \frac{0.94}{3+1} = 0.75x_n + 0.235$$

对于泡点进料，提馏段操作线方程为

$$y_{m+1} = \frac{L'}{L'-W}x_W - \frac{W}{L'-W}$$

$$L = RP = 3 \times 41.86 = 125.58(\text{kmol/h})$$

提馏段操作线方程为

$$y_{n+1} = \frac{(125.58+100)}{(125.58+100-58.14)} x_n - \frac{58.14 \times 0.08}{125.58+100-58.14} = 1.3472x_n - 0.0278$$

相平衡方程为

$$y_n = \frac{\alpha x_n}{1+(\alpha-1)x_n}$$

或

$$x_n = \frac{y_n}{\alpha-(\alpha-1)y_n} = \frac{y_n}{2.47-1.47y_n}$$

对于泡点进料，$x_q = x_F = 0.44$。

设由塔顶开始计算，第 1 块板上升蒸气组成 $y_1 = x_D = 0.94$。第 1 块板下降液体组成 x_1 由相平衡方程式计算可得

$$x_1 = \frac{0.94}{2.47-1.47 \times 0.94} = 0.8638$$

第 2 块板上升蒸气组成 y_2 由精馏段操作方程计算可得

$$y_2 = 0.75 \times 0.8638 + 0.235 = 0.8829$$

第 2 块板下降液体组成 x_2 由相平衡方程计算，可得 $x_2 = 0.7532$。

如此逐板计算，可得

$$y_3 = 0.800 \qquad x_3 = 0.618$$

$$y_4 = 0.699 \qquad x_4 = 0.484$$

$$y_5 = 0.598 \qquad x_5 = 0.376$$

因 $x_5 < x_q = 0.44$，故第 5 块板为进料板。习惯上，将进料板包括在提馏段内，故精馏段有 4 块理论板。自第 5 块板开始，应改用提馏段操作方程，由 x_n 求下一板上升蒸气组成 y_{n+1}。

故，$y_6 = 1.3472 \times 0.376 - 0.0278 = 0.4787$。

第 6 块板下降液体组成 x_6 由相平衡方程计算可得

$$x_6 = \frac{0.487}{2.47-1.47 \times 0.4787} = 0.271$$

如此逐板计算，可得

$$y_7 = 0.3373 \qquad x_7 = 0.1709$$

$$y_8 = 0.2024 \qquad x_8 = 0.0932$$

$$y_9 = 0.0977 \qquad x_9 = 0.0420$$

因 $x_9 < x_W = 0.08$，故所求所求的总板数为 9 块（含釜）。

8.3.4.2 图解法求理论板数

将逐板计算法由给定条件确定的体系相平衡关系、精馏段及提馏段的操作线、q 线等均可标绘在同一直角坐标系中，然后，从塔顶逐级向下作梯级，确定满足规定分离要求所需的理论板数 N_T 及进料位置 N_F。其具体步骤如下。

根据给定体系的相对挥发度 α 按式（8-9）在图 8-14 坐标中绘制相平衡曲线。

根据精馏段操作方程式（8-15），过对角线上 $D(x_D, x_D)$点、y 轴上 $C\left(0,\dfrac{x_D}{R+1}\right)$点作精馏段操作线 $\overline{DC}$。

根据 q 线方程，当 $q>0$ 时，则过 $F(z_F,z_F)$ 及 $G\left(\dfrac{x_F}{q},0\right)$点作 q 线；当 $q\leqslant 0$ 时，G 点坐标为 $\left(0,\dfrac{x_F}{1-q}\right)$；当 $q=1$ 时，G 点坐标为 $(x_F,0)$，如图 8-14 所示。所作 q 线交精馏段操作线 $\overline{DC}$ 于 Q 点。

根据提馏段操作线方程，过对角线 $W(x_W,x_W)$ 及 Q 点作提馏段操作线 $\overline{QW}$。

求解理论板数 N_T。从图中 D 点出发，作水平线相交平衡线于 1 点，过 1 点作垂线交精馏段操作线于1′点，完成一个梯级，即获得第 1 个理论板。以此类推，在相平衡线与精馏段操作线之间逐级向下作梯级，当水平线跨过 Q 点时，操作线应换成提馏段操作线，在提馏段操作线与平衡线之间继续作梯级，直至梯级达到或跨过 W 点结束。由图解获得的 N_T 个梯级即为该塔需要的 N_T 块理论板。图中获得的理论板数为 9, 因再沸器将釜液部分汽化，具有分离能力，也相当于一块理论板，故塔内实际理论板数为（N_T−1），即 8 块（不含釜）。

确定进料板位置。将跨过两操作线交点的理论板作为最佳进料板，图中进料板为第 5 块。进料板以上（不含进料板）为精馏段，含 4 块理论板。在进料板以下（含进料板）的塔段为提馏段，其理论板数为 4（不含再沸器）。

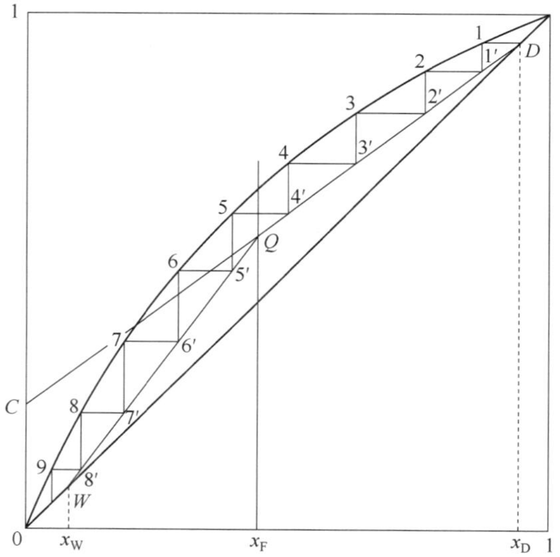

图 8-14　图解法求理论板数

8.4 回流比的选定

回流是保证精馏连续稳定生产的必要条件。回流比是影响精馏过程投资费用和操作费用的重要因素，应选用适宜的回流比。

8.4.1 全回流与最小理论板数

当回流比 R 增大时，操作线向对角线趋近，所需要的理论塔板数变少；当 R 增为无限大时，精馏塔的两个操作线与对角线重合，所需的理论板数最少，称为最小理论板数，以 $N_{\min}$ 表示。此时塔顶上升蒸气被冷凝后，全部回流至塔内，而不采出塔顶产品。为保证物料平衡，塔釜也不采出。进料 $F=0$，称为全回流。$N_{\min}$ 可在 x-y 图上的相平衡线与对角线之间反复作直角阶梯求得，也可以从芬斯克（Fenske）方程式［式（8-24）］计算得到。

对于双组分体系分离，芬斯克公式可表示为

$$N_{\min}=\frac{\lg\left[\dfrac{x_{\mathrm{D}}}{1-x_{\mathrm{D}}}\Big/\dfrac{x_{\mathrm{W}}}{1-x_{\mathrm{W}}}\right]}{\lg\alpha_{\mathrm{m}}}-1 \tag{8-24}$$

式中，$N_{\min}$ 为全回流时所需要的最少理论板数（不包括再沸器）；α_{m} 为全塔平均相对挥发度。

式（8-24）用于计算全回流下采用全凝器时的最少理论板数。全回流是回流比的上限，在这种情况下得不到产品，因此对正常生产无意义。但是在精馏的开工阶段或实验研究时，多采用全回流，以便尽快达到开工要求。

8.4.2 最小回流比

在精馏设计中，当所分离体系的进料组成、状态以及分离要求给定时，则图 8-15 中的相平衡曲线、q 线和 D、W 两点均被确定。如果不断减小回流比，则 q 线上两操作线的交点 Q 将沿 q 线逐渐向平衡曲线靠近。显然，两操作线将同时向平衡曲线靠近，所需理论板数增多。当继续减少回流比 R，以致使 Q 点移至平衡曲线上，如图中 E 点所示。此时，从 D 点出发做梯级则可发现，无论做多少个梯级也不能跨越 E 点进入提馏段，而只能无限接近 E 点。所需理论板数为无穷多，每块板的分离能力趋近于 0，而形成恒浓区。在精馏设计中，称此工况所具有的回流比 R 为相应设计条件下的最小回流比 $R_{\min}$。

最小回流比与设计条件有关。例如，给定的分离要求、进料热状态、所分离的物料和性质如相平衡关系等，均对最小回流比产生影响。最小回流比用于设计选择适宜回流比 R，确定塔所需理论级数。

对于较常规体系平衡曲线（图 8-15），在此条件下最小回流比由以下方法确定。在最小回流比条件下，精馏段操作线斜率可表示为

$$\frac{R_{\min}}{R_{\min}+1}=\frac{x_{\mathrm{D}}-y_{\mathrm{e}}}{x_{\mathrm{D}}-x_{\mathrm{e}}} \tag{8-25}$$

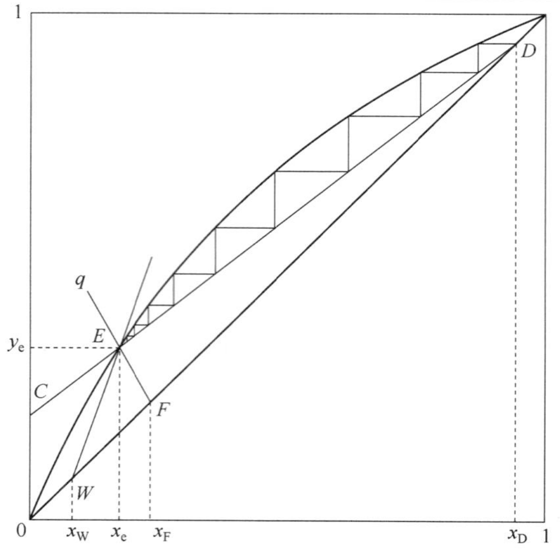

图 8-15　最小回流比计算

解得

$$R_{\min} = \frac{x_D - y_e}{y_e - x_e} \tag{8-26}$$

式中，x_e、y_e分别为 E 点液、气相平衡组成（摩尔分数）。

此外，也可由精馏段操作线在 y 轴上截距的 y_C 确定，即

$$y_C = \frac{x_D}{R_{\min} + 1}$$

解得

$$R_{\min} = \frac{x_D}{y_C} - 1 \tag{8-27}$$

8.4.3　适宜回流比的选择

由上可知，设计计算时的回流比应在 $R_{\min}$ 与 ∞ 之间选取，并应根据经济核算确定适宜（最优）的回流比。精馏操作的总费用主要包括设备费用和操作费用两个方面，设备费主要和塔板数及塔径有关，因而和理论板数 N_T 有关，操作费用则取决于回流比 R。当 R=$R_{\min}$ 时，对应的理论板数 $N_T \rightarrow \infty$，相应的设备费用亦为无限大；当 R 稍有增加，N_T 即迅速减少，当 R 增至一定程度，它对 N_T 及相应的塔设备费用的影响已不明显，而随 R 的增大，冷凝器和再沸器的负荷增加，故操作费用（主要是冷却水和加热蒸汽的费用）增加，而且此时冷凝器和再沸器的传热面积以及塔的直径和塔盘也要相应增大，这些又使设备费用增加。图 8-16 表示费用与回流比之间的关系。由图可知存在一个总费用最少的点，与此对应的即为适宜的回流比 R_{opt}，但其准确的值较难确定，初步设计时可取一经验数据，一般取 $R_{opt} = (1.2 \sim 2)R_{\min}$。

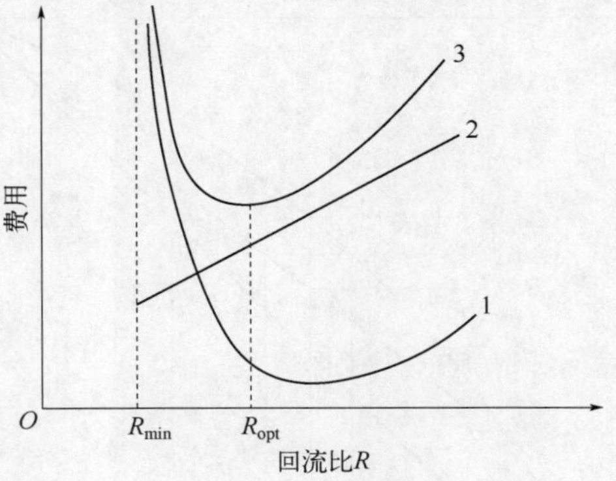

图 8-16　回流比对精馏费用的影响

1—设备费用；2—操作费用；3—总费用

8.5　塔高和塔径的计算

8.5.1　板式塔塔高的计算

板式塔的高度取决于塔板数与板间距。前面介绍了理论板数的计算，但在实际生产中，气、液两相在塔板上由于各种原因，得不到充分传质，离开塔板时达不到相平衡，常用“板效率”来描述实际塔板与理论塔板接近的程度。下面介绍两种描述板效率的方法。

(1) 单板效率

单板效率通常由实验测定。它是用气相（或液相）流体经过一块实际板时组成变化与此板若为理论板时组成变化的比值表示，又称为默弗里效率。

如图 8-17 所示，第 n 块实际板的单板效率可分别用气相单板效率 E_{mg} 或液相单板效率 E_{ml} 表示为

$$E_{mg}=\frac{y_n-y_{n+1}}{y_n^*-y_{n+1}}=\frac{\text{实际板气相的增浓程度}}{\text{理论板气相的增浓程度}} \tag{8-28}$$

$$E_{ml}=\frac{x_{n-1}-x_n}{x_{n-1}-x_n^*}=\frac{\text{实际板液相的减浓程度}}{\text{理论板液相的减浓程度}} \tag{8-29}$$

式中，y_n^*为与 x_n 成平衡的气相组成，摩尔分数；x_n^*为与 y_n 成平衡的液相组成，摩尔分数。

(2) 全塔效率

全塔效率 E，又称总板效率，它是全塔各层塔板的平均效率，但与各层塔板的单板效率并不相等。全塔效率反映了塔中各层板的平均效率，它是对理论板数的一个校正。在板式精馏塔中，不平衡的气、液两相在塔板上接触，通过相界面（如气泡壁等）进行传质和传热。离开理论板时，两相温度相等，组成互成平衡。但在实际过程中，由于气液接触时间有限，且流动状况复杂，两相离开塔板时往往达不到相平衡，这种塔板称为实际塔板。

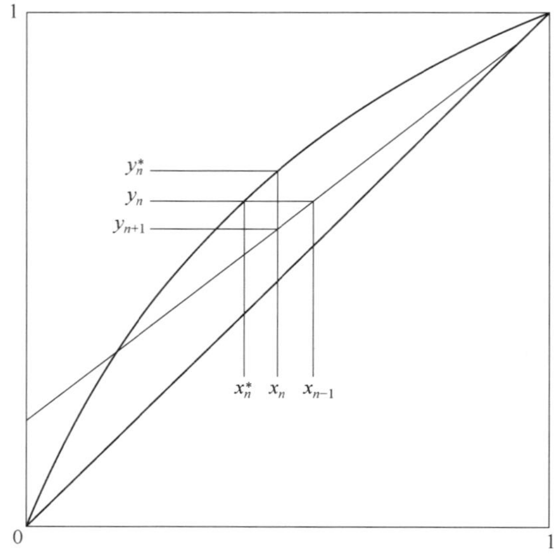

图 8-17 单板效率示意图

为了描述实际塔板与理论塔板的差距，引入全塔效率的概念。设 N_T 为达到分离要求所需要的理论板数，N_P 为达到此要求时需要的实际板数，全塔效率 E 定义为

$$E=\frac{N_T}{N_P}\times 100\% \tag{8-30}$$

式中，N_T 为理论板数；N_P 为实际板数。

求出理论板数 N_T 和全塔效率 E，即可由式（8-30）求得实际板数 N_P，进而确定精馏塔的塔高并进行详细设计。

若已知实际板数 N_P 和塔板间距 H_T，则塔高 H 为

$$H=(N_P-1)H_T+H_u+H_b \tag{8-31}$$

式中，H_u 为最上面一块塔板距离塔顶距离，主要用来分离气相夹带的雾沫，m；H_b 为最下面的一块塔板距离塔底的距离，包括塔釜、裙座及塔釜上面的雾沫分离空间，m；H_T 为塔板间距，m。

8.5.2 板式塔塔径的计算

板式塔的设计中，空塔气速是指以塔的截面积为基准计算的气速。对于各种板式塔，一般都有一定的允许空塔气速 u_{m0} 值。这样，板式塔的直径可按下式来确定。

$$q_{vg}=\frac{\pi}{4}D^2u_{m0}$$

由此得

$$D=\sqrt{\frac{4q_{vg}}{\pi u_{m0}}} \tag{8-32}$$

式中，D 为板式塔直径，m；u_{m0} 为允许空塔气速，m/s；q_{vg} 为塔内上升气体的体积流量，m^3/s。

式（8-32）即为板式塔直径的计算式，一般在完成计算后，还要对此数值进行圆整。需要指出的是，一般精馏段与提馏段的上升气量是不相等的，所以两段应分别计算塔径，若计算后二者相差不大时，可取其中较大者为塔径；若相差较大时，则可选用不同的塔径，分段设计。

8.6 精馏操作分析

精馏在实际生产中，其操作条件、塔的性能、辅助设备的性能和上下游工序操作条件的变化，以及公用工程物流的改变等，均会导致精馏塔操作的波动，影响塔的分离效果，以致产品达不到设计指标。此时需要工程技术人员从错综复杂的诸多影响中抓住关键因素，通过对塔操作中出现的种种非正常现象的分析，认识发生故障的本质原因，对故障进行及时正确的诊断，并提出排除故障的正确方案和有效措施，以尽快排除故障，恢复正常生产，这是企业稳定生产的基本保证。

对精馏操作中出现的问题进行分析、处理，是一项影响因素极其复杂、难度较大、技术性很强的工作。它被称为精馏过程系统的故障分析诊断。为了实现对精馏过程故障的及时、正确的诊断，除了要掌握正确的思想方法外，还必须遵循科学的步骤。首先，应对现场进行充分的调查、分析、观察和测试，搜集与故障相关的较完整的数据，包括当前的、过去的，以及操作和设计等方面的数据。因数据的正确性和可行性是进行正确分析诊断的前提，故此前应对数据进行确认和校正，提取其中正确、可信的数据，再采用功能较强的化工通用软件，如 Aspen Plus 等，对过程进行严格的模拟计算，以提供更多的信息，从而便于对故障进行深入的分析和诊断。对一些数据缺乏的严重故障，还需要借助现代的测试技术，如采用放射技术对现场故障进行监控、示踪，观察塔内部的变化，寻找故障的原因。有时，还要排除人为的干扰才能使问题得到圆满解决。由此可见在实际生产中，为排除一个故障尤其是比较严重的故障，仅通过一般的分析而对过程进行的诊断是远远不够的。本节主要应用精馏过程的基本原理以及相关的理论，对精馏过程中较常见的故障进行理论分析和初步诊断，以把握实际生产中精馏故障诊断中的基本方向。

根据以上基本任务和目标，针对精馏操作中常见故障的性质和特点，以及出现的种种现象，可从以下几个方面进行分析，逐步揭示故障的本质，以对故障进行初步诊断。

① 应用物料衡算关系检验塔采出量的合理性。

② 应用热力学原理如相平衡关系分析塔内组成、温度、压力分布的合理性。

③ 应用理论塔数及塔板效率的基本概念，分析影响分离能力的基本因素。

④ 考查塔板的水力学性能，分析影响塔生产能力和分离能力的原因。

除了塔操作和塔自身性能以及混合物性质变化所产生的影响外，塔体在系统中，其环境、辅助设备和条件变化均会对精馏塔造成影响或故障。所以在对精馏故障的分析诊断中，对于环境、辅助系统等变化的考查，也是不可忽略的。

8.6.1 产品浓度不合格

精馏塔分离的产品达不到设计的质量指标，原因是多方面的，而达不到设计要求也有不同的情况，如塔一端产品不合格或塔两端产品均不合格。现就此问题分别讨论如下。

（1）塔一端产品不合格

尽管导致塔分离产品质量不合格的因素有许多，但在分析原因时，应首先考虑最简单却是最关键的因素，即塔的采出量是否合理。因给定进料条件和规定分离要求后，其采出量 D 或 W 就唯一确定下来，并可由物料衡算关系解得。

如果塔顶有过多的采出势必导致产品轻组分含量 x_P 下降，难挥发组分更多地进入塔顶，引起塔顶产品不合格。在塔底，因塔顶采出量的提高，塔釜中轻重组分必遵循操作条件下的相平衡关系及物料衡算关系，首先是易挥发组分向塔顶转移，其次难挥发组分向塔顶转移。其结果是，在塔釜的易挥发组分降至更低，或难挥发组分增至更浓，超过设计的分离指标，即过度的分离。

反之，塔顶采出量低于适宜采出量会使部分易挥发组分不能按规定从塔顶采出，只得从塔底排出，导致塔顶过度分离，塔釜易挥发组分增多，产品不合格，易挥发组分的回收率下降。

由以上分析可知，无论如何改变其他控制条件，改善塔的工况，均需满足系统的物料衡算关系。如果采出量不适宜，由于物料衡算关系的约束，必将导致塔一端的分离达不到设计要求。这时，无论采取其他什么措施，均无济于事。唯一有效方法就是调整采出量至适宜量，才可能使塔两端分离产品质量达到设计指标。

产生以上现象的原因，多数情况都是因为进料流量或组成有变化，而没有及时调整采出量引起的。显然当进料流量提高或易挥发组分增多时，应适当增大采出量，以保证塔两端分离产品合格。进料组成发生变化时，还需调整进料位置，以保证塔在最佳进料板条件下的操作工况。

（2）塔两端产品不合格

塔两端产品不合格有操作不当的原因，也有设计不合理的问题，并且还可能有其他特殊且难以预测的原因。若排除一些特殊的原因，应从塔的操作和塔的设计方面进行分析。也可从以下几方面对塔的操作和塔结构进行认真、细致的调查。

① 塔投运期间工况变化情况，该塔最好工况及操作条件，不良工况及操作条件。

② 塔进料流量、组成及热状态的变化。

③ 操作条件如回流比、操作压力、采出量等有何变化。

④ 公用工程物流如加热蒸汽、冷却水有何变化。

⑤ 在不良工况出现之前塔是否进行了改造，或在此期间是否出现过误操作，对塔内件是否造成损坏。

⑥ 塔控制系统的指示是否正常，产品分析结果与仪表指示结果是否一致，并考察仪表指示和分析结果的误差范围。

⑦ 塔结构参数和辅助设备的生产能力如何。

若调查发现故障发生前运行正常，能较好完成生产任务，说明塔不会有严重问题，可能是因为操作条件的改变引起的故障。若塔自开工以来就未正常运行，说明该塔除了操作上的问题需进一步分析外，还有可能涉及塔的结构问题。

（3）塔生产负荷的影响

塔的进料流量，常称处理能力或生产负荷。在维持适宜回流比 R 的条件下，当不断提高进料量时，塔内气、液相流量不断增大，塔流方式，气、液相接触状态不断改变，使得传质过程逐渐趋近最佳状态，两端分离产品质量不断提高。然而，若再进一步提高，将使气、液两相偏离最佳接触状态，塔板效率开始下降。当进料流量增至塔两端不能使产品合格时，包括已采用了调节其他条件如回流比等方法，说明此工况为塔最大生产能力，此时不能再提高进料量，而是应适当减少进料量，增大回流比，以维持塔稳定运行，

（4）进料条件的影响

进料条件含进料流量、组成及热状态。前面已分析了进料流量的影响，以下主要讨论进料组成和热状态对塔操作的影响。

若进料热状态发生变化，如进料 q 值下降，操作回流比 R 不变时，则由全塔热衡算可知，再沸器热流量下降，引起提馏段气相流量减小，削弱了提馏段的分离能力。而进料热状态的变化，也使进料位置偏离最佳进料位置，降低了进料处附近的塔板效率。若进料组成改变，也会产生类似的影响。如果要使两端达到原分离要求，所需的理论塔板要增多。对此，也可通过调整进料位置，适当提高回流比，提高塔分离能力，保证塔两端的产品质量。

（5）理论塔板数及回流比的影响

塔两端产品质量不合格，其关键是塔的分离能力不够。塔的分离能力取决于理论塔板数及各板的分离能力。各板的分离能力则与体系的性质、操作回流比以及塔板效率等有关。如果回流比 R 很小，接近最小回流比 $R_{\min}$，显然，理论塔板数再多也改变不了现状。因为在塔内可能会形成恒浓区或夹紧点，在此区内塔板无分离能力。唯一有效的方法是提高操作回流比，增大每块塔板的分离能力，以提高全塔的分离能力。

如果塔回流比 R 调节范围较宽，则理论板数稍少时，可保证完成生产任务。若回流比 R 调节范围不是很宽，而理论板数裕度较大，也可保证塔的分离要求。

若塔两端产品不合格，通过采出量、进料位置、回流比等的调节，也不能达到两端产品同时合格的要求，则说明该塔的理论塔板数不够，或塔板效率太低。

根据塔的进料条件、操作条件以及理论塔板数和进料位置，对塔进行严格的模拟计算，以确定适宜的理论板数、进料位置、回流比及塔内气、液相流量等，为塔的改造提供基础数据。

此外，在排除其他各种原因之后，应考虑误操作对塔内件的损坏，如塔板被吹翻、浮阀被吹掉、填料被吹出沟槽等，均会使塔分离能力下降，而不能完成生产任务。

如果调查发现塔的不良工况出现在塔改造之后，如对塔板进行的改造或塔内件由塔板换成填料等改造，则对此类情况应采取科学、严格和慎重的态度，对改动设备的结构及性能参数进行严格的核算，确认设备结构的合理性，再进行细致的调试和改造。如果仍未见效，应本着实事求是的态度，将改造退回原地，恢复正常生产，这在实际生产中并不少见。

（6）辅助设备及公用工程的影响

精馏塔主要辅助设备有再沸器和冷凝器。有时为利用低品位的热量和冷剂，还常常增设中沸器和中间冷凝器。公用工程主要指加热蒸汽、冷却水或冷剂等，其条件变化会影响

塔的分离能力。

若塔的理论板数裕量不大，由于增设中沸器或中间冷凝器，必将削弱中沸器以下或中间冷凝器以上塔板的分离能力，从而使全塔分离不足，导致塔不能完成生产任务。所以，在增设中沸器和中间冷凝器时，应对精馏过程进行严格的模拟计算，结合实验或生产实际对中沸器及中冷器的位置进行充分的论证和确认，才能保证其传热温差，使中沸器和中冷器达到一定的传热能力，并回收或节省一定的能量。

除了塔径对塔内气、液流量有限制外，主再沸器和冷凝器也会制约塔内的气、液流量，限制操作回流比 R 的调节范围。如果再沸器运行中因温度高而结焦或聚合、结垢，导致其传热性能下降，会减小回流比的调节范围。同样，冷凝器传热性能下降，也会限制回流比调节，此时塔顶蒸气冷不下来，将导致塔压升高。再沸器和冷凝器所用热源和冷剂即公用工程品位下降，将进一步降低再沸器和冷凝器的传热能力，限制塔的生产能力或分离能力，使塔难以完成规定的分离任务。

8.6.2 塔压波动

精馏塔运行中压力波动是我们不希望见到的，尤其是塔压差波动，其问题更为严重。这种故障不仅影响产品的质量，同时也会限制塔的生产能力。

如果塔操作压力波动而塔压差相对稳定，这说明波动源在塔之外，是上、下游工序中的压力波动传递所致。此时通过解决产生压力波动的单元设备问题，塔的操作压力波动将会稳定下来。值得指出的是，如冷凝器排放不凝气管路的阻塞、冷凝器与回流罐间的接管过细、同时伴有两相流动时，也可产生上述现象。若塔顶冷凝器能力不足，塔顶蒸气不能全部冷凝而累积，使塔顶压力升高，可通过调整冷却水或冷剂用量使塔压恢复正常。

关于塔内的压差波动情况也有多种:

情况一，塔在满负荷生产时出现波动;

情况二，生产负荷较小工况下就出现波动，且塔压差持续上升;

情况三，塔原来性能较好，检修开车出现压差波动。

如果塔压波动属于情况一，此时工况还能保证分离要求，说明该塔的生产能力的裕度不够。由于塔内气、液流量太大，使塔板流动，失去自衡能力，引起塔板压降迅速增加，导致全塔压差升高。对于常压精馏塔，可适当提高操作压力，以减少气相体积流量，从而使各板阻力下降，减少全塔的压差，稳定塔的操作。或者适当减少进料，使塔恢复正常工况。

如果故障属于情况二，其原因通常比较复杂，后果也比较严重，这会限制塔的生产能力。由于进料未达到设计指标，则可排除因气、液流量过大的因素，应寻找其他可能的原因，一般有以下几种情况:

① 由于工况改变引起塔内温度的变化，物流发泡性增强，导致降液管流动不畅，使液相产生了积累，降液管内液面及泡沫层逐渐升高，以致上升至上一层塔板，阻止了上层塔板上液相向下流动，引起塔板上液相迅速积累，塔板压降迅速上升，破坏了塔板上气、液两相正常流动。严重时，可使液相充满塔的空间，称此现象为降液管液泛或淹塔。可见，此工况下，精馏塔失去了分离能力。这种异常流动现象，通常从局部塔板发生，然后逐步蔓延至全塔。在过程分析中，要确认其具体位置靠一般观察和测试很难，应借助现代测试

技术才可较准确地确认。由于塔内工况不稳定，物流发泡性质也会改变，常使塔压波动的规律性及重复性变差，为过程的分析增加了难度。

② 对于深冷分离系统，若进入系统的混合物脱水不达标，进入塔内精馏时，由于水的富集而结冰，会形成冻堵。对此类系统应严格控制混合物的含水量，使脱水达标，并在塔内加入适当的防冻剂消除冻堵。

③ 对于易聚合、易结焦的系统常常由于降液管底隙被堵塞，而引起塔内液流不畅。对此，应严格控制塔的操作温度，以减少或避免聚合或结焦现象发生。

④ 若塔压差波动发生在检修后的开车过程中，则应确认塔内有无固体杂物的堵塞。若存在堵塞，需根据堵塞程度采取化学清洗、机械疏通等措施。

⑤ 如果对精馏塔塔板进行了改造，通常会使降液管流通截面积或底隙过小，从而引发塔内液体流动不畅，导致全塔压差增大及塔压波动。

在实际生产中，通常是因扩大生产超过了塔自身的生产能力以及物流发泡引起此类故障。其次是塔内固体杂物堵塞了气、液流动通道。由于塔内测试点一般较少，很难判断以上故障原因和发生故障的具体位置，因此必须借助仪表进行测定。

8.6.3 塔温变化

在精馏塔操作中，为控制精馏过程，需要采集塔顶、塔底的温度。此外，有时还需采集塔内扰动时温度变化最大的塔板上的温度，此板通常称为灵敏板。根据热力学的基本原理，体系的平衡温度取决于系统压力和体系的组成。所以，当操作压力恒定时，即可根据温度的变化观察塔内物流组成的变化，判断塔两端是否达到了分离要求。

可通过分析影响组成变化的因素诊断出塔温变化的原因。影响组成变化的因素较多，如进料条件、采出量、操作回流比以及不同工况下塔的性能等均会导致塔内组成分布的变化，以致影响塔两端产品的质量，表现出塔两端温度的变化。

如果塔顶温度有明显变化，而塔压恒定，必定塔顶气、液组成有较大的变化。塔顶温度升高，说明塔顶难挥发组分增加，产品质量下降。由于物料衡算关系的制约，一部分轻组分或易挥发组分将进入塔釜，引起塔釜液温度下降，使塔底产品质量达不到要求，易挥发组分的损失增大。此故障应采用前面的分析方法，诊断影响组成变化的因素，采取措施后，使塔温恢复正常。

如果提高操作压力，塔顶、塔底温度将同时升高，属体系温度、压力向正常变化，塔内组成分布正常，基本不变或变化较小，塔两端产品质量可达到分离指标。

若塔压恒定不变，塔两端温度同时下降，说明塔底分离产品不合格，塔顶产品纯度有所提高。其一般原因有以下几点:

① 塔顶采出量有所减少;

② 进料中易挥发组分有所增加;

③ 进料量加大，采出量未增加。

以上三种原因的核心或本质，是易挥发组分不能按要求从塔顶采出，而被压至塔底所致。

如果塔顶温度下降，塔底温度升高，说明塔两端产品的纯度在同时提高。若两端均达到较大程度的过度分离，这种操作是很不经济的，其能耗必然增大。比较合理的操作是，适当减少回流比，保证塔两端适宜的分离程度，在一定操作范围内达到分离要求，维持精馏塔正常、稳定的运行。

8.7 精馏过程的节能

精馏过程由热能驱动，要消耗大量的能量，常常成为降低生产成本的瓶颈。因此，为减少精馏过程的能耗，采用或研发精馏过程的节能新技术就成为生产和科研的热点。目前，精馏过程所采用的节能技术，大致可分为以下几个方面：

① 精馏过程设计和操作参数的优化；

② 多组分分离序列的选择；

③ 精馏过程与过程系统的能量集成；

④ 选择适宜的分离方法替代精馏。

根据热力学原理，用能过程对能量除了有量的要求，还有品位的要求。例如，在精馏塔底，再沸器所用热源必须高于一定的温位才有可能加入塔内。同理，冷却水或冷却剂只有低于一定的温位，才有可能将塔内的热量部分或全部移出，使蒸气部分或全部冷凝。从塔顶冷凝器移出的热量及采出物流携带热量的总和必等于加入塔的热量，服从能量守恒定律。然而，所移出的热能尽管其量未减少，但温位却大幅度降低，不能重新返回塔内驱动精馏过程，说明其品位或做功的能力已降低，即损失了有效能。由此可见，用能过程是能量贬值的过程，节能不仅从用能的量考虑，还要从减少用能过程有效能的损失，提高用能的完善程度考虑，使之用能更经济。根据热力学原理，过程系统的温度、压力、组成变化越大，则过程热力学的不可逆程度就越大，其有效能损失就越大，反之，将会减小有效能损失，达到节能的目的。这将成为指导精馏过程和系统节能的原则和方向。

8.7.1 精馏过程设计和操作参数的优化

（1）适宜回流比 R 和理论板数 N_T 的选择

当设备费用较高时，应适当加大回流比以降低塔高，但塔径会有所增大。反之，则增加理论板数，减少回流比，以增加投资的代价来降低精馏过程的操作费。因为增加理论板数、减小回流比，完成相间的分离要求时，每块板上的温度、浓度变化将减小，过程热力学的不可逆程度减小，从而使有效能损失减小，精馏塔的能耗下降。

（2）进料位置的选择

应根据实际进料的组成和热状态选择适宜的进料位置，减少塔内的返混，使塔内各板达到最佳分离或最大分离能力，以使回流比进一步降低。

（3）进料热状态的选择

精馏塔的进料热状态通常与上游装置操作有关，但是，原料进入装置通过与其他物流换热而改变其热状态，如何改变及改变至何种状态存在优化的问题。

正如前面所讨论的，进料热状态对精馏过程的主要影响是改变进料位置和提馏段气、液相流量，从而改变提馏段操作线的斜率，影响提馏段各板的分离能力和再沸器的热流量，导致对全塔用能的影响。从塔的总能耗考虑，凡是要加入的热量，应全部从塔釜加入，凡是取出的热量应全部从塔顶取出，这样会使能耗最少。由于从塔顶取热要求冷剂品位最高，在塔釜加热要求热源温位最高，如果利用塔顶和塔釜温位之间的热源或冷剂驱动精馏过程，将降低过程的有效能损失。为此，从利用有效能的角度考虑，不同温位的热源或冷剂其价值不同，充分利用低品位的能量降低过程有效能的损失符合节能的原则。所以，全部从塔端加入或移出热量的原则有一定的局限性。

利用较低品位热量预热进料，将使进料热状态改变，即 q 值减小。对精馏塔操作型问题，q 值减小将引起再沸器加入的热流量减小，而冷凝器移出的热流量却不改变。但是，因 q 值减小引起最小回流比 R_{min} 增大，势必导致完成规定分离要求所需回流比随之提高，使再沸器所需的热流量更大。如果实际塔的理论板数有足够的裕量，则可避免再沸器加入热流量的增大。

如果进料组成发生改变，则会引起塔顶采出率 D/F 的改变，而塔顶采出率不同，预热进料或 q 变化对塔总能耗的影响也有所不同。由模拟计算发现，当塔顶采出率较大时，增加 q 值，塔底再沸器所需热量增加的幅度高于塔顶冷凝器取出热量减小的幅度；相反，塔顶采出率较小时，随 q 的增大，冷凝器移出热量的下降幅度高于再沸器加热量的增加幅度，如图 8-18 所示。

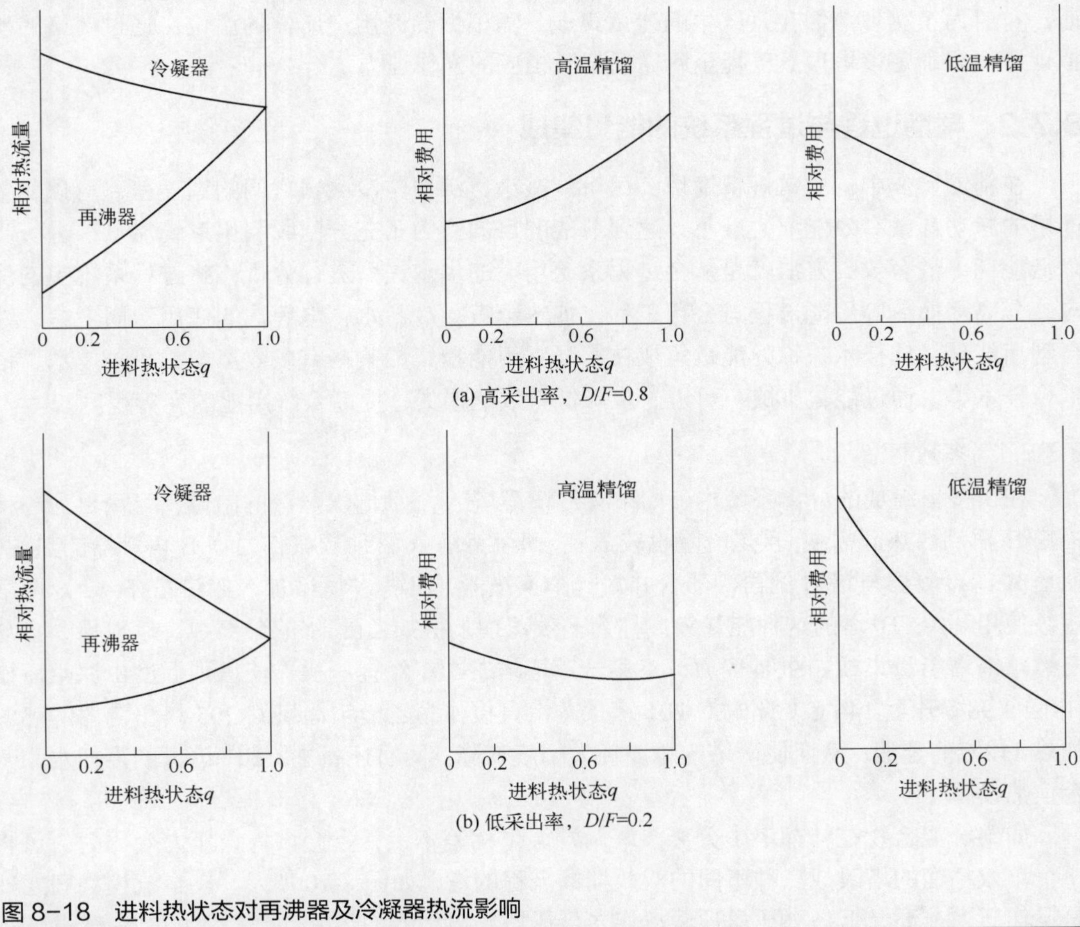

图 8-18　进料热状态对再沸器及冷凝器热流影响

为此，进料热状态按以下原则选择。

① 对于高温精馏，即塔顶可采用水和空气。冷凝时，当塔顶采出率较大，同时又有适于加热进料的热源时，应尽量采用较低 q 值，即以气相或气、液相混合进料为宜；当塔顶采出率较小时，应尽量采用较高 q 值，即以液相进料为宜，省去料液预热后塔釜加热量增加甚少。

② 低温精馏时（常温以下），无论塔顶采出率为何值，均应采用较高的 q 值，即以液体进料为宜，因为此时塔顶冷凝器的热流量（冷量）越小越经济。

③ 除以上两个极端情况外，对于中等温度范围的精馏过程，即塔釜温度高于大气温度，而塔顶温度低于大气温度的精馏，热源和冷剂的价格有较大的变化范围。当有废热可以利用时，还应结合具体条件严格模拟计算及经济评价，来决定最佳的进料状态。

（4）操作压力的选择

操作压力对精馏塔所用热源及冷剂品位影响较大，而低温冷剂较难获取，其成本常高于热源成本，因此应尽可能避免使用高品位的冷剂。通常选常压操作，如果常压操作时，塔顶蒸气的露点低于常温，则应适当提高塔的操作压力，使塔顶蒸气露点升至常温以上，采用冷却水就能将塔顶蒸气全部冷凝，此压即为适宜的操作压力。但是，压力提得过高，将导致设备投资增加过大，所以应权衡操作费用和设备投资，选择一适宜的操作压力。然而，有时为了实现蒸馏在系统中的能量集成，需根据热源用户所需的温位，通过严格的模拟计算，来确定该塔顶蒸气提至所需温位时相应的操作压力。

8.7.2 精馏过程与过程系统的能量集成

在精馏操作中，对常规精馏塔，尽可能减小再沸器与冷凝器之间的温度差，可以使精馏塔的净功耗或有效能损失减小，达到节能的目的。为了充分回收利用系统能量，进一步降低能耗，最有效的方法就是从全过程系统用能的供求关系进行分析，将过程系统中的反应、分离、换热等用能过程与公用工程（加热蒸汽、冷却水、电等）的使用一同考虑，综合利用能量。此技术被称为能量集成技术。常用能量集成策略有多效蒸馏、热泵技术、塔耦合技术等。通过能量集成，可进一步降低有效能损失，提高系统用能的完善程度。

8.7.2.1 多效蒸馏

在由多塔组成的分离系统中，如果有一精馏塔 A 塔顶排出蒸汽的温位，可满足另一精馏塔 B 再沸器热源需要，且热流量也较适宜，即可将塔 A 塔顶蒸汽作为塔 B 再沸器的热源，使塔 A 的冷凝器与塔 B 的再沸器合并为一个换热器，使塔 A 底部加入的热量在 A、B 两塔逐级使用。A、B 塔的这种能量集成称为多效蒸馏。例如乙醇-水的分离中，萃取精馏塔与乙醇精馏塔能量集成如图 8-19 所示。第一萃取塔 C-201 经提压操作使塔顶温度由原常压操作下的 98℃升至 146℃。此时 C-201 塔顶蒸汽直接作为乙醇精馏塔 C-205 塔再沸器的热源加热 112℃的釜液，从而使两塔的总能耗大幅度下降，同时还省去 C201 塔顶的冷却水和一台换热设备。

如果一混合物在精馏塔中分离，塔两端温位相差不大，且允许操作压力变化时，可将一个单效精馏的塔改成三种不同的双效精馏流程的塔，如图 8-20 所示。三个流程共同之处是操作压力一高一低；高压塔顶蒸汽作为低压塔底再沸器的热源，使高压塔顶冷凝器与低

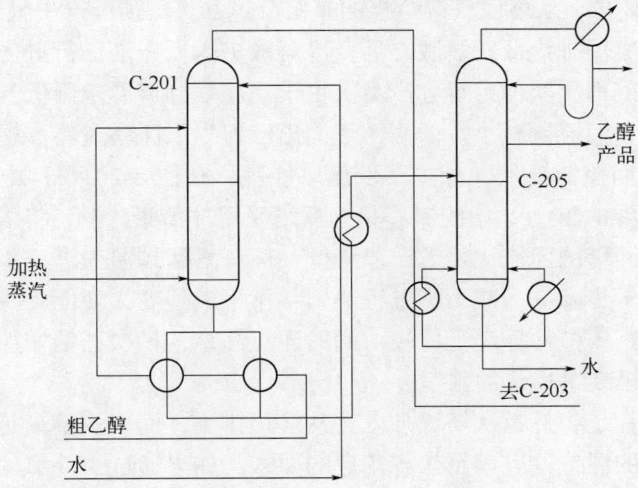

图 8-19 乙醇-水分离系统的能量集成

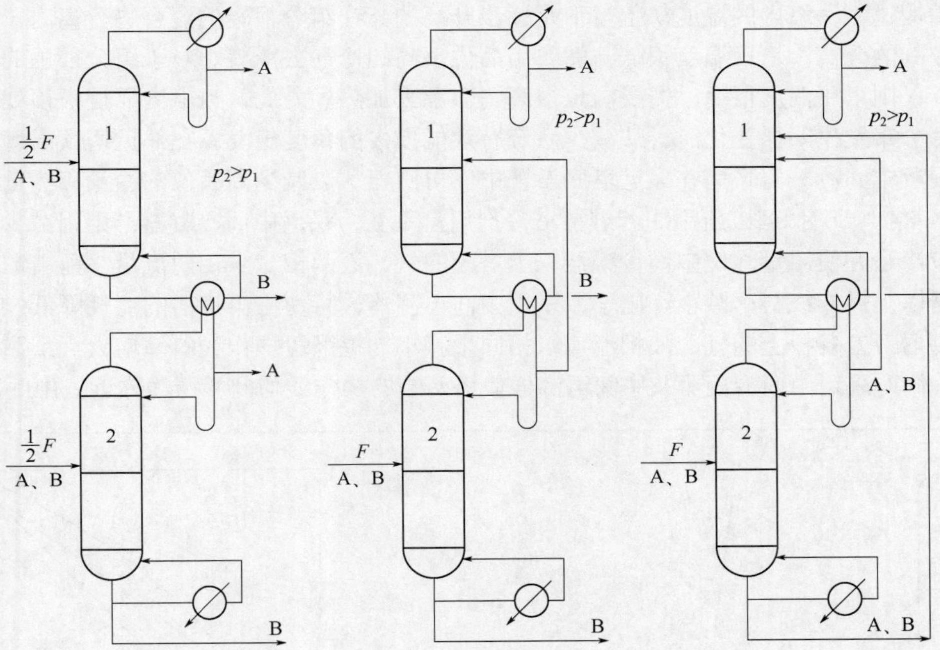

图 8-20 高低压双效精馏塔

压塔底再沸器合并成一个换热器。但是，三个流程加料及产品采出方式不同。在图 8-20（a）中，是将原料同时加入两塔内并联操作，每个塔处理流量为原塔的一半。加热蒸汽加入高压塔塔底，然后，由其冷凝器将热量排入低压塔塔底。使加入系统的热量及冷量在两塔内逐级使用，其使用量降至单塔使用量的一半。在图 8-20（b）中，是将原料全部加入高压塔中，保证塔底分离要求，从塔底获得合格的重组分产品，塔顶蒸气中轻、重组分同时存在，它将热量由塔顶冷凝器排给低压塔底之后，冷凝液进入低压塔进行进一步分离，在塔顶获得轻组分产品，塔底再次获得重组分产品。由于高压塔分离要求降低，重组分进入塔顶，使塔两端温差降低，回流比减小。而高压塔馏出液作为低压塔进料，提高了进料组成而有利于分离，并可使回流比降低，减少了低压塔能耗。在图 8-20（c）中，进料方式类同于图 8-20（b），但是图 8-20（c）中的流程是高压塔采用非清晰分割，将塔两端的采出同时作为低压塔的进料，两塔的回流比可进一步降低，高压塔两端温差进一步降低，引起两塔整个流程的总温差进一步降低，减小了过程热力学不可逆程度，使能耗降低。当然，各方案节能效果应通过严格模拟计算进行比较，同时还应注意，多次蒸馏增加了塔设备和控制系统的投资，也提高了装置操作的难度。

精馏塔用能过程是将热量从塔底加入、从塔顶排出，而多效精馏是通过提高塔操作压力来提高排出热量的温位，以满足热源用户的要求。如果通过由外部输入能量做功来提高排出热量的温位，再返回塔底以满足再沸器用能需要，而不必改变塔的操作压力，则称此技术为热泵技术。该技术在生产中也得到了较广泛的应用，由于篇幅有限，在此不予赘述。

8.7.2.2 中间冷凝器及中间再沸器

在精馏过程，塔内的温度从上至下是逐步升高的。在组分很轻的混合物分离时，例如石油裂解气的分离，塔顶温度很低，需要用品位很高的冷剂去冷凝。对于组分很重的混合物的分离，则塔底温度很高，需要温位很高的热源去加热。为此，当塔内靠近塔顶或靠近塔底温度分布发生明显变化时，从减少系统有效能损失的角度出发，在靠近塔顶温度变化较大处设置中间冷凝器，而在靠近塔底设置中间再沸器，以减少高品位的冷量和热量的消耗，如图 8-21 及图 8-22 所示。若维持塔冷剂用量不变，采用中间冷凝器，则因减少了塔顶高品位冷量的使用量，使中间冷凝器以上塔段的气、液两相减少相同流量，而精馏段中间冷凝器以上操作线斜率减小。同理，采用中间再沸器，将使主再沸器的能耗降低，引起中间再沸器下方各板上的气、液相流量以相同量减小，提馏段操作线斜率增大。从以上分析可知，同时采用中间冷凝器及中间再沸器使塔两端的操作线均向平衡线靠近，中间冷凝

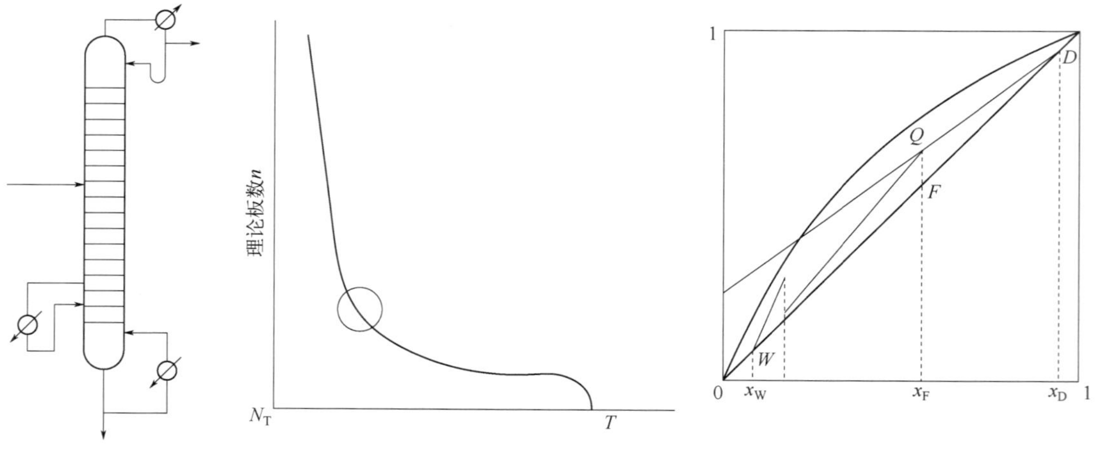

图 8-21 设中间再沸器的精馏

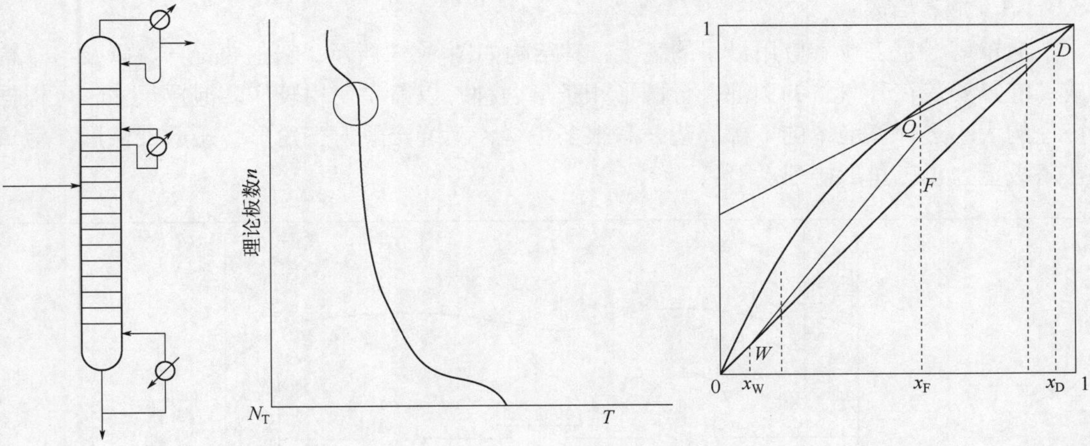

图 8-22　设中间冷凝器的精馏

器以上、中间再沸器以下的各板上气、液两相组分的组成与温度变化减小，降低了塔内分离过程的不可逆性。为保证全塔的有效能损失进一步降低，选择中间再沸器及中间冷凝器的适宜位置是十分必要的。不可逆性的减小，其好处并不表现在总耗热量的减少，而表现在所用热能贬值程度的减小，即有效能损失的减少。但是采用中间再沸器及中间冷凝器对分离也有影响，如上所述，板上组成及温度变化减小，说明中间冷凝器以上、中间再沸器以下各板的分离能力下降。显然，在设计时，应适宜增加塔两端的塔板数，对于操作或塔的改造应考虑塔的理论板裕量是否能保证塔的分离要求，或采取一定补偿措施，以保证完成生产任务。

如果中间冷凝器及中间再沸器工艺物流温度相差较小，将两者通过热泵进行耦合，可使能耗进一步降低。

8.8　精馏塔结构

塔设备是石油化工、生物化工、制药等生产中最重要的设备之一。塔设备的性能对产品的生产、质量、生产能力和消耗定额，以及三废处理和环境保护等各个方面都有重大影响。塔设备经过长期发展，形成了形式繁多的结构，以满足各方面的特殊需要。

精馏塔按照塔内气液接触部件的结构形式，分为板式塔与填料塔两大类。下面以板式塔为例，介绍精馏塔结构。

8.8.1　板式塔的塔板结构

板式塔大致可分两类：一类是有降液管塔板，如泡罩塔板、浮阀塔板、筛板、导向筛板、新型垂直筛板、舌形塔板、弓形塔板、多降液管塔板等；另一类是无降液管塔板，如穿流式筛板、穿流式波纹板等。在工业生产中，以有降液管塔板应用最为广泛，在此只讨论有降液管塔板。

8.8.1.1 泡罩塔板

泡罩塔板是工业上应用最早的塔板，其结构如图 8-23 所示，它主要由升气管及泡罩构成。泡罩安装在升气管的顶部，分圆形和条形两种，以前者使用较广。泡罩尺寸，可根据塔径的大小选择。泡罩的下部周边开有很多齿缝，齿缝一般为三角形、矩形或梯形。泡罩在塔板上为正三角形排列。

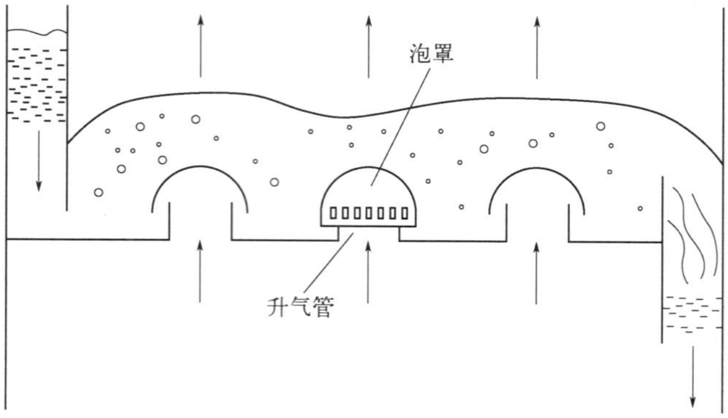

图 8-23 泡罩塔板

操作时，液体横向流过塔板，靠溢流堰保持板上有一定厚度的液层，齿缝浸没于液层之中而形成液封。升气管的顶部应高于泡罩齿缝的上沿，以防止液体从中漏下。上升气体通过齿缝进入液层时，被分散成许多细小的气泡或流股，在板上形成鼓泡层，为气液两相的传热和传质提供大量的界面。

泡罩塔板操作弹性较大，塔板不易堵塞，但是结构复杂、造价高，板上液层厚，塔板压降大，生产能力及板效率较低。

8.8.1.2 筛孔塔板

筛孔塔板简称筛板，其结构如图 8-24 所示。塔板上开有许多均匀的小孔，筛孔在塔板上为正三角形排列。塔板上设置溢流堰，使板上能保持一定厚度的液层。

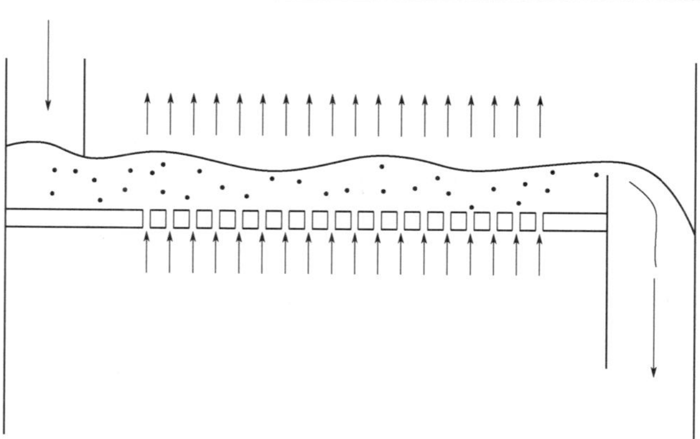

图 8-24 筛板

操作时，气体经筛孔分散成小股气流，鼓泡通过液层，气液间密切接触而进行传热和传质。在正常的操作条件下，通过筛孔上升的气流，应能阻止液体经筛孔向下泄漏。

筛板的优点是结构简单、造价低，板上液面落差小，气体压降低，生产能力大，传质效率高。其缺点是筛孔易堵塞，不宜处理易结焦、黏度大的物料。

8.8.1.3 浮阀塔板

浮阀塔板具有泡罩塔板和筛孔塔板的优点，应用广泛。浮阀的类型很多，国内常用的有 F_1 型、V-4 型及 T 型等，如图 8-25 所示。

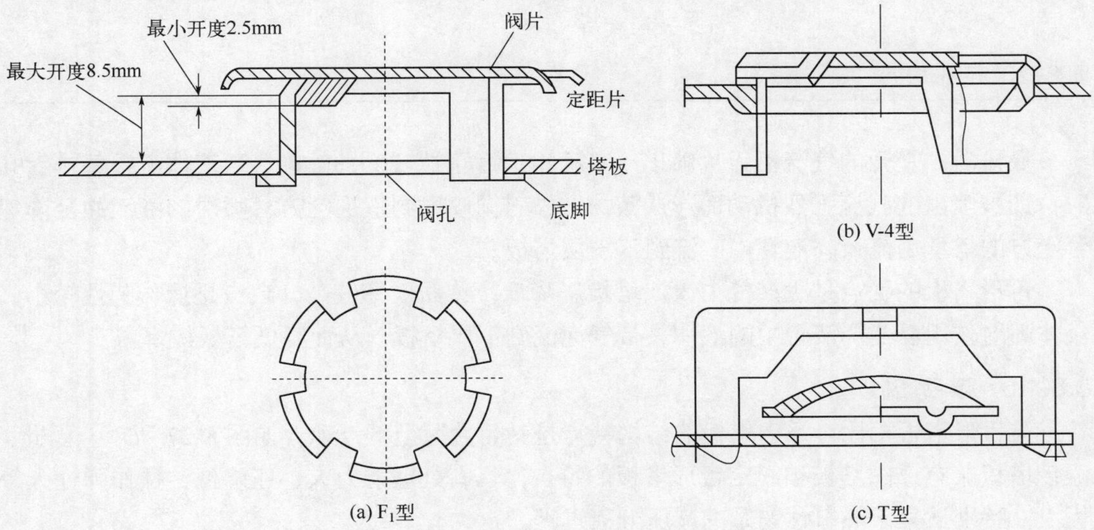

图 8-25 浮阀

浮阀塔板的结构特点是在塔板上开有若干个阀孔，每个阀孔装有一个可上下浮动的阀片，阀片本身连有几个阀腿，插入阀孔后将阀腿底脚拨转 90°，以限制阀片升起的最大高度，并防止阀片被气体吹走。阀片周边冲出几个略向下弯的定距片，当气速很低时，由于定距片的作用，阀片与塔板呈点接触而坐落在阀孔上，在一定程度上可防止阀片与板面的黏结。

操作时，由阀孔上升的气流经阀片与塔板间隙沿水平方向进入液层，增加了气液接触时间，浮阀开度随气体负荷而变，在低气量时，开度较小，气体仍能以足够的气速通过缝隙，避免过多的漏液；在高气量时，阀片自动浮起，开度增大，使气速不致过大。

浮阀塔板的优点是结构简单、造价低，生产能力大，操作弹性大，塔板效率较高。其缺点是处理易结焦、高黏度的物料时，阀片易与塔板黏结；在操作过程中有时会发生阀片脱落或卡死等现象，使塔板效率和操作弹性下降。

8.8.1.4 舌形塔板

舌形塔板的结构如图 8-26 所示，舌形塔板是在塔板上冲出许多舌孔，方向朝塔板液体流出口一侧张开。舌片与板面成一定的角度，有 18°、20°、25°三种（一般为 20°），舌片尺寸有 50mm×50mm 和 25mm×50mm 两种。舌孔按正三角形排列，塔板的液体流出口一侧不设溢流堰，只保留降液管，降液管截面积要比一般塔板设计得大些。

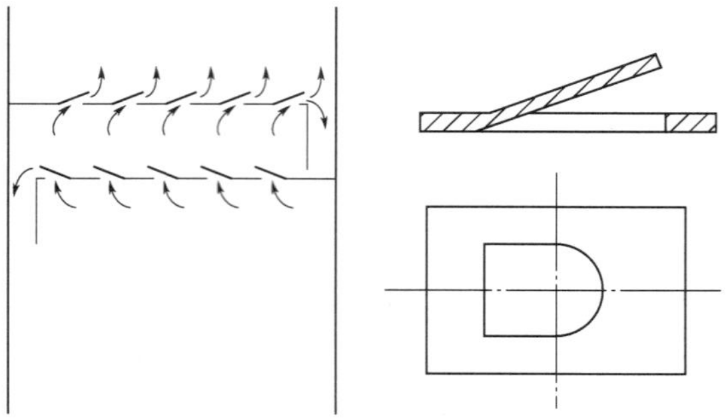

图 8-26　舌形塔板

操作时，上升的气流沿舌片喷出，其喷出速度可达 20 ~ 30m/s。当液体流过每排舌孔时，即被喷出的气流强烈扰动而形成液沫，被斜向喷射到液层上方，喷射的液流冲至降液管上方的塔壁后流入降液管中，流到下一层塔板。

舌形塔板的优点是生产能力大，塔板压降低，传质效率较高；缺点是操作弹性较小，气体喷射作用易使降液管中的液体夹带气泡流到下层塔板，从而降低塔板效率。

8.8.1.5　浮舌塔板

与舌形塔板相比，浮舌塔板的结构特点是其舌片可上下浮动，如图 8-27 所示。因此，浮舌塔板兼有浮阀塔板和固定舌形塔板的特点，具有处理能力大、压降低、操作弹性大等优点，特别适宜于热敏性物系的减压分离过程。

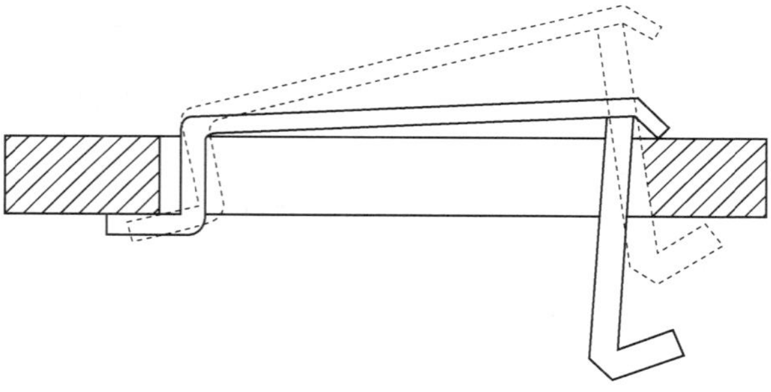

图 8-27　浮舌塔板

8.8.2　板式塔的溢流装置

板式塔的溢流装置包括降液管、溢流堰和受液盘等几部分，其结构和尺寸对塔的性能有重要的影响。

8.8.2.1　降液管

降液管是塔板间液体的通道，也是溢流液体中夹带的气体得以分离的场所。降液管有圆形和弓形两种，前者制造方便，但流通面积较小，只在液体流量很小或塔径较小时应用，故一般采用弓形。常用的弓形降液管的结构如图 8-28 所示。其中图 8-28（a）是将堰与塔壁之间的全部截面均作为降液管，降液管的截面积相对较大，多用于塔径较大的塔中。当塔径小时，上述结构制作不便，可采用图 8-28（b）的形式，即将弓形降液管固定在塔板上。图 8-28（c）所示为双流型时的弓形降液管，其下部倾斜是为了增加塔板上汽、液两相接触区的面积。

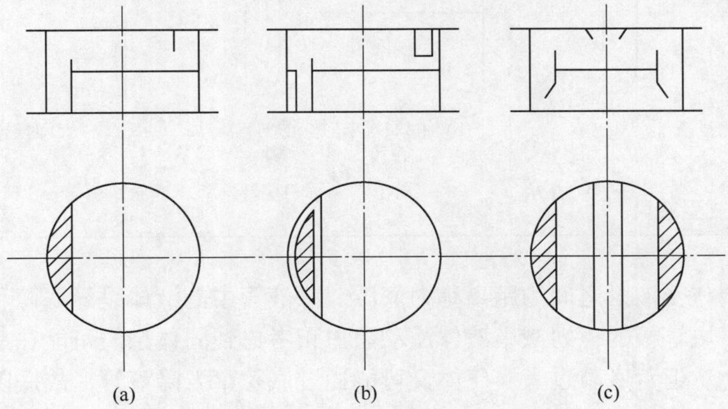

图 8-28 降液管的结构形式

降液管截面积 A_f 是塔板的重要参数，且常以它与塔截面积 A_T 之比 A_f/A_T 表示。A_f/A_T 过大，气体的通道截面积 A 和塔板上气液两相接触传质的区域都相对较小，单位塔截面积的生产能力和塔板效率将降低。但 A_f/A_T 过大，则不易产生气泡夹带，且液体流动不畅，甚至可能引起降液管液泛。

降液管的截面积应保证溢流液中的气泡得以分离，液体在降液管内的停留时间一般等于或大于 3 ~ 5s。如果停留时间不足 3 ~ 5s，应将求得的降液管直径或堰长适当加大，再进行校核，以满足停留时间的要求。

8.8.2.2 溢流堰

溢流堰又称出口堰，它的作用是维持塔板上有一定的液层，并使液体能较均匀地横过塔板流动。其主要尺寸参数为堰高 h_w 和堰长 l_w，板上清液层高度 h_L 即为堰高 h_w 与堰上液层高度 h_{ow} 之和，如图 8-29 所示。

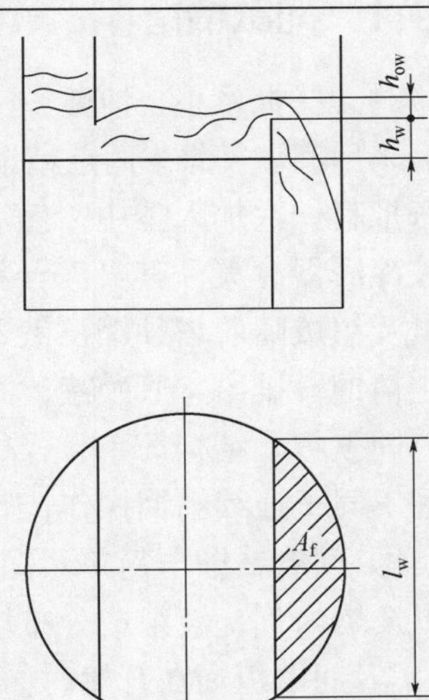

图 8-29 弓形降液管溢流装置

8.8.2.3 受液盘和底隙

塔板上接受降液管流下液体的那部分区域称为受液盘，如图 8-30 所示。它有平形和凹形两种类型，前者结构简单，最为常用。为使液体更均匀地横过塔板流动，亦考虑在其外侧加设进口堰。凹形受液盘易形成良好的液封，也可改变液体流向，起到缓冲和均匀分布液体的作用，但结构稍复杂，多用于直径较大的塔，特别是液体流量较小的场合，它不适用于易聚合或含有固体杂质的物系。

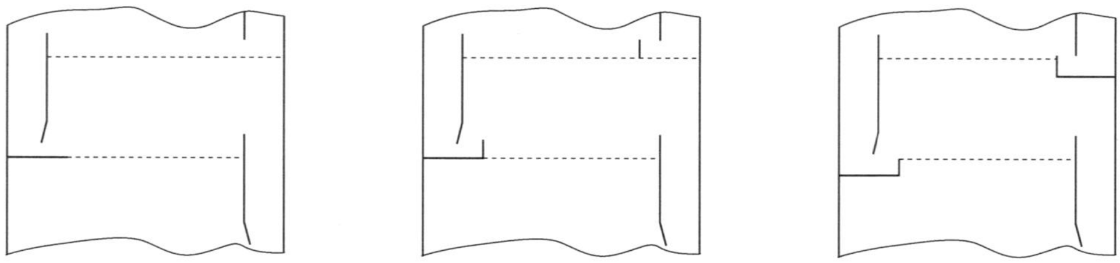

(a) 平形受液盘　(b) 加进口堰平形受液盘　(c) 凹形受液盘

图 8-30　不同形式受液盘

降液管下端与受液盘之间的距离称为底隙。降液管中的液体是经底隙和堰长构成的长方形截面流至下块塔板的，为减小液体流动阻力和考虑到固体杂质可能在底隙处沉积，所以底隙不可过小。但若底隙过大，气体又可能通过底隙窜入降液管，故底隙宜小些以保证形成一定的液封。通常取底隙为 30 ~ 40mm，且应使它小于溢流堰高度才能保证降液管底端有良好的液封。

8.9 特殊精馏

8.9.1 间歇精馏

对一些批量小、种类多、产品组成又经常变化，且分离要求较高的液体混合物的分离，一般采用间歇精馏。间歇精馏与连续精馏在原理上基本一致，在操作上又类似于简单蒸馏，即每批料一次加入釜中，然后进行精馏。随着釜液被加热汽化，蒸气在塔内逐级上升至塔顶被冷凝器冷凝，其凝液一部分返回塔作为回流，余下的凝液作为塔顶产品采出。塔釜釜液量及组成随着塔顶馏出液不断采出而减少和变化。当釜液组成达到某一规定指标时，则停止精馏，排出釜底残液，完成一个生产周期。

间歇精馏结构简单、操作灵活方便，在精细化工、医药等生产中得到广泛应用。间歇精馏不同于连续精馏操作，它有其自身的规律和特点：

① 间歇精馏与简单蒸馏同属动态过程，间歇操作随着过程的进行，塔釜内釜液量、组成以及塔内气、液组成分布均发生改变。

② 间歇精馏在开始时，将进料一次加入釜中，在精馏过程中不再加料。所以间歇精馏只有精馏段没有提馏段。与常规连续精馏比较，将同一物料分离达到相同产品流量和质量，间歇精馏塔所需要的理论塔板数要多。如果两者理论板数相同，则间歇精馏的能耗比常规连续精馏高。此外，间歇精馏所需塔釜容积较大。

8.9.2 恒沸精馏

具有恒沸点的双组分非理想溶液，由于该点处相对挥发度等于 1，不能用一般的精馏方法使两个组分得到较完全的分离；有些相对挥发度接近于 1 的物系，采用一般精馏方法则需很多的理论塔板数，且所需的回流比较大，使设备费用和操作费用过大而不经济，上述两种情况就需要采用恒沸精馏或萃取精馏或其他分离方法。在双组分溶液精馏中加入第三组分，以改变原溶液中各组分之间的相对挥发度。根据第三组分所起的作用不同，分为恒沸精馏和萃取精馏。

若加入的第三组分能与原来溶液中的一个（或两个）组分形成最低恒沸物，从而使原溶液易于分离的精馏方法即称为恒沸精馏。这个第三组分常又称为挟带剂或质量分离剂。

以常压下乙醇-水溶液的分离为例，其恒沸组成中乙醇为 89.4%（摩尔分数，下同），沸点为 78.3℃，故稀溶液用一般精馏方法分离只能得到工业酒精而不能得到无水酒精。若以苯为挟带剂，可形成新的三组分最低恒沸物，其组成为：苯 54.4%，乙醇 23%，水 22.6%。在常压下，其共沸点温度为 64.6℃，低于乙醇、水的共沸点。恒沸物冷凝后，苯与乙醇、水不互溶而分层，从而使苯与乙醇、水得到初步分离。在恒沸精馏塔中，只要加入适量苯，可使体系中几乎全部的水形成共沸物，并与乙醇构成挥发能力差异较大的混合物。在塔理论板数和操作回流比较适宜的条件下，几乎全部的水将与苯、乙醇形成的三元恒沸物以气相形式从塔顶排出，而从塔底获得无水乙醇。

选择适宜的挟带剂是能不能采用恒沸精馏方法分离以及它是否经济合理的重要条件。对挟带剂的基本要求是：

① 能与被分离组分形成最低恒沸物，且该恒沸物易于和塔底组分分离；

② 形成的恒沸物中挟带剂的组成要小，挟带剂的用量少，降低操作费用；

③ 形成恒沸物本身应易于分离，以回收其中的挟带剂，例如上例中的恒沸物冷凝后为非均相，可用简单的分层方法回收所含的苯；

④ 其他如经济、安全等要求。

恒沸精馏也用于分离相对挥发度较小的物质，如以丙酮为挟带剂分离苯和环己烷，以异丙醚为挟带剂分离水和醋酸等。

8.9.3 萃取精馏

若加入质量分离剂即第三组分不与待分离组分形成共沸物，而是比较显著地改变组分之间的相对挥发度，且本身的挥发性很小，则这种精馏方法就称为萃取精馏，该第三组分常被称为萃取剂。

选取萃取剂时主要考虑以下要求。

① 选择性强，即能使被分离组分间的相对挥发度产生比较显著的变化。

② 溶解度大，即能与任何浓度的原溶液完全互溶，以充分发挥各块塔板上萃取剂的作用。

③ 本身的挥发性小，使产品中不致混有萃取剂，也易于和另一组分分离。

④ 其他经济和安全要求。

萃取精馏和恒沸精馏相比，有以下区别。

① 恒沸精馏用的挟带剂必须和被分离组分形成最低恒沸物，挟带剂的选择不易。萃取精馏用的萃取剂，其选择范围要广得多。

② 恒沸精馏中的挟带剂以气态离塔，消耗的潜热较多，萃取精馏时的萃取剂基本不汽化，一般来说，萃取精馏较经济。

③ 总压一定时，恒沸精馏形成的恒沸物其组成和温度都是恒定的。萃取精馏时，由于被分离组分的相对挥发度和萃取剂的配比有关，故其操作条件可在一定的范围内变化，无论是设计还是操作都比较灵活和方便。但萃取剂必须不断地由塔顶加入，故萃取精馏不能简单地用于间歇操作，而恒沸精馏则无此限制。

④ 恒沸精馏时的操作温度一般比萃取精馏的低，故适用于分离热敏性物料。

8.9.4 反应精馏

反应精馏是在特定的条件下，将反应过程与精馏过程进行集成，使反应与精馏在蒸馏装置中同时进行的技术。在反应精馏过程中，借助反应提高了精馏过程的分离能力，同时，也借助精馏提高了反应过程物料的转化率。

反应精馏技术是利用精馏过程的基本原理和反应过程机理，将两过程集成，促进了两过程的完成，并具有以下特点。

① 当精馏将生产产物及时移出反应区时，对于若干可逆和复杂反应，化学平稳向生成物的反应方向移动，可提高反应的转化率和选择性。

② 由于生成的产物通过精馏及时移出，使得反应物总浓度提高，从而有利于加快反应速率，提高了反应区的生产能力。

③ 利用反应热，降低精馏过程的能耗。

④ 由于反应器与精馏塔合为一个设备，节省了设备投资。

⑤ 对于某些难分离的体系，可通过反应精馏使其中某组分进行反应，而将另一组分分离出来。

从反应精馏技术的特点可见，反应精馏是一特定体系的反应及反应物的分离同时完成，提供低能耗、高效率、省投资的有效途径。

本章习题

1. 某连续精馏塔操作一段时间后，再沸器结垢使传热能力下降，此时馏出液和釜液的组成有何变化？如仍要求维持馏出液组成不变，可采取哪些措施？

2. 连续操作精馏塔若进料组成降低，仍要求馏出液流量不变，则馏出液和釜液组成有何变化？如仍要维持馏出液组成不变，可采取哪些措施？

3. 常压下分离丙酮-水溶液的连续精馏塔，进料中含丙酮 50%（摩尔分数，下同），其中气相占 80%。要求馏出液和釜液中丙酮的组成分别为 95%和 5%，若取回流比 $R=2$，试按进料流量为 100kmol/h，分别计算精馏段与提馏段的气相流量和液相流量，并写出相应的两段操作方程和 q 线方程。

4. 试用图解法求题 3 所需的理论板数及进料位置。丙酮-水混合物的平稳数据如表 8-7 所示。

表 8-7　常压下丙酮的水溶液相平衡数据

温度 T/°C	100	92.7	86.5	75.8	66.5	62.1	60.0	59.0	57.5	56.13
丙酮液相摩尔分数 x	0.0	0.01	0.02	0.05	0.10	0.20	0.50	0.70	0.90	1.0
丙酮气相摩尔分数 y	0.0	0.253	0.425	0.624	0.755	0.815	0.849	0.874	0.935	1

第9章

干燥设备

9.1 概述

制药生产中的原材料、中间体、半成品和成品常含有一定量的湿分，主要是水或其他溶剂，需要依据加工、储存、运输和使用等工艺质量要求除去其中部分湿分，达到生产工艺和国家药典规定的湿分含量。干燥泛指从湿物料中除去超过工艺和质量规定部分湿分的单元操作。

9.1.1 去湿方法

生产中将除去物料中部分湿分的操作称为去湿，常用的去湿方法有机械去湿法、物理化学去湿法和传热去湿法三种。

① 机械去湿法　利用物质流动性、密度等物理性质的差异，借助不同物理力场或机械力，运用过滤、压榨、抽吸和离心分离等设备除去物料中湿分的方法统称为机械去湿法。该法的特点是设备简单、能耗较低，但去湿后物料的湿含量往往达不到规定的标准。因此，该法常用于物料去湿的预处理。

② 物理化学去湿法　利用湿分在物料和吸湿材料中的化学势差异，将物料中的湿分吸附或吸收的去湿方法统称为物理化学去湿法。吸湿材料常称为干燥剂，如分子筛、硅胶、浓硫酸、生石灰、无水氯化钙等。该法耗时长、处理量小、费用高，故该法常用于实验中小批量物料的去湿，而在生产中则很少采用。

③ 传热去湿法　通过不同的传热方式向湿物料提供热能，使物料中的湿分汽化逸出，从而获得规定湿分含量的方法。该法处理量大、去湿程度高，已广泛应用于工业生产。习惯上，将传热去湿法称为干燥。

9.1.2 干燥分类

（1）按操作压力范围分类

按操作压力范围的不同，干燥可分为常压干燥和真空干燥。常压干燥用于对干燥没有特殊要求的物料。真空干燥具有操作温度低、干燥速度快、热效率高等特点，适合于有热敏性、易氧化及含水量要求较低的物料干燥。

（2）按操作方式分类

按操作方式的不同，干燥可分为连续式干燥和间歇式干燥。连续式干燥的生产能力大，产品质量均匀，热效率高，劳动条件好；间歇式干燥的适应性强，设备投资少，但干燥时间长，生产效率和热效率低，劳动强度大，多用于小批量、多品种、更新快的物料干燥。

（3）按供热方式分类

按供热方式的不同，干燥可分为对流干燥、传导干燥、辐射干燥、介电干燥和冷冻干燥。

① 对流干燥　以空气为干燥介质，加热后使其流过物料表面，热空气将热量传递给物料，物料中的湿分汽化，并被空气带走。空气既是载热体，又是载湿体。此种干燥方式最为常用，特点是干燥温度易于控制，物料不易过热变质，处理量大，但热能的利用程度较低，一般仅为 30% ~ 50%。常用的气流干燥、流化干燥、喷雾干燥等均属于对流干燥。

② 传导干燥　将湿物料与设备的加热表面接触，直接将热能传导给湿物料，使物料中的湿分汽化，同时用空气将湿气带走。干燥时设备的加热面是载热体，空气是载湿体。传导干燥的特点是热能的利用程度较高，可达 70% ~ 80%，湿分蒸发量大，干燥速度快，但易使物料过热而变质。转鼓干燥、真空干燥等均属于传导干燥。

③ 辐射干燥　用波长为 2.5 ~ 1000μm 的红外电磁波作为辐射源，湿物料吸收电磁辐射能并转化为热能，使物料中的湿分汽化，同时用流动的空气为载湿体或用抽真空的方式带走湿分。辐射干燥的特点是安全、卫生、干燥速度快、易于控制，但耗电量较大，设备投入较高。

④ 介电干燥　利用在高频电场或微波场（为超高频电场）的作用下，使物料中的极性分子（如水分子）及离子产生偶极子转动和离子传导等能量转换效应，将辐射能转化为热能，使物料中的湿分汽化，并用空气带走汽化后的湿分，从而达到干燥的目的。

高频或超高频电场对非导体有强大的穿透能力，因而加热不是由外而内，而是内外同时加热，物料内部水分多的部位温度高、汽化速度快、水蒸气分压大。此时，传热与传质方向一致，干燥速度较快。

⑤ 冷冻干燥　先将物料冷冻至冰点之下，使物料中的水结成冰，然后抽真空并维持一定的真空度，再用热传导方式供热，使冰直接升华为水蒸气而除去。冷冻干燥属于低温操作，可以保存被干燥物料的原有结构和特性，但设备的投入和操作费用均较高。在药品生产中，冷冻干燥常用于生化制品的干燥。

在实际生产中，上述各种干燥方式以对流干燥应用最为广泛。

9.1.3 对流干燥流程

对流干燥普遍使用空气作为干燥介质，湿分通常为水或有机溶剂。

图 9-1 为对流干燥的工艺流程。

经净化加热的空气，在干燥器内流过湿物料表面，与湿物料之间进行充分的传热与传质，最终达到工艺所要求的湿含量。

对流干燥方法在生产中的工艺流程基本一致，不同方法的区别在于传热方式、途径及装卸物料的操作方式不同。

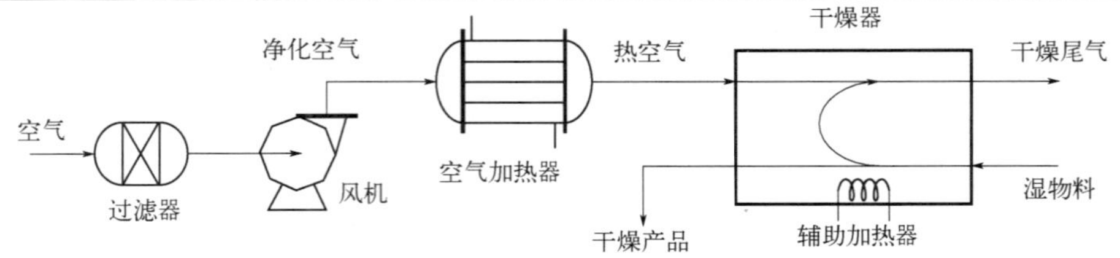

图 9-1　常压连续对流干燥流程

9.1.4　对流干燥的基本原理

对流干燥过程中，作为干燥介质的空气既是载热体，也是载湿体。

图 9-2 为对流干燥原理图。图中 T 为流动热空气主体温度；p 为空气湿分蒸气压；T_w 为物料表面温度；p_w 物料表面湿分蒸气压；Q 为热空气传递给湿物料热量；W 为湿物料中汽化并传递至热空气主体的湿分。

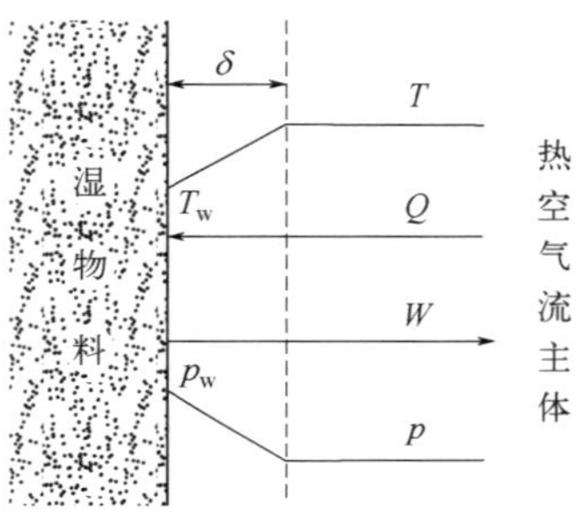

图 9-2　对流干燥过程

δ—湿物料表面气膜的有效厚度

一定干燥温度 T 时，在温度差 $\Delta T = T-T_w$ 推动下，流动的热空气将热量 Q 传给湿物料，物料表面湿分受热汽化，产生蒸气压力 p_w。当 p_w 大于干燥介质中湿分蒸气分压 p 时，湿分蒸气将在压力差 $\Delta p=p_w-p$ 作用下向干燥介质扩散，物料表面湿含量将下降。与此同时，物料内部的湿分在不同物理因素（如浓度差、压力差、表面能等）的联合作用下以液态或气态的形式向表面移动，并在表面持续受热而汽化。流动的热空气将热量持续传递给湿物料，以提供湿分汽化所需的汽化潜热，并维持一定的温度。上述过程连续进行，使物料中的湿分不断被移出，最终使物料中的湿分下降至规定要求。

对流传热是传热与传质的双向过程，温度差 ΔT 和压力差 Δp 是对流传热的两个重要工艺参数。传热的必要条件是存在温度差 ΔT，传质的必要条件是存在压力差 Δp，理论上，两值相差越大，传热与传质速率越快，干燥过程越快，干燥过程进行也越彻底，产品中湿含量也越低。

若物料表面水分所产生的水蒸气分压低于干燥介质中的水蒸气分压，则物料将从介质中吸湿，即通常所说的“反潮”。

9.2　干燥过程衡算

9.2.1　物料衡算

把含有水蒸气的空气称作湿空气，把湿空气中除水蒸气以外的部分称作干空气。把 1kg 干空气中含有的水蒸气的质量称为湿度，单位为 $kg/kg_{绝干空气}$。把 1kg 湿物料中所含水分的质量称为湿基含水量，kg / kg$_{湿物料}$。把 1kg 绝对干燥物料（不含水分的物料）中所含水分的质量称为干基含水量，kg / kg$_{绝干物料}$。

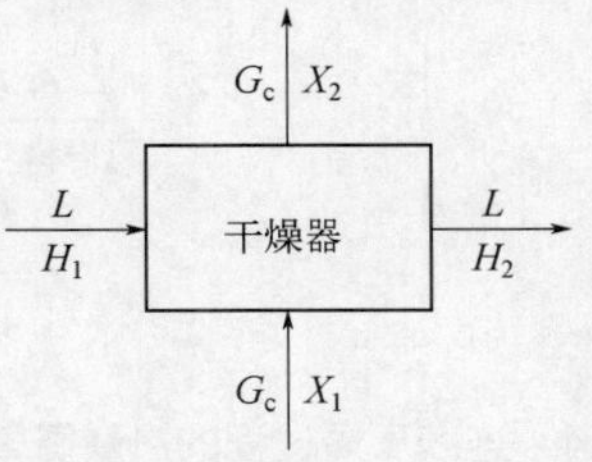

图 9-3 连续干燥过程的物料衡算

G_c—绝干物料量，kg/s；X_1、X_2—干燥前后物料的干基含水量，kg / kg$_{绝干物料}$；L—进、出干燥器绝干空气的质量流量，kg/s；H_1、H_2—进、出干燥器的湿空气的湿度，kg/kg（以绝干物料计）

图 9-3 是连续干燥物料衡算示意图。

（1）水分蒸发量

对干燥过程的水分进行物料衡算

$$LH_1 + G_c X_1 = LH_2 + G_c X_2 \tag{9-1}$$

设干燥过程中水分的蒸发量为 W，则

$$W = L(H_2 - H_1) = G_c(X_1 - X_2) \tag{9-2}$$

（2）空气消耗量

绝干空气的质量在经过干燥器前后质量不变。湿物料中蒸发出来的水分进入空气中，所以空气中增加的水蒸气的量等于物料中水分减少的量，即

$$L = \frac{W}{H_2 - H_1} \tag{9-3}$$

设湿空气的消耗量为 V，则

$$V = L(1 + H_1) \tag{9-4}$$

将式（9-3）代入（9-4），得

$$V = \frac{W}{H_2 - H_1}(1 + H_1) \tag{9-5}$$

式（9-5）表明，当蒸发的水量一定时，需要的空气量与进、出干燥器的湿空气的湿度有关，与干燥过程无关。进入干燥器的湿空气的湿度越大，需要的空气量就越大。

（3）干燥产品产量

设干燥过程中，单位时间进、出干燥器的湿物料质量分别为 G_1、G_2；干燥前后物料的湿基含水量分别为 w_1、w_2。

$$G_1(1 - w_1) = G_2(1 - w_2) \tag{9-6}$$

$$G_2 = G_1 \frac{1 - w_1}{1 - w_2} \tag{9-7}$$

9.2.2 热量衡算

干燥过程包括空气预热和湿物料干燥两部分。

（1）对预热器进行热量衡算

连续干燥过程的热量衡算如图 9-4。将含有 1kg 绝干空气的湿空气温度升高 1℃所需要的热量等于将 1kg 绝干空气和其中质量 H（kg）的水蒸气温度升高 1℃需要的热量总和。预热器将空气从 T_0 加热至 T_1 所需的热流量 Q_0 为

$$Q_0 = L(c_g + c_v H_1)(T_1 - T_0) \tag{9-8}$$

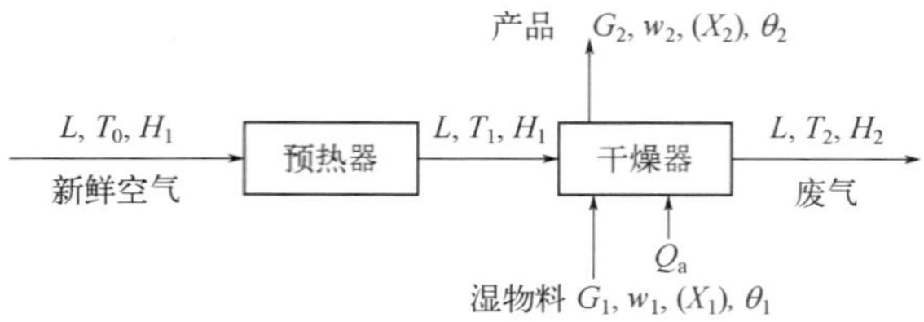

图 9-4 连续干燥过程的热量衡算

T_0、T_1—空气进出入预热器的温度，℃；T_2—空气出干燥器的温度，℃；θ_1、θ_2—湿物料干燥前后的温度，℃；Q_a—向干燥器中补充的热流量，kJ/s

式中，c_g为干空气比热容，1.01kJ / (kg$_{绝干空气}$ · ℃)；c_v为水蒸气比热容，1.88kJ / (kg$_{水蒸气}$ · ℃)。则有

$$Q_0 = L(1.01+1.88H_0)(T_1 - T_0) \tag{9-9}$$

（2）对干燥器进行热量衡算

带入干燥器的热量来自两部分，一部分是预热后的热空气在干燥器中放出的热量 Q_e，另一部分是干燥器内加热器提供的补充热流量 Q_a。干燥器消耗的热量有 4 个方面：加热物料消耗的热流量 Q_m；蒸发水分消耗的热流量 Q_w；干燥器的热流量损失 Q_L；空气带走的废热 Q_q。

根据能量守恒定律，有

$$Q_e + Q_a = Q_m + Q_w + Q_L + Q_q \tag{9-10}$$

有

$$L(1.01+1.88H_1)(T_1 - T_0) + Q_a = Q_m + Q_w + Q_L + L(1.01+1.88H_1)(T_2 - T_0) \tag{9-11}$$

因为

$$L = \frac{W}{H_2 - H_1}$$

有

$$\frac{T_1 - T_2}{H_2 - H_1} = \frac{Q_m + Q_w + Q_L - Q_a}{W(1.01+1.88H_1)} \tag{9-12}$$

（3）干燥器的热效率

干燥器的热效率 η 通常被定义为：

$$\eta = \frac{\text{干燥系统中汽化水分所消耗的热量}}{\text{向干燥系统加入的总热量}} \times 100\% \tag{9-13}$$

干燥系统的热效率越高，表示热利用率越好。降低干燥器排放空气温度可以提高热效率，但干燥器排放空气温度降低，会导致干燥速度减慢，干燥时间延长，设备容积随之需要增大，降低生产效率，增加设备的投入等费用。温度降得过低，则可能接近或低于露点温度。一般干燥器排放空气温度要比进干燥器空气的绝热饱和温度高，具体的温差值需要根据实验条件和物料特性进行测定。

提高空气的预热温度，减少空气的用量，使排放空气带走的热量相应减少，同样可以提高热效率，但对热敏性物料不适用。因此为减少空气用量，常采用在干燥器内设置一个或多个中间加热器来提高热效率。

此外，加强干燥系统的保温措施、回收余热等方法，也可以提高干燥过程的热效率。

9.3 干燥设备

药物种类繁多，物理和化学性质复杂多样，质量标准和工艺对干燥的要求各不相同，相应的干燥方式和设备也是多种多样的。按供热方式的不同，干燥设备可分为对流干燥器、传导干燥器、辐射干燥器、介电干燥器和冷冻干燥设备。

9.3.1 对流干燥器

9.3.1.1 厢式干燥器

厢式干燥器属于对流干燥器，是一种间歇式干燥器，小型的通常称为烘箱，大型的称为烘房。典型厢式干燥器结构如图 9-5 所示。

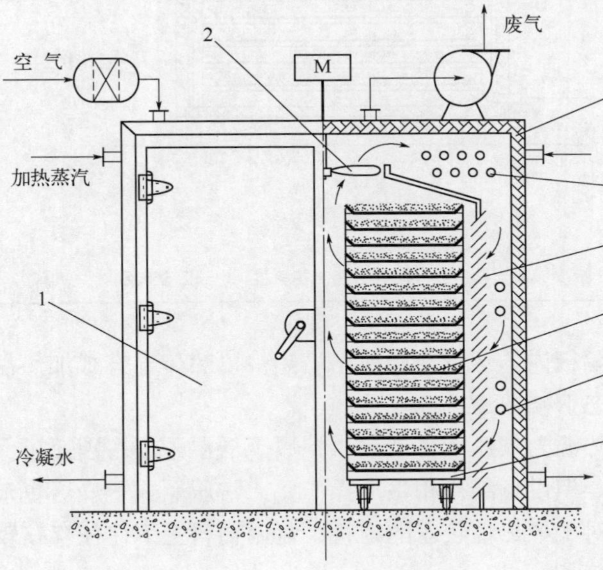

图 9-5　水平气流厢式干燥器

1—干燥器厢门；2—循环风扇；3—隔热器壁；4—上部加热管；5—气流导向板；6—干燥物料；7—下部加热管；8—载料小车；M—电机

热源既可用蒸汽，也可用电加热器。干燥介质为净化的自然空气及部分循环热空气，烘盘装载于小车上，被干燥的物料保持静止状态，料层厚度一般为 10 ~ 100mm。热风在气流导向板的作用下沿物料表面和烘盘底面水平流过，与湿物料之间进行传热和传质交换。

在循环风机的作用下，汽化的部分湿分随干燥废气一起由废气排出口排出。为节约能源，常将部分废气循环使用，即对部分废气重新加热，并与进风口补充进来的部分湿度较低的新鲜空气一起进入干燥室。当物料湿含量达到工艺要求时即可停机出料。

厢式干燥器具有结构简单、投资少、适应性强、应用范围广等优点；缺点是物料不能很好地分散，热风只在物料表面流过，热空气与物料的接触面积小，干燥不均匀，产品质量不稳定，热能利用率低，干燥时间长，劳动强度大，在装卸和翻动物料时易产生扬尘。

若被干燥药物不耐高温或易于氧化或有其他特殊要求，则可用真空厢式干燥器对其进行干燥。此类干燥器的干燥室为钢制外壳，横截面为长方形或圆形，内部安装有多层空心隔板，分别与进气多支管及冷凝液多支管相接，其结构如图 9-6 所示。

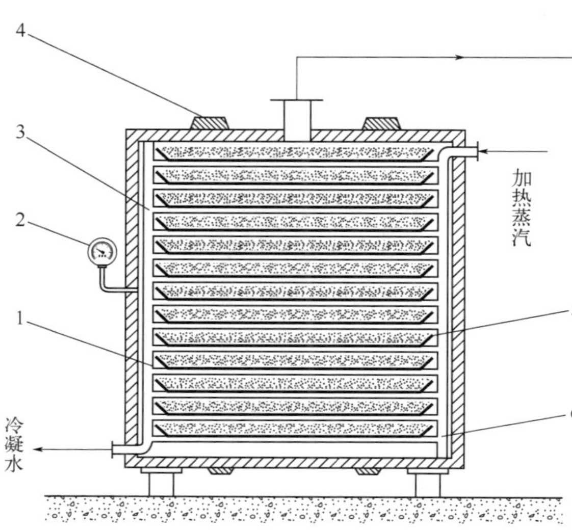

图 9-6　真空厢式干燥器

1—空心隔板；2—真空表；3—冷凝液多支管；4—加强筋；5—物料盘；6—进气多支管

干燥时通入空心隔板内的蒸汽冷凝放出潜热，以热传导方式加热盘内物料，并汽化水分，水蒸气在真空状态下被抽走。

真空厢式干燥器热源为低压蒸汽或热水，属于低温干燥，因而可保护药物有效成分，并减少对药物的污染。但设备结构和生产操作要比常压厢式干燥器复杂，设备投入和操作费用也较高。此外，对于导热性较差的物料，盘内物料上下往往存在较大的温差，以致干燥不均匀，干燥时间较长。

9.3.1.2　带式干燥器

带式干燥器又称带干机，是制药生产中常用的连续对流干燥设备，其工艺流程是将湿物料置于连续传动的运送带上，用流动的热空气加热物料，使物料温度升高，物料中的水分汽化而被干燥。

典型的带式干燥器结构如图 9-7 所示，它由加料装置、加热器、热空气循环电机和传送网带等组成。

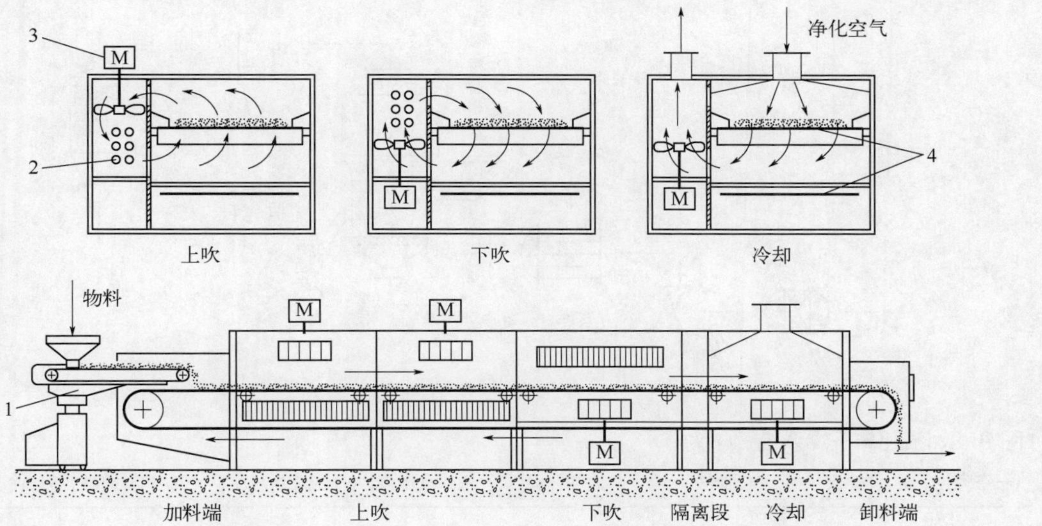

图 9-7　带式干燥器

1—摆动加料装置；2—加热器；3—热空气循环电机；4—传送网带

传送带常用不锈钢丝网或穿孔不锈钢薄板制成。工作时，一定粒度的湿物料被连续均匀地分布到具有网目结构的传送带上，传送带以一定速度传送，空气经过滤、加热后，垂直穿过物料和传送带，完成传热和传质过程，被干燥后的物料传送至卸料端自动卸出，整个干燥操作连续进行。

物料处理时间比较长时，可以使用多层带式干燥器，上下传送带反向运行，每层物料由上而下自然下落转移，同时翻动物料。

为使干燥过程能均衡有效地进行，并合理利用能源，节约设备运行费用，可针对干燥过程的不同阶段，将干燥室分隔成几个区间分段控制。每个区间可独立控制温度、风速等工艺参数，热风既可自上而下穿流，也可自下而上穿流。进料口附近为湿含量较高的区间，可选用温度、气流速度都较高的操作参数；中间段可适当降低温度和气流速度；末端气流用于物料的冷却，因而不需加热。

带式干燥器仅适用于具有一定粒度且没有黏性的固态物料干燥。此外，带式干燥器的生产效率和热效率较低，占地面积较大，环境噪声也较大。

9.3.1.3　流化床干燥器

流化床干燥器是一种典型对流干燥器，是流态化技术在干燥生产中的具体应用。流化床干燥器主要由鼓风机、加热器、分布板、流化干燥室、旋风分离器和袋式除尘器等组成，如图 9-8 所示。

干燥器工作时，经过滤加热的空气以一定流速穿过分布板，板上加载一定粒度湿物料，湿物料被穿流而过的热空气吹起，但不会吹走，处于似沸腾的悬浮跳动状态，即流化状态，称之为流化床。热空气在处于流化状态的湿颗粒间流过，于动态下与湿物料之间进行快速传热和传质，从而使湿物料被迅速干燥。

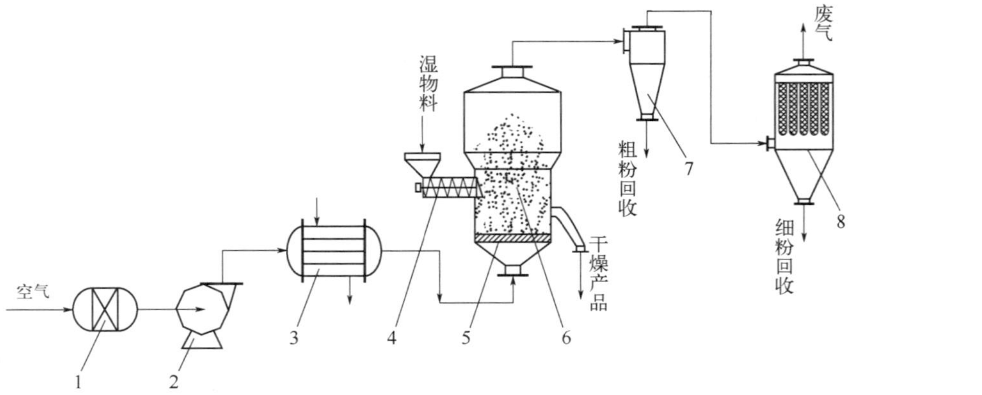

图 9-8　流化床干燥系统

1—空气过滤器；2—鼓风机；3—加热器；4—螺旋加料器；5—气体分布板；6—流化干燥室；7—旋风分离器；8—袋式除尘器

气流吹动物料颗粒所需速度区间的下限值称为临界流化速度，上限值称为带出速度。低于临界流化速度时，物料不能被吹起；高于带出速度时，物料被气流带走。两种情况均为流化干燥操作的不正常工作状态。

流化床干燥器结构简单、紧凑，造价较低。由于物料与气流之间可充分接触，因而接触面积较大，干燥速率较快。此外，物料在床内停留时间可根据需要进行调节，因而特别适用于难干燥或含水量要求较低的颗粒状物料干燥。若向流化床内喷入黏结剂和包衣液，则可将造粒、包衣、干燥三种过程一次完成，称为一步流化造粒机。其缺点是物料在床内停留时间分布不均匀，因而容易引起物料的短路与返混，也不适用于易结块及黏性的物料干燥。

9.3.1.4　振动流化床干燥器

流化床干燥必须将物料吹动成流化状态，才能正常工作，热空气消耗量较大，且有死床等不正常现象。将机械振动施加于流化床上，形成振动流化床干燥器，见图 9-9。振动能

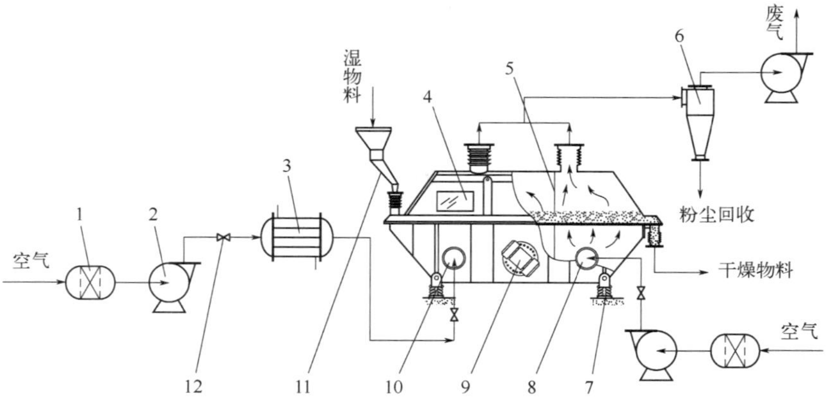

图 9-9　振动流化床干燥器

1—过滤器；2—风机；3—加热器；4—观察窗；5—挡板；6—旋风分离器；7—隔振簧；8、10—冷、热空气进口；9—振动电机；11—加料斗；12—风门

使物料处于振动流化态，减小流化床层的压降，降低临界流化气速，减少热空气消耗量。振动流化床干燥器的缺点是噪声大，设备磨损较大，不适合湿含量大、团聚性较大的物料。

9.3.1.5 气流干燥器

气流干燥是利用高速向上的热气流，使粒状物料悬浮于气流中，随气流并流移动的同时完成传热和传质过程，从而达到干燥物料的目的。

如图 9-10 所示，气流干燥器的主体是一根直立圆筒，称为干燥管。工作时，物料由螺旋加料器输送至干燥管下部。空气由风机输送，经加热器加热至一定温度后高速进入干燥管。在干燥管内，湿物料被热气流吹起，并随热气流一起流动。在流动过程中，湿物料与热气流之间进行充分的传质与传热，使物料得以干燥，经旋风分离器分离后，干燥产品由底部收集包装，废气经袋式除尘器回收细粉后排入大气。

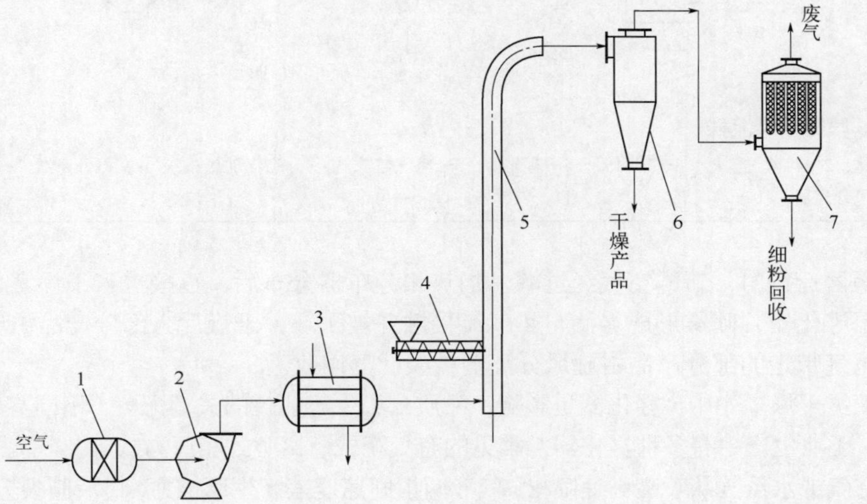

图 9-10 直管式气流干燥器

1—过滤器；2—鼓风机；3—加热器；4—螺旋加料器；5—干燥管；6—旋风分离器；7—袋式除尘器

气流干燥器结构简单，占地面积小，热效率较高。由于物料高度分散于气流中，因而气固两相间的接触面积较大，从而使传热和传质速率较大，所以干燥速率快，干燥时间短，一般仅需 0.5 ~ 2s。由于物料的粒径较小，故临界含水量较低，从而使干燥过程主要处于恒速干燥阶段。因此，即使热空气的温度高达 300 ~ 600℃，物料表面的温度也仅为湿空气的湿球温度，因而不会使物料过热。在降速干燥阶段，物料的温度虽有所提高，但空气的温度因供给水分汽化所需的大量潜热而下降。因此，气流干燥器适用于热敏性物料的干燥。

气流干燥器因使用高速气流，故系统的流动阻力较大，能耗较高，且物料之间的磨损较为严重，对粉尘的回收要求较高。

气流干燥器适用于以非结合水为主的颗粒状物料的干燥，但不适用于对晶体形状有一定要求的物料的干燥。

9.3.1.6 喷雾干燥器

喷雾干燥是利用雾化器将原料液分散成细小雾滴后，通过与热气流相接触，使雾滴中水分被迅速汽化而直接获得粉状、粒状或球状等固体产品的干燥过程。原料液可以是溶液、悬浮液或乳浊液，也可以是膏糊液或熔融液。喷雾干燥具有许多独特的技术优势，因而在制药生产中有着十分广泛的应用。

一般情况下，喷雾干燥流程由气流加热、原料液供给、干燥、气固分离和操作控制 5 个子系统组成。喷雾干燥所用的干燥介质通常为热空气，典型的喷雾干燥流程如图 9-11 所示。

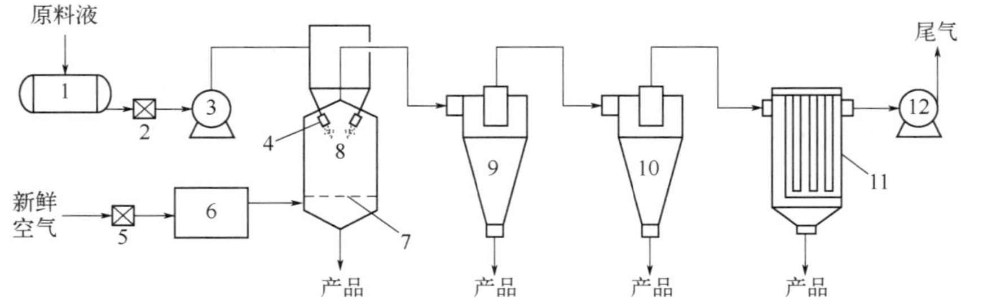

图 9-11 喷雾干燥流程

1—料液贮罐；2—料液过滤器；3—输料泵；4—雾化器；5—空气过滤器；6—空气加热器；7—空气分布器；8—喷雾干燥器；9—一次旋风分离器；10—二次旋风分离器；11—袋滤器；12—引风机

干燥器运行时，新鲜空气经过滤、加热和分布器分布后，直接进入干燥室，原料液由泵输送至雾化器，喷雾形成雾滴与热气流接触并被干燥，干燥后大部分产品由底部直接排出，随尾气带走的部分产品由旋风分离器或袋滤器回收。

在喷雾干燥操作中，雾化器是影响产品质量和生产能耗的关键配置，不同雾化器雾化形式不同。工业生产中有多种雾化器，常见的有气流式、离心式和压力式等。气流式雾化器采用压缩空气或水蒸气从喷嘴高速喷出，气液两相间速度差产生摩擦力，料液撕裂分散成雾滴。离心式雾化器采用高速旋转的转盘或转轮产生离心力，料液由盘或轮的边缘处快速甩出而形成雾滴。压力式雾化器采用高压泵使料液获得高压，料液通过喷嘴时，静压能转变为动能，料液被高速喷出被空气撕裂形成雾滴。气流式、离心式和压力式雾化器结构如图 9-12 所示。

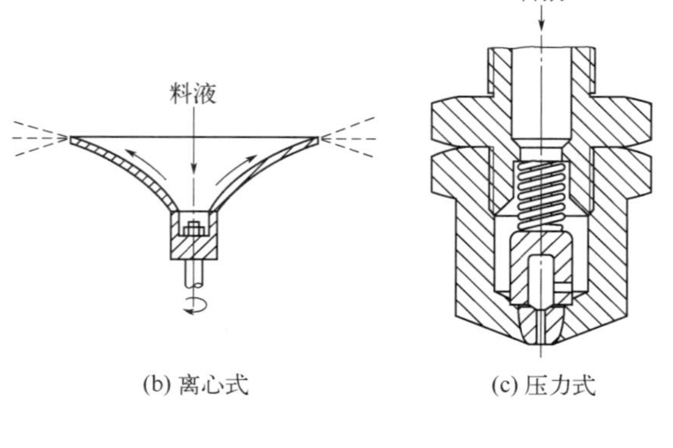

(a) 气流式　(b) 离心式　(c) 压力式

图 9-12 雾化器结构

气流式、离心式和压力式雾化器都可形成相对均匀的雾滴，满足干燥雾化要求。气流式雾化器的结构相对简单，适用范围较广，可处理任何黏度或稍带固体的料液，但动力消耗较大。离心式雾化器操作较为简便，对料液适应性强，操作弹性较大，不易堵塞，适用于处理高黏度或固体浓度较大的料液，但结构相对复杂，对制造和加工技术要求较高，且不适用于逆流操作。压力式雾化器制造成本相对较低，维修方便，生产能力较大，能耗不高，但难以适用于高黏度料液雾化，受喷嘴孔径所限，喷雾前需对料液进行严格过滤。三种雾化器的性能比较如表 9-1 所示。

表 9-1 气流式、离心式和压力式雾化器的性能比较

项目		气流式	离心式	压力式
料液条件	溶液	适合	适合	适合
	悬浮液	适合	适合	适合
	膏糊状	适合	不适合	不适合
	进料量	调节范围较大	调节范围大	调节范围小
雾化器磨蚀情况		中等	小	大
雾化器堵塞情况		中等	小	大
喷雾过程控制		中等	易	难
动力消耗		很大	较小	小
进料压力/MPa		0.1 ~ 0.5	0	2 ~ 40
原料颗粒粒径/mm		0.2 ~ 0.4	0.05 ~ 1	0.1 ~ 0.2
干燥产品	最终含水量	最低	较低	较高
	颗粒粒度	较细	微细	粗大
	粒度均匀性	不均匀	均匀	均匀

与其他干燥操作相比，喷雾干燥的优势表现如下：

① 雾滴比表面积大，能与热气流充分接触，料液干燥速率较快，干燥时间较短，设备生产能力大；

② 由于干燥时间较短，液滴实际感受温度较低，故干燥产品质量较好，尤其适用于热敏性料液处理；

③ 可干燥其他干燥方法难以处理的低浓度溶液，能直接得到小颗粒产品，可省去蒸发、结晶、分离及粉碎等操作，简化产品生产工艺流程；

④ 生产调节相对方便，具有较大操作灵活性，可在大范围内改变操作条件以适应对产品质量的控制；

⑤ 干燥产品通常具有良好的分散性、流动性、溶解性和粒度均匀性；

⑥ 喷雾干燥器是密闭式生产装置，可保证无菌生产，符合 GMP 要求；

⑦ 可连续操作，且操作相对稳定，因而易于实现自动化生产。

喷雾干燥也存在一些不足之处：

① 热空气流温度低于 150℃时，干燥器体积传热系数较低，所以设备体积庞大，投资费用较高；

② 热效率不高，一般并流式和逆流式喷雾干燥的热效率分别在 30% ~ 50%和 50% ~ 75%；

③ 对于细粉产品的干燥生产，常需采用高效分离设备，以避免产品损耗和对环境的污染，因而附属设备较多。

喷雾干燥技术是制药中较为常用的现代生产技术之一，在实际应用中，常会出现以下问题：

① 喷雾器容易阻塞。生产中要去除料液中不溶性杂质，尽可能将料液配制成均匀液态，且料液不可太稠，以能用泵输送为度。喷雾过程中，可不断搅拌使料液保持均匀。此外，向料液中加入适量有助悬效果的辅料，防止产生沉淀，尽量缩短输液泵至喷雾器距离，避免药液在管道中产生沉淀，阻塞喷头。

② 干燥效果不好，出现药粉粘壁或结块现象。其原因主要是喷嘴雾化不好、喷嘴口径选择不当而导致喷量过大，或热空气进风温度太低。解决方法是更换喷嘴或加大电加热器功率，提高空气温度。实践表明，除机械原因外，料液的相对密度和成分能直接影响喷雾效果，料液的相对密度在 1.10 ~ 1.15 时具有较好的流动性和雾化效果。此外，料液含糖量过高、黏度过大也不易雾化和干燥，可加入一定数量的糊精或其他辅料（根据后期工艺所需辅料而定）来解决。

③ 产品颜色变深甚至出现焦煳现象。其主要原因是热空气温过高所致，可通过调节加热器来调节风温。一般来说，风温控制在 150 ~ 180℃时基本能达到比较好的喷雾效果。中药中的一些成分在 160℃左右时可能发生熔融，使干燥药粉黏着结块，应将风温控制在 130 ~ 140℃。

④ 对某些含有易燃易爆溶剂料液，不能按常规方法进行操作，否则会产生安全问题。若药物有效成分在水中是稳定的，则在回收易燃易爆溶剂后，可加水制成混悬液再进行喷雾干燥。或用氮气等惰性气体对整个设备内的空气进行彻底交换，并代替空气循环使用，进行喷雾干燥。

9.3.2 传导干燥器

传导干燥器包括转鼓干燥器、耙式干燥器、板式干燥器等。以下以转鼓干燥器为例，说明其结构及特点。

转鼓干燥器是一种内加热式传导型干燥设备。按转鼓数量的不同，转鼓干燥器可分为单鼓、双鼓和多鼓干燥器。常见的单鼓和双鼓干燥器如图 9-13 所示。

工作时流态物料以膜的形式附着于金属转鼓上，或以压辊均匀碾压成膜于转鼓上。鼓内通入热空气或水蒸气加热，热量由鼓壁直接传导给湿物料，物料中的湿分因受热而汽化，并被空气带走，随后用刮刀将干燥后的物料铲下。

转鼓干燥器适合于浆状、饱和溶液、悬浮液等物料的干燥，可由流态物料直接得到固体干物料，从而省去了传统加工过程中的浓缩、结晶、过滤等多种单元操作。转鼓传导的热效率高，可达 80% ~ 90%；干燥时间短，因而适合于热敏性物料的干燥。此外，转鼓干燥器还具有适应能力强、操作弹性大、易于改变干燥条件、生产效率高、劳动强度低、易于实现自动化等特点。

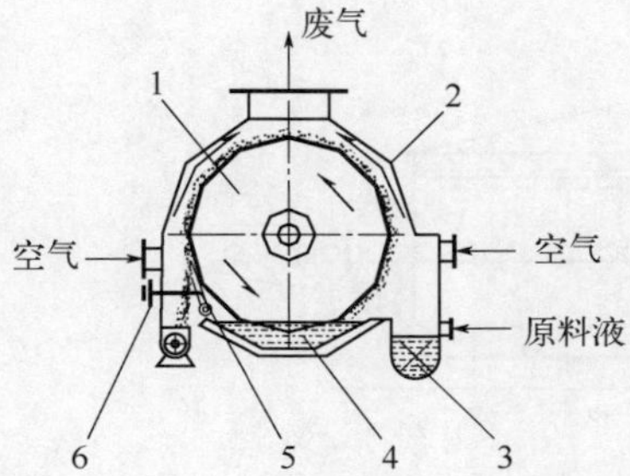

(a) 浸液进料单鼓干燥器

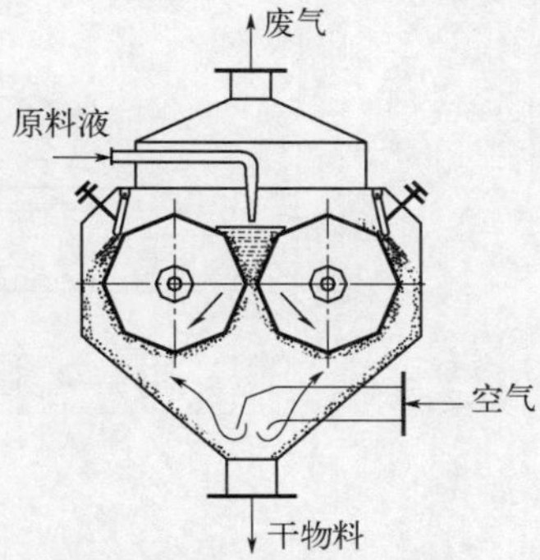

(b) 中心进料双鼓干燥器

图 9-13　转鼓干燥器

1—转鼓；2—机壳；3—贮液槽；4—原料液；5—刮刀；6—刮刀调节杆

9.3.3　辐射干燥器

辐射干燥器是利用辐射传热原理对湿物料进行加热的设备，其典型设备是红外干燥器。

红外干燥属于辐射干燥，其原理是利用红外辐射器发出的红外线被湿物料所吸收，引起分子激烈共振并迅速转变为热能，从而使物料中的水分汽化而达到干燥的目的。由于物料对红外辐射的吸收波段大部分位于远红外区域，如水、有机物等在远红外区域内具有很宽的吸收带，因此在实际应用中以远红外干燥技术最为常用。

红外辐射加热器的品种较多，按能量转换情况的不同，红外辐射加热器可分为直热式和间热式两大类。直热式的基体为电热元件，通电后直接将电能转变为热能，热能再通过涂层转变成红外辐射能；间热式中作为热源的发热体不是将热直接传给涂层，而是先传给基体，基体再传给辐射涂层。

红外辐射加热器主要由涂层、热源和基体三部分组成。

① 涂层　涂层是加热器的功能部分，其作用是在一定温度下能发射具有所需波长和较大功率的红外辐射线。涂层多用烧结的方式涂布于基体上，常用的涂层材料有副族元素、稀土元素等金属盐类的烧结物以及碳化硅等非金属化合物。

② 热源　热源的作用是向涂层提供足够的能量，使辐射涂层正常发射红外线。热源必须具有足够的工作温度。常用的热源有电阻发热体、燃烧气体、蒸气和烟道气等。

③ 基体　基体用于安装和固定热源或涂层，多用耐温、绝缘、导热性能良好、具有一定强度的材料制成，如碳化硅陶瓷烧结体等。

红外辐射干燥设备与对流传热干燥设备有一定的相似之处，若将前面所介绍对流干燥器的热源换成红外辐射器，则大多可改装成红外干燥器。图 9-14 为常见的带式红外线干燥器。

红外干燥具有以下特点。

① 与普通干燥法相比，红外干燥的速度快，干燥时间短。

② 红外干燥不需要干燥介质，蒸发水分的热能是物料吸收红外线辐射能后直接转变而来的，因此能量利用率较高。

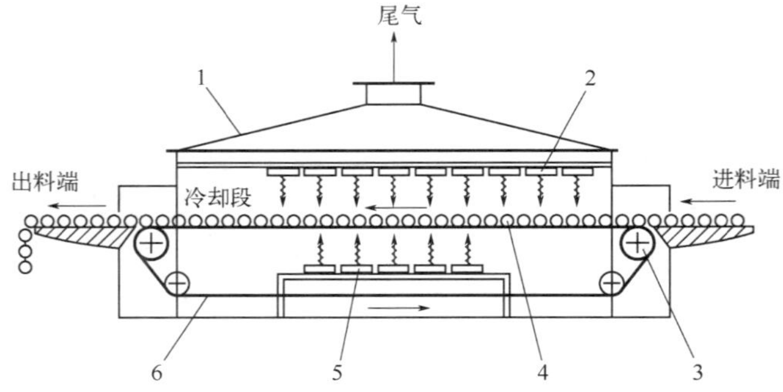

图 9-14 带式红外线干燥器

1—排风罩；2，5—红外辐射板；3—驱动链轮；4—物料；6—传送网带

③ 红外干燥可适合多种形态物料的干燥。

④ 与其他干燥器相比，红外干燥器的结构简单，调控操作灵活，易于自动化，设备投资也较少，维修方便。

⑤ 制药生产中的红外线辐射加热器多使用电能，因而电能费用较高。

⑥ 红外线辐射穿透深度有限，穿透深度一般为 2 ~ 8 mm，且与辐射距离密切相关，物料表里温度不均匀，干燥物料的厚度受到限制，仅限于薄层物料的干燥。

9.3.4 介电干燥器

介电干燥器是利用介电加热原理来干燥物料的设备，微波干燥器是介电干燥器中常见的一种。

微波是指频率在 300 MHz ~ 300 GHz 的高频电磁波。微波干燥技术是在微波理论和技术及微电子管成就的基础上发展起来的一种介电干燥技术。在微波作用下，被干燥物质中的水等极性小分子可快速转向振动，并定向排列，由此而产生的撕裂和相互摩擦可产生很强的热效应，从而将水分从物料中驱出达到干燥目的。

微波干燥器主要由直流电源、微波发生器、波导装置、微波干燥室、传动系统、冷却系统及控制系统等组成，如图 9-15 所示。

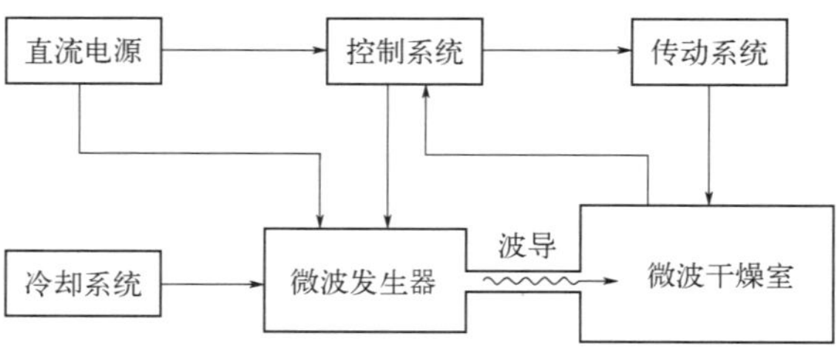

图 9-15 微波干燥系统

① 直流电源 将普通交流电源经变压、整流成直流高压电。根据微波发生器要求不同，对电源要求也不同，小功率微波管常采用单相全波整流或单相半波倍压整流电源。大功率

微波干燥器采用三相全波桥式整流电路。

② 微波发生器　由微波管和微波管(磁控管)电源两部分组成，其中微波管电源的作用是将交流电能转变为直流电能，为微波管的工作创造条件。微波管是微波发生器的核心，其作用是将直流电能转换成微波能量。干燥中常使用的微波频率为 2450 MHz。

③ 波导装置　由中空的光亮金属短管组成，可弯转扭曲，其作用是将微波能量传输至微波干燥室以对湿物料进行加热干燥。

④ 微波干燥室　对物料进行加热干燥的腔体。

⑤ 冷却系统　用于对微波管的腔体等部分进行冷却，冷却方式可以采用风冷或水冷。一般情况下，水冷可以有效地提高磁控管使用寿命。

⑥ 微波泄漏保护装置　由于生命体对微波能量的吸收可达 20% ~ 100%，因而会对生命体产生强烈的生理影响和伤害作用，所以必须严格控制微波的泄漏。目前，预防微波泄漏的常用方法主要有三种：第一，以导体金属制作干燥室内壁，室门闭合处运用扼流门结构；第二，使用电抗性微波漏能抑制器；第三，在出口处加装损耗介质。

图 9-16 是一种应用较多的厢式微波干燥器，其工作原理和结构与家用微波炉类似。为使干燥均匀，干燥室内常安装有搅拌装置和料盘转动装置。

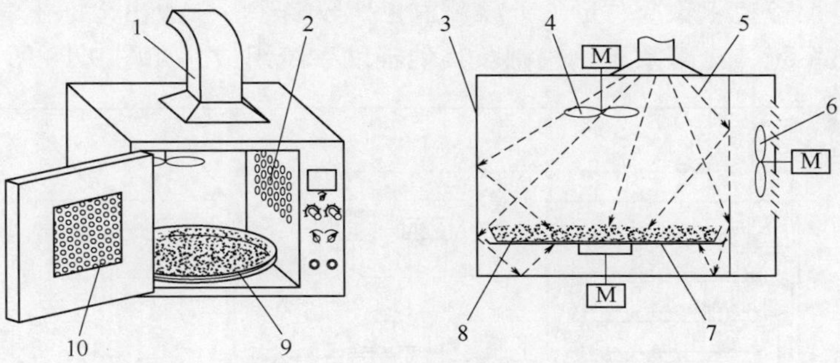

(a) 结构示意　　(b) 干燥工作原理

图 9-16　厢式微波干燥器

1—波导；2—排湿孔；3—金属反射腔体；4—金属模式搅拌器；5—微波输入；6—排湿风扇；7—旋转台；8—物料；9—绝缘体料盘；10—观察窗

图 9-17 是一种连续式多谐振腔隧道微波干燥器，此种干燥器可获得较大的微波功率。为防止微波泄漏，在进出口处设置有泄漏抑制器以及吸收微波的损耗介质。

微波干燥器是一种介电加热干燥器，水分汽化所需热能并不依靠物料本身的热传导，而是依靠微波深入到物料内部，并在物料内部转化为热能，因此微波干燥速度很快。微波加热是一种内部加热方式，且含水量较多的部位，吸收能量也较多，即具有自动平衡性能，可避免常规干燥过程中表面硬化和内外干燥不均匀现象。微波干燥热效率较高，无环境污染，且可避免操作高温环境，劳动条件较好。微波干燥易于实现自动化和自动控制，可满足 GMP 要求。其缺点是设备投资大，能耗高，若安全防护措施欠妥，泄漏微波会对人体造成伤害。

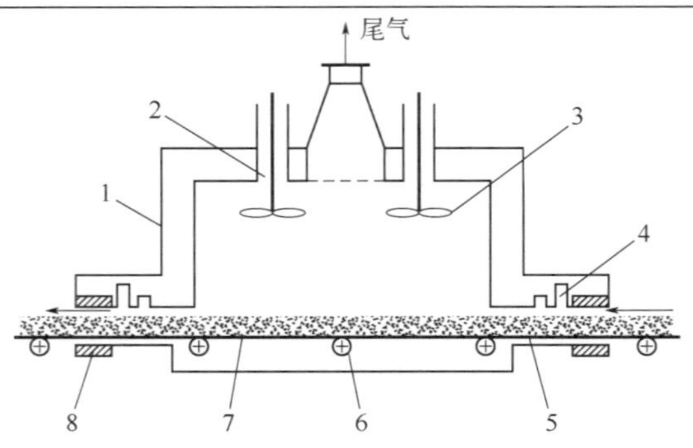

图 9-17 连续式多谐振腔隧道微波干燥器

1—微波干燥室；2—微波输入；3—模式搅拌器；4—抑制器；5—物料；6—皮带轮；7—传送带；8—损耗介质

9.3.5 冷冻干燥设备

冷冻干燥是将湿物料冷冻至冰点以下，而后置于高真空环境中加热，使水分由固态冰直接升华为气态水蒸气而除去，最终达到干燥目的。冷冻干燥也称为真空冷冻干燥，简称冻干。

冷冻干燥对设备要求较高，整个干燥装置也比较复杂，一般由冷冻干燥厢、真空机组、制冷系统、加热系统、冷凝系统、控制及其他辅助系统组成，如图 9-18 所示。

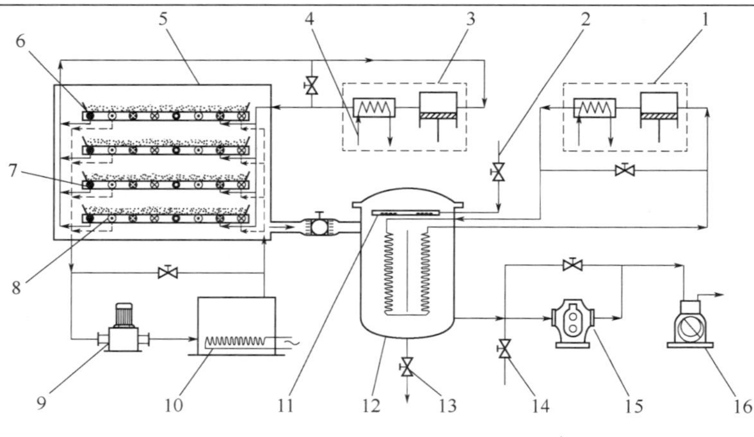

图 9-18 冷冻干燥机组示意图

1，3—制冷机组；2—化霜进水管；4—冷却水进管；5—冷冻干燥厢；6—隔板及物料盘；7—制冷管道；8—加热管道；9—循环油泵；10—加热油浴；11—化霜喷水管；12—水蒸气凝华器；13—排水阀；14—放空阀；15—罗茨泵；16—旋转真空泵

① 冷冻干燥厢　是冷冻干燥器核心部分，为可开启密封容器。干燥时先降温冷冻，结冰后抽成真空。厢内安装有承载物料的隔板，制冷管道和加热管道与隔板为一体化结构。为方便观察物料干燥情况，厢体或厢门上安装有视镜。

② 真空系统　真空条件下冰升华后水蒸气体积比常压下要大得多，故冷冻干燥对真空系统要求较高，一般可采取两种抽真空方法。

一是使用两级真空泵抽真空，前级泵先将大量的气体抽走，达到一定真空度后，再使用二级主泵。常用的前级泵有水喷射泵、水蒸气喷射泵、液环真空泵等；主泵使用罗茨真空泵、旋片泵和油扩散泵等。

二是在干燥厢和真空泵之间加设水蒸气凝华器，使抽出水蒸气冷凝，以降低气体量。水蒸气凝华器又称捕水器，属于传热设备。常用的有盘管式和列管式两种，前者用于小型冻干机，后者用于大型冻干机。

③ 制冷系统　制冷系统有两组，一组用于冷冻干燥厢制冷，另一组用于水蒸气凝华器制冷。

④ 加热系统　用于向物料提供水分升华、解吸所需热量。供热方式分为传导供热和辐射供热，传导供热又分为直热式和间热式。直热式以电加热直接给隔板供热为主，间热式利用热媒通过管道为隔板供热。辐射供热主要采用红外线加热。

按冻干面积不同，冷冻干燥器一般分为大型、中型和小型三大类，医药生产用大型冻干机隔板面积一般在 $6m^2$ 以上，中型生产或中试用冻干机的隔板面积一般在 $1 \sim 5m^2$，小型或实验用冻干机的隔板面积一般在 $1m^2$ 以下。

冷冻干燥有以下优点：

① 物料在低压缺氧环境中干燥，物料中易氧化成分不易发生氧化变质，缺氧也有利于灭菌和抑制细菌活力。

② 操作温度低，特别适用于处理热敏性物料，避免物料因干燥受热分解变质，几乎不会发生因色素分解造成的产品褪色，或由于酶和氨基酸所引起的产品褐变等现象，能较好地保留物料的色泽、味道和成分等。

③ 物料在脱水前被冻结，形成相对稳定的固体骨架，干燥后产品可基本保持原有物料形状，常为质地疏松的多孔结构，具有良好速溶性和快速复水性。

④ 经过快速预冻处理，物料中水分以冰晶形态存在，溶解于水中的无机盐等物质也被均匀地分配其中，升华时就近析出，避免了一般干燥方法因无机盐在表面析出而产生产品表面硬化等问题。

⑤ 冷冻干燥脱水较彻底，产品重量轻，采用真空包装后产品保质期较长。

冷冻干燥的主要缺点是能耗大、干燥时间长、设备的投资与操作费用较高等。此外，由于产品一般呈多孔疏松状结构，故不宜直接暴露于空气中，以免吸湿和氧化，因此对产品的包装和贮藏均有较高要求。

9.3.6　其他组合干燥设备

组合干燥是综合运用干燥技术、实验技术、制药工程与设备，并结合物料特性而进行干燥方法的可行性选择与优化组合。组合干燥方案很多，下面仅举几例以供学习和参考。

9.3.6.1　真空组合干燥

真空干燥的一大缺点是热量传递慢，干燥速度慢，干燥时间长，生产效率低。若将其他方法与真空干燥组合，则可取长补短，使物料的干燥过程更加合理和经济。

真空的缺氧环境，特别适合于对氧敏感物料的干燥。辅以低温冷冻则可保证物料中的有效成分不分解、生物活性成分不失活。再配以新型热源，则可推出多种新型干燥设备。

制药生产中将真空干燥与其他干燥方法相结合对物料进行干燥的例子很多，如真空冷冻干燥器、真空转鼓干燥器、真空耙式干燥器、红外真空干燥器、微波真空干燥器和真空喷雾冻干器等。

9.3.6.2 喷雾组合干燥

喷雾干燥是制药生产中的常用干燥方法，但对一些难以干燥的物料以及含水过多或喷雾颗粒过大的物料，则可能出现产品干燥不完全的情况。一种有效的解决方法是将喷雾干燥与带式干燥相组合，如图 9-19 所示。

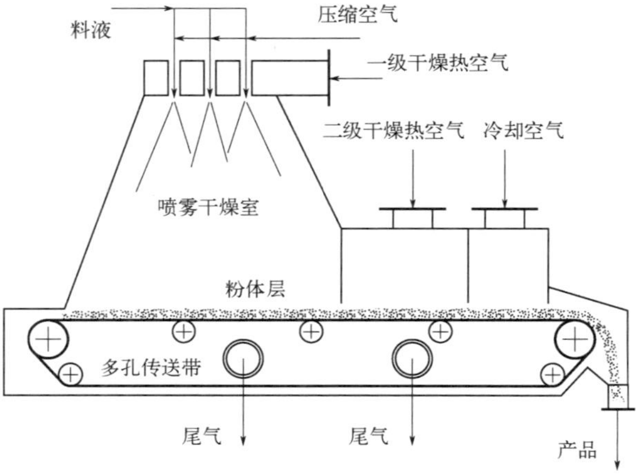

图 9-19 喷雾干燥与带式干燥的组合

将喷雾干燥的初级粉体直接降落于干燥室下部的多孔输送带上，以穿流气流进行二级干燥，在带上做短时间干燥停留后，进入三级干燥区，最后冷却。

喷雾干燥与流化床干燥相组合是干燥技术综合运用的创新范例。图 9-20 是将喷雾、流化床、制粒相组合的新型干燥装置，运用这种组合技术可将液态料直接加工成一定粒径的干燥颗粒料，整个过程集浓缩、结晶、过滤、干燥、粉碎、制粒等单元操作于一体。

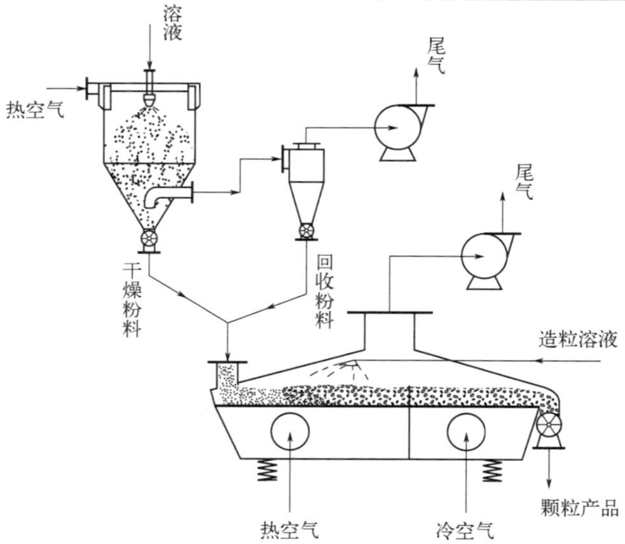

图 9-20 喷雾干燥与振动流化床干燥的组合

9.3.6.3 辐射、介电组合干燥

辐射和介电干燥均为快速、高效、节能、低噪声、清洁卫生的干燥方法。将辐射源或介电场作为热源，可与其他多种干燥方法相组合，如红外带式干燥器和微波带式干燥器等。

组合干燥是一个综合性项目，其目的是在满足产品质量要求的前提下，尽可能做到省时、节能，并提高经济效益，其发展潜力巨大，应用前景广阔。

9.4 干燥设备的选型

9.4.1 干燥设备的基本要求

在进行干燥设备选型时，应满足以下基本要求。

① 质量要求　选择干燥器必须满足干燥产品质量要求，经干燥后产品有效成分损失不能超标，湿含量应符合规定值，产品的外观、色泽、强度等物理指标应合格，并能确保在贮藏期内不变质、不霉变。

② 生产能力　生产能力取决于生产任务，设备的生产能力必须满足生产任务要求。

③ 工艺要求　干燥器必须与药品的生产工艺相适应，选型时既要考虑生产工艺对物料状态、结构和成分的影响，又要考虑物料对干燥速度、时间、温度及干燥介质等要素的要求。

④ 经济性要求　从经济效益的角度考虑，要求干燥设备的投资要少、生产效率要高、能耗要低。此外，设备应具有较长的使用寿命，且维修和保养方便。

⑤ 环境和安全要求　环境要求包括对操作环境的要求及对环境污染的要求。通常要求设备操作方便，运行噪声小，使用清洁能源，操作环境和废气中的粉尘含量少；安全则是对包括废气中的有毒及易燃、易爆气体的处理与排放，真空容器的强度，有害辐射的泄漏等方面的要求。

9.4.2 干燥设备的选择

干燥器的种类很多，特点各异，实际生产中应根据被干燥物料的性质、干燥要求和生产能力等具体情况选择适宜的干燥器。在制药化工生产中，许多产品要求无菌、避免高温分解及污染，故制药化工生产中所用的干燥器常以不锈钢材料制造，以保证产品的质量。对于特定的干燥任务，常可选出几种适用的干燥器，此时应通过经济衡算来确定。干燥过程的操作费用往往较高，因此应考虑选择操作费用较低的设备。

从操作方式的角度，间歇操作的干燥器适用于小批量、多品种、干燥条件变化大、干燥时间长的物料的干燥，而连续操作的干燥器可缩短干燥时间，提高产品质量，适用于品种单一、大批量的物料的干燥。从物料的角度，对于热敏性、易氧化及含水量要求较低的物料，宜选用真空干燥器；对于生物制品等冻结物料，宜选用冷冻干燥器；对于液状或悬浮液状物料，宜选用喷雾干燥器；对于形状有要求的物料，宜选用厢式、隧道式或微波干燥器；对于糊状物料，宜选用厢式干燥器、气流干燥器和沸腾床干燥器；对于颗粒状或块状物料，宜选用气流干燥器、沸腾床干燥器；等等。

本章习题

1. 单项选择题

（1）在干燥操作中不能除去的水分属于（　　）。

A. 结合水分；B. 自由水分；C. 非结合水分；D. 平衡水分；E. 吸附水分

（2）同一物料，如恒速段的干燥速率增加，则临界含水量（　　）。

A. 变大；B. 变小；C. 不变；D. 先变大后变小；E. 无法确定

（3）降速干燥阶段除去的水分主要是（　　）。

A. 自由水分；B. 非结合水分；C. 结合水分；D. 平衡水分；E. 结晶水

（4）下列能直接使溶液、乳浊液干燥成粉状或颗粒状制品，可省去蒸发、粉碎等工序，适用于热敏性药物干燥的干燥设备是（　　）。

A. 箱式干燥器；B. 喷雾干燥器；C. 沸腾干燥器；D. 转筒干燥器；E. 气流干燥器

（5）将湿物料置于连续传动的运送带上，用流动的热空气加热物料，使物料温度升高，物料中的水分汽化而被干燥的干燥设备是（　　）。

A. 气流干燥器；B. 带式干燥器；C. 流化干燥器；D. 真空厢式干燥器；E. 喷雾干燥器

2. 判断题（对或错）

（1）沸腾干燥又名流化干燥，主要用于湿粒状物料的干燥，如片剂、颗粒剂等颗粒的干燥。

（2）在喷雾干燥操作中，雾化器是影响产品质量和生产能耗的关键配置。

（3）压力式雾化器采用压缩空气或水蒸气从喷嘴高速喷出，气液两相间速度差产生摩擦力，料液撕裂分散成雾滴。

（4）离心式雾化器采用高速旋转的转盘或转轮产生离心力，料液由盘或轮的边缘处快速甩出而形成雾滴。

（5）气流式雾化器采用高压泵使料液获得高压，料液通过喷嘴时，静压能转变为动能，料液被高速喷出被空气撕裂形成雾滴。

3. 简答题

（1）简述冷冻干燥的原理。

（2）气流干燥为何又叫“瞬间干燥”？解析其干燥原理。

（3）请从物料的角度简述干燥器的选择方法。

（4）喷雾干燥的原理是什么？适用于哪些物料的干燥？

（5）简述流化干燥的原理及特点。

第10章

药物粉碎、筛分与混合

10.1 药物粉碎

10.1.1 粉碎方法

药品生产过程中，由于部分原料或半成品不能更有效地满足下一步生产的需要，所以对于体积过大、不适宜使用的固体原料或不符合要求的半成品，要进行加工使其变成小颗粒，这个过程叫粉碎。

粉碎就是借助于外力部分地破坏物质分子间的内聚力，使药物的大块颗粒变成小颗粒，表面积增大。粉碎可以：

① 增加药物的表面积，促进药物溶解；

② 有利于制备各种药物剂型；

③ 加速药材中有效成分的溶解；

④ 便于调配、服用和发挥药效；

⑤ 便于新鲜药材的干燥和贮存等。

粉碎方法常用的有四种：干法粉碎、湿法粉碎、低温粉碎、超细粉碎。制药的粉碎工艺制定时，可以根据物料的不同性质选择合适的粉碎方法。

① 干法粉碎　指将药物经适当干燥，使药物中的水分降低到一定限度再粉碎的方法。除特殊中药外，一般药物均采用干法粉碎。

② 湿法粉碎　指往药物中加入适量水或其他液体并与之一起研磨粉碎的方法（即加液研磨法）。通常选用的液体以药物遇湿不膨胀、两者不起变化、不妨碍药效为原则。

湿法粉碎的优点：加入的液体减少药物分子间的引力而易于粉碎；对某些有较强刺激性或毒性药物，用此法可避免粉尘飞扬。

③ 低温粉碎　低温时物料脆性增加，易于粉碎，是一种粉碎的新方法，适用于脂胶、黏膏。

④ 超细粉碎　超细粉体通常分为微米级、亚微米级以及纳米级粉体。

10.1.2　药物粉碎设备

（1）气流粉碎机

气流粉碎机利用压缩空气产生的负压将料斗中的物料吸入粉碎腔，物料随着高速气流的运动相互碰撞、粉碎，达到一定粒径的物料随着向心力的减小便向粉碎盘中间靠近，随着气流运动排出粉碎腔，进入旋风分离器和除尘器，如图 10-1 所示。

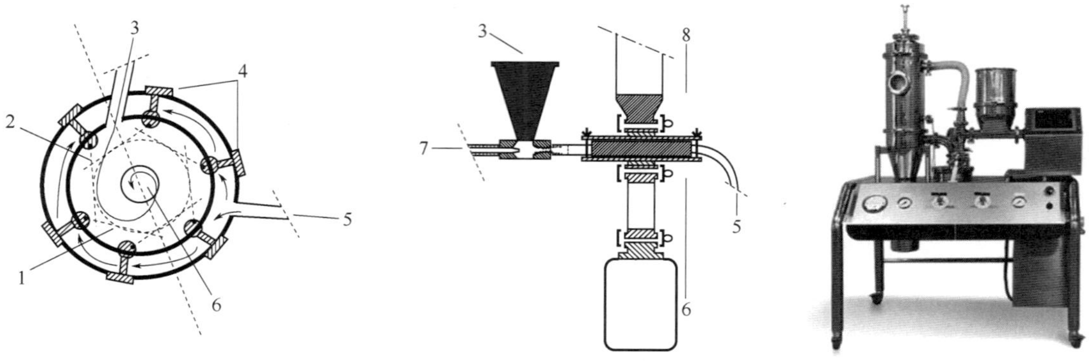

(a) 工作原理　(b) 结构　(c) 实物图

图 10-1　气流粉碎机

1—粉碎腔；2—气流路径线；3—喂料口；4—喷嘴；5—研磨气体（高压气体）；6—出料口；7—喂料气体；8—不合格颗粒

气流粉碎机适合流动性较好、颗粒均匀的物料，进料粒径不能太大，要求 50 目以上最好，粉碎后的物料粒径可达到 180 ~ 800 目，不同物料的粉碎效果也不同。对于有低温要求的物料具有很大优势，可作为首先的粉碎方式。

（2）锤式粉碎机

锤式粉碎机（图 10-2）利用高速旋转的转子，可以将坚硬的、结晶状的、纤维状的物料粉碎至 30 ~ 150μm。进料粒径一般情况下要求小于 5mm。

（3）万能粉碎机

万能粉碎机（图 10-3）利用活动齿盘和固定齿盘间的高速相对运动，使被粉碎物经齿冲击、摩擦及物料彼此间冲击等综合作用获得粉碎。其也可作为超微粉碎机加工前道工序的配套设备。进料粒径尽量小于 1cm，可将物料粉碎至 40 ~ 120 目。

（4）超微粉碎机（气流磨）

超微粉碎机（气流磨，图 10-4）通过活动盘和固定盘间的高速相对运动，使被粉碎的物料经活动盘和固定盘间的冲击、剪切、摩擦及物料彼此间的撞击等综合作用获得物料的粉碎。超微粉碎机与旋风分离器、除尘器组成一整套粉碎系统。由螺旋输送机定量将小于一定粒径的物料送进粉碎室进行粉碎，物料不断进入粉碎室粉碎、分级叶轮不断旋转分离、粉碎合格后被引风机吸走，分离出的粗粉料从导向圈的内腔滑落到粉碎室继续粉碎。此设备可适用于一些纤维稍长的物料粉碎，进料粒径尽量小于 1cm，出料粒径可粉碎至 80 ~ 180 目。

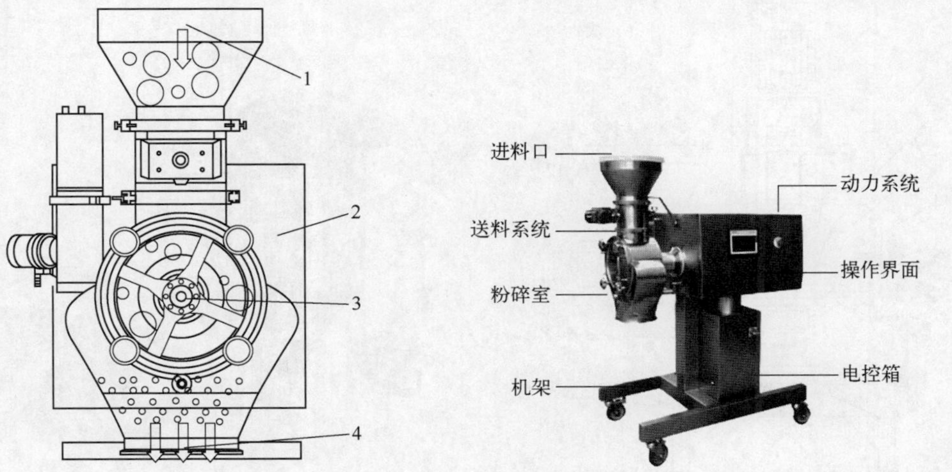

(a) 结构简图　　(b) 实物图

图 10-2　锤式粉碎机

1—进料口；2—电控箱；3—粉碎室；4—出料口

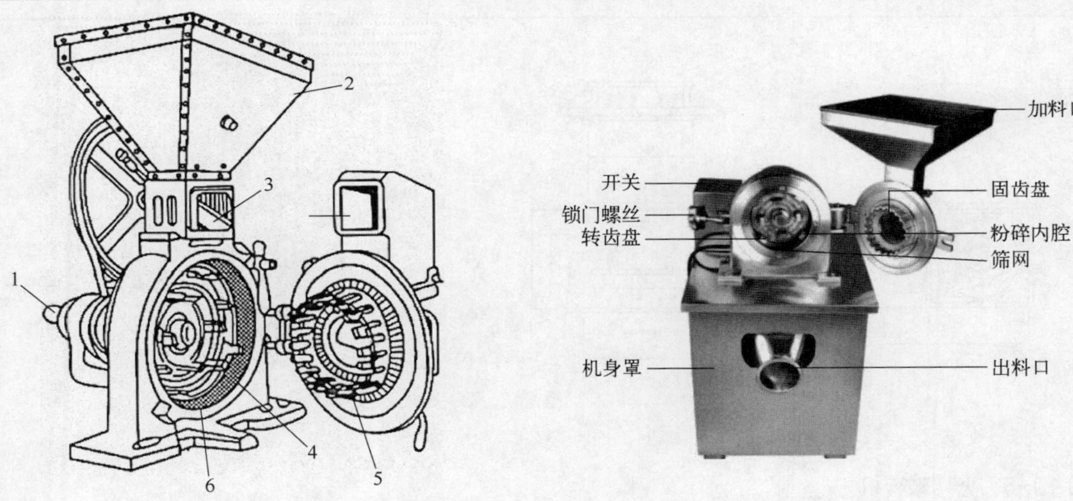

(a) 结构简图　　(b) 实物图

图 10-3　万能粉碎机

1—水平轴；2—加料斗；3—抖动装置；4—动齿；5—定齿；6—出粉口环状筛板

(5) 剪切破碎机

剪切破碎机（图 10-5）利用动刀和固定刀的相互作用，通过切削、撞击、挤压等方式，将物料切断破碎成片装或颗粒状的设备。其适用于坚硬难粉碎的中药材的初破碎，如根茎类、藤类、成捆的草类等，也可作为其他粉碎机加工前道工序的配套设备。

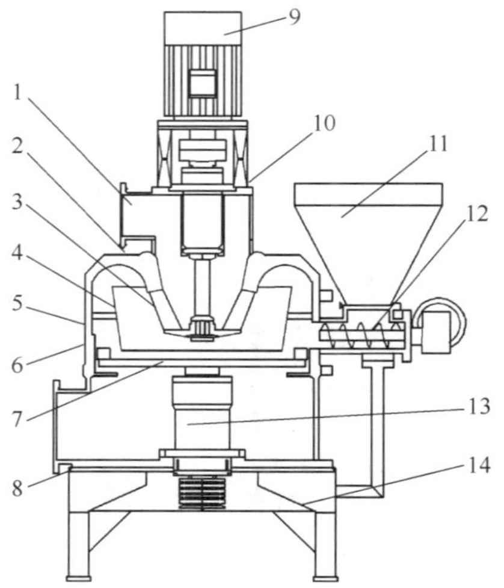

(a) 结构简图

(b) 实物图

图 10-4　超微粉碎机

1—出料口；2—上箱体；3—分级轮；4—分流环；5—中箱体；6—齿圈；7—转子件；8—下箱体；9—分级电机；10—分级轴承座；11—加料斗；12—螺旋喂料器；13—粉碎轴承座；14—机座

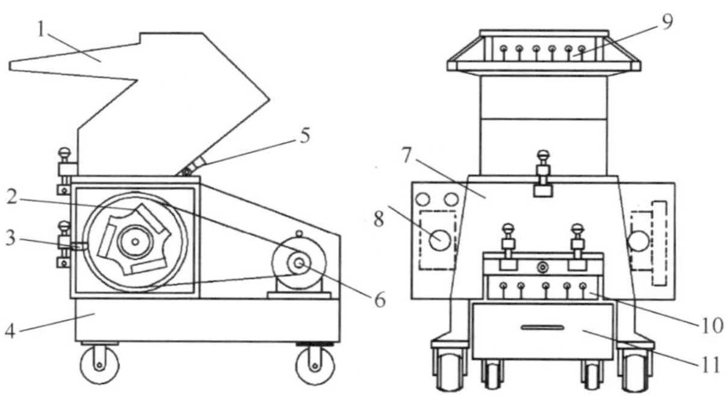

(a) 结构简图

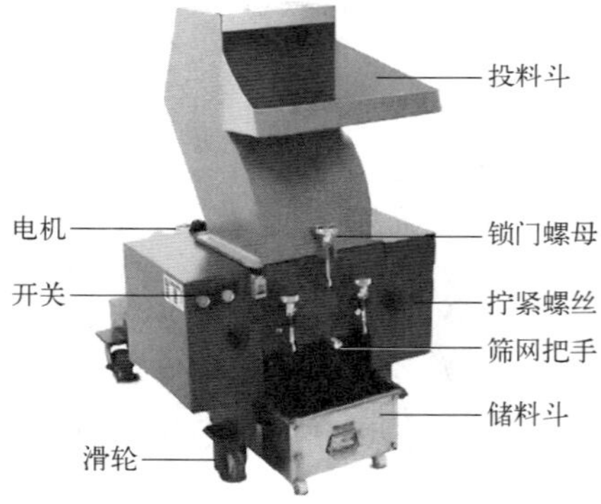

(b) 实物图

图 10-5　剪切破碎机

1—投料斗；2—动刀；3—定刀；4—机架；5—调节活页；6—电机轮；7—箱体；8—惯性轮；9—挡料条；10—筛网及网架；11—储料斗

（6）湿法研磨机

湿法研磨机（图 10-6）可制备纳米级别的粒径。浆料由进料泵送入磨机内，磨机内部装有定量的研磨介质，由传动机构带动搅拌器高速旋转，浆料受研磨介质强烈的磨剥、挤压、撞击、剪切而磨细。成品浆经筛网过滤后，由出料口流出进入收集系统。进料粒径和出料粒径均跟所选用的研磨珠大小有关，理论情况下进料粒径尽量不超过研磨珠粒径的 1/6。为了操作方便，均将需要研磨的固体物料先粉碎至 100 目。

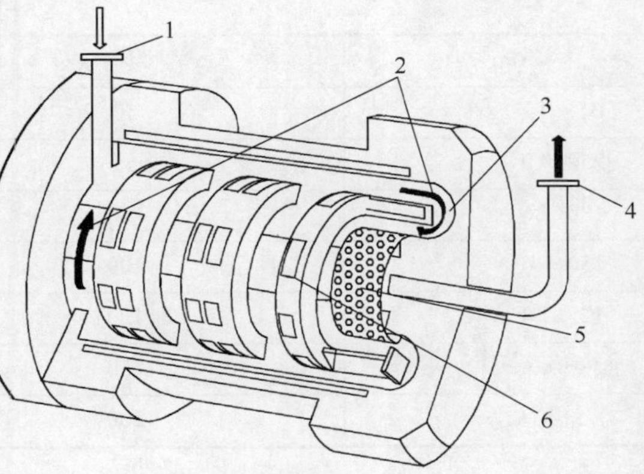

(a) 研磨腔

(b) 实物图

图 10-6　湿法研磨机

1—进料口；2—研磨珠循环路线；3—反向腔；4—出料品；5—分离筛网；6—涡轮加速器

10.2　药物筛分

10.2.1　筛的种类及标准

为了获得粒度均匀的物料，将不同颗粒的药品按粒子的大小、密度、带电性以及磁性等粉体学性质，借助筛网孔径大小将物料进行分离的方法称为筛分法，它是医药工业中应用最广泛的粒子分级操作方法。

(1) 药筛种类

药筛按制作方法可分为以下两种。

① 冲眼筛：金属材质，筛孔固定，多用于高速旋转粉碎机的筛板及药丸筛选。

② 编织筛：金属丝编织筛及尼龙筛，可根据物料性质来选择。

(2) 工业用筛标准

以目数表示筛号，即以每 1 英寸（25.4mm）长度上的筛孔数目来表示，工业用标准筛由于所用筛线不同，孔径的大小也有所不同，因此必须注明孔径的具体大小，常以 μm 表示。目数越大，孔径越小。

药筛的筛号与粉末分等通常按照《中国药典》选用国家标准的 R40/3 系列。药筛等级如表 10-1 所示。

表 10-1　药筛等级

筛号	筛孔内径/μm	目号
一号筛	2000±70	10
二号筛	850±29	24

续表

筛号	筛孔内径/μm	目号
三号筛	355±13	50
四号筛	250±9.9	65
五号筛	180±7.6	80
六号筛	150±6.6	100
七号筛	125±5.8	120
八号筛	90±4.6	150
九号筛	75±4.1	200

（3）粉末分等

最粗粉：指能全部通过一号筛，但混有能通过三号筛不超过 20%的粉末。

粗粉：指能全部通过二号筛，但混有能通过四号筛不超过 40%的粉末。

中粉：指能全部通过四号筛，但混有能通过五号筛不超过 60%的粉末。

细粉：指能全部通过五号筛，并含能通过六号筛不少于 95%的粉末。

最细粉：指能全部通过六号筛，并含能通过七号筛不少于 95%的粉末。

极细粉：指能全部通过八号筛，并含能通过九号筛不少于 95%的粉末。

10.2.2 筛分设备

比较常用的粉体筛分设备为旋振筛、超声波振动筛、直线振动筛。

（1）旋振筛

旋振筛是由直立式电机作激振源，电机上、下两端安装有偏心重锤，将电机的旋转运动转变为水平、垂直、倾斜的三次元运动，再把这个运动传递给筛面，使物料在筛面上做外扩渐开线运动（图 10-7）。旋振筛具有物料运行的轨迹长、筛面利用率高等优点，调节上、下两端重锤的相位角，可改变物料在筛面上的运动轨迹，对物料进行精筛分、概率筛分。旋振筛可用于药粉及颗粒的筛分。

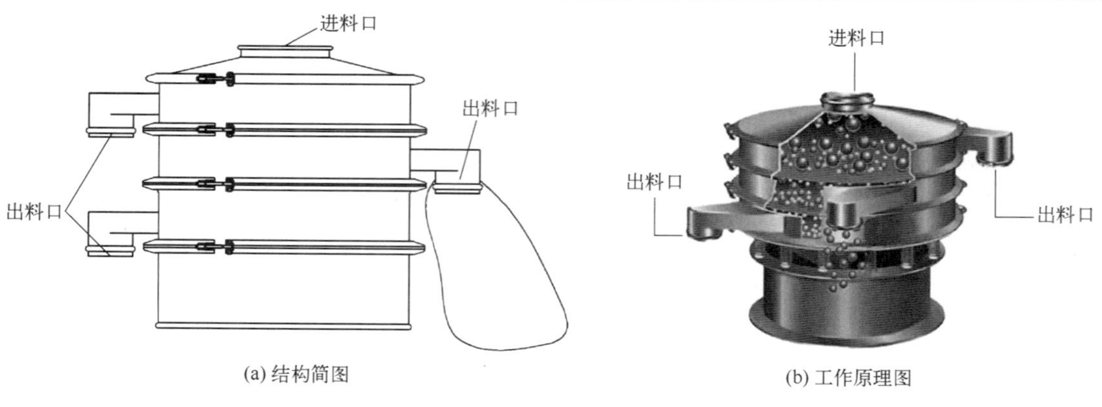

图 10-7 旋振筛

(2) 超声波振动筛

超声波振动筛是在三次元旋振筛上升级，加了超声波系统（图 10-8），解决了强吸附性、易团聚、高静电、高精细、高密度、轻比重等筛分难题，解决细微粉筛分，特别适合高品质、精细粉体，可用于 300 目以上的粒度筛分。

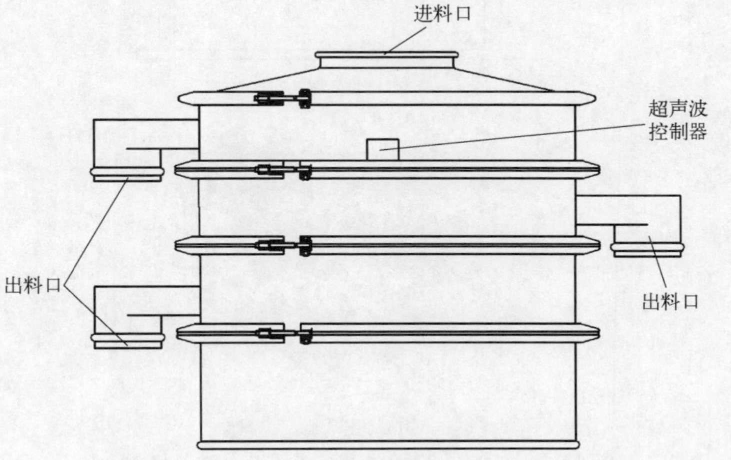

(a) 结构简图

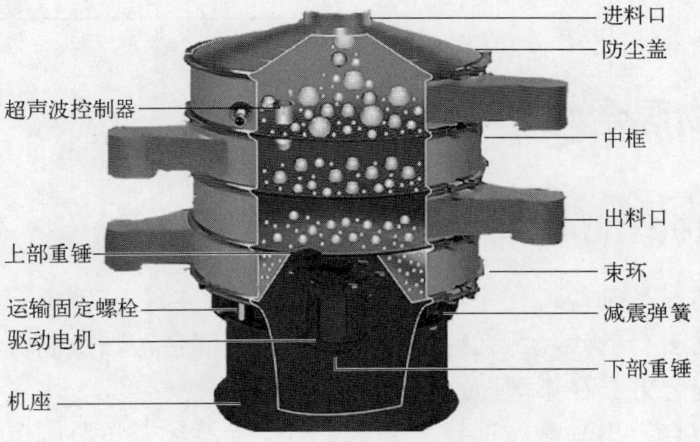

(b) 工作原理

图 10-8 超声波振动筛

(3) 直线振动筛

直线振动筛采用振动电机激振作为振动源，当两台振动电机做同步、反向旋转时，其偏心块所产生的激振力在平行于电机轴线的方向相互抵消，在垂直于电机轴的方向叠为一合力，因此筛机的运动轨迹为一直线。其两电机轴相对筛面有一倾角，在激振力和物料自重力的合力作用下，物料在筛面上被抛起跳跃式向前作直线运动，从而达到对物料进行筛选和分级的目的（图 10-9）。

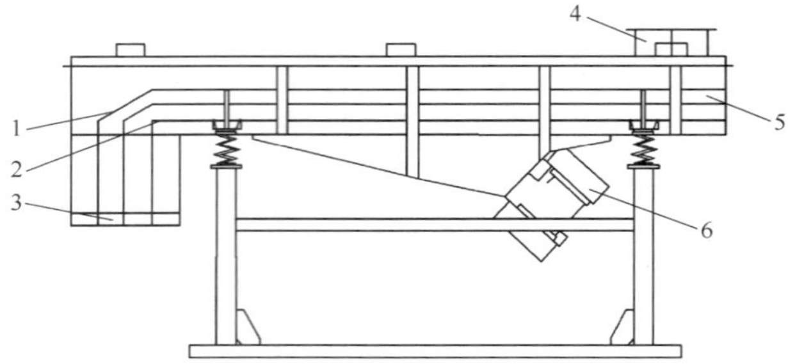

(a) 结构简图

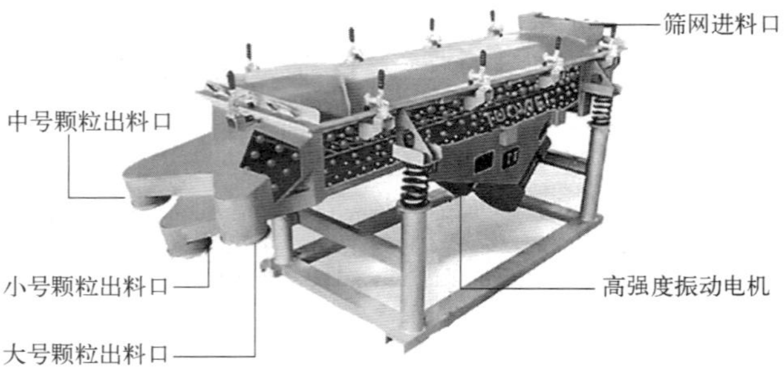

(b) 工作原理

图 10-9　直线振动筛

1—导流板；2—筛网；3—出料口；4—进料口；5—筛箱；6—振动电机

10.3　药物混合

10.3.1　混合机理

药物混合是为了在制药过程中使制剂中各组分分布均匀、含量均一，以保证用药剂量准确、安全有效而进行的一项工艺操作。其包括粉体混合、固液混合、液液混合、固体颗粒混合等，这些混合方式在不同药剂中有不同应用。

药物粉末的混合效果与微粒形状、密度、粒度大小和分布范围以及表面效应有直接关系，与粉末的流动性也相关。混合时微粒之间会产生作用于表面的力，使微粒聚集，阻碍微粒在混合器中分散，这些力包括范德瓦耳斯力、静电荷力及微粒间接触点上吸附液体薄膜的表面张力。因这些力作用于粉末表面，故对细小微粒的影响较大。其中静电作用是阻止物料在混合器中混合均匀的主要原因。

混合的机理一般根据混合设备和混合物料的不同而发生变化，药物固体颗粒在混合器内进行混合时，粒子的运动非常复杂。1954 年 Lacey 提出，混合过程中固体粒子在混合器中主要有对流混合、剪切混合和扩散混合三种运动方式，这一理论逐渐成为目前普遍认可的混合机理。

（1）对流混合

固体粒子在混合设备内翻转或依靠混合器内设置的搅拌器、浆片、相对旋转螺旋等作用实现粒子群的较大位移，大量的物料从一处转移到另一处。经过多次转移，物料在对流作用下完成混合，也就是固体粒子在机械转动的作用下，产生较大的位移时进行总体混合。对流混合的效率取决于混合器的种类。

(2) 剪切混合

固体粒子在运动的过程中产生滑动平面，在需要混合的不同成分粒子界面间发生剪切，剪切力作用于粒子的交界面，具有混合粒子和粉碎的作用。其效率主要取决于混合机械的类型和混合的操作方法，例如研磨混合过程。剪切混合实质上是由于粒子群内部力的作用结果，产生滑动面，破坏粒子群的凝聚状态进行局部混合。

(3) 扩散混合

一般是由于固体粒子的紊乱运动导致相邻粒子之间相互交换位置产生的一种局部混合作用，通过颗粒在倾斜的滑动面上滚动发生，当粒子的形状、充填状态或者流动速度不同时，即可产生扩散混合。另外，搅拌也可以使粉末间产生运动，从而扩散混合，例如有搅拌型混合机。

需要注意的是，在混合操作的过程中，上述三种混合方式并不是独立进行，而是三种方式相互结合进行。由于混合机械、粉体性质和混合方法的不同，一般很难同时发生，多以某种方式为主。例如圆筒形的混合机械多以对流混合为主，搅拌类型的混合机械多以强制对流混合和剪切混合为主。一般来说，在混合开始阶段以对流混合与剪切混合为主导作用，随后扩散的作用增加。必须注意，不同粒径的自由流动粉体以剪切和扩散机理混合时，常伴随分离，影响混合程度。达到一定混合程度后，混合与分离过程就呈动态平衡状态。如果物料的物性差异较大时，混合时间的延长反而能增加颗粒的分离程度，因此要避免混合时间过长。

10.3.2　混合设备

常用的混合设备一般由动力部分、混合容器、搅拌装置、控制系统等组成。按容器情况可将混合机分为容器回转式混合机和容器固定式混合机。容器回转式混合机可分为二维混合机、方形料斗混合机、三维混合机、V 形混合机；容器固定式混合机可分为锥形螺带混合机、槽型混合机、膏体混合搅拌机。

10.3.2.1　容器回转式混合机

(1) 二维混合机

二维混合机主要由转筒、摆动架、机架三大部分构成，如图 10-10 所示。转筒装在摆动架上，由四个滚轮支撑并由两个挡轮对其进行轴向定位，在四个支撑滚轮中，其中两个传动轮由转动动力系统拖动使转筒产生转动。摆动架由一组曲柄摆杆机构来驱动，曲柄摆杆机构装在机架上，摆动架由轴承组件支撑在机架上，使转筒在转动的同时又参与摆动，使筒中物料得以充分混合。

(2) 方形料斗混合机

方形料斗混合机是现阶段粉体和固体颗粒类药品混合应用最广泛的设备，如图 10-11 所示。该型混合机在混合时旋转轴线同混合容器的中心偏离一定的角度，容器转动时，物料做扩散、流动和切向运动，这样被混合的物料在频繁和迅速的旋转翻动作用下，进行着物料间的扩散、收缩、流动和切向运动，使物料由各自状态达到互相掺杂，保证物料在短时间内达到理想的混合要求。如单、双立柱混合机，提升料斗混合机等均是方形料斗混合机。

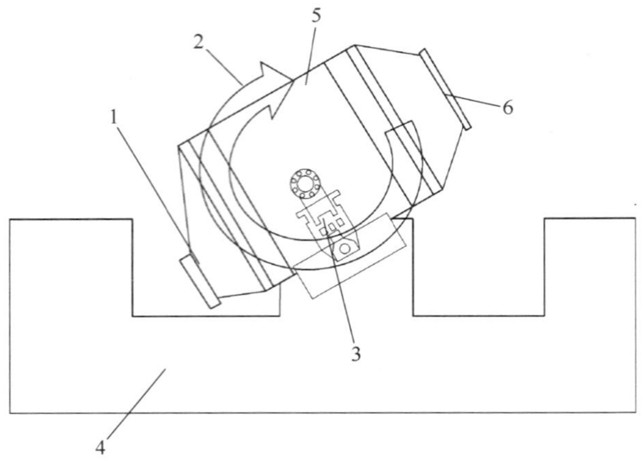

图 10-10　二维混合机

1—出料口；2—旋转路径；3—摆动架；4—机架；5—转筒；6—进料口

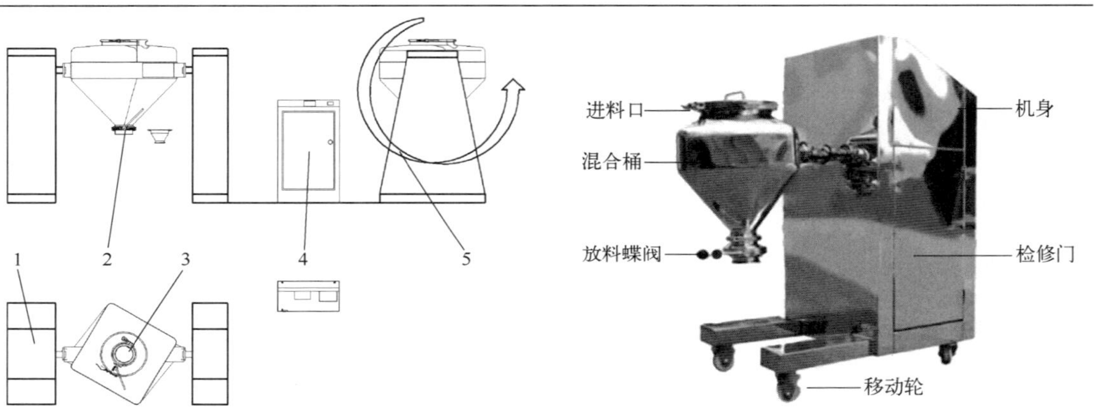

(a) 结构简图　　(b) 实物图

图 10-11　方形料斗混合机

1—支撑结构；2—放料阀；3—进料口；4—配电箱；5—旋转路径

（3）三维混合机

三维混合机（图 10-12）在立方体三维空间上作独特的平移、转动、摇滚运动使物料在混合筒内处于“旋转流动—平移—颠倒落体”等复杂的运动状态，产生一股交替脉冲，连续不断地推动物料，运动产生的湍动则有变化的能量梯度，从而使被混合的物料中各质点具有不同的运动状态，各质点在频繁的运动扩散中不断改变自己所处的位置。不过三维混合机由于机械结构的问题使每一个周期的运动总有一个卡顿点。

（4）V 形混合机

V 形混合机容器部分由两个圆筒形的筒体以 V 形形式焊接而成，两个圆筒的夹角一般为 80°，如图 10-13 所示。容器在电机减速机等传动部分的带动下，使 V 形桶连续运转，带动桶内物料在桶内上、下、左、右进行混合。

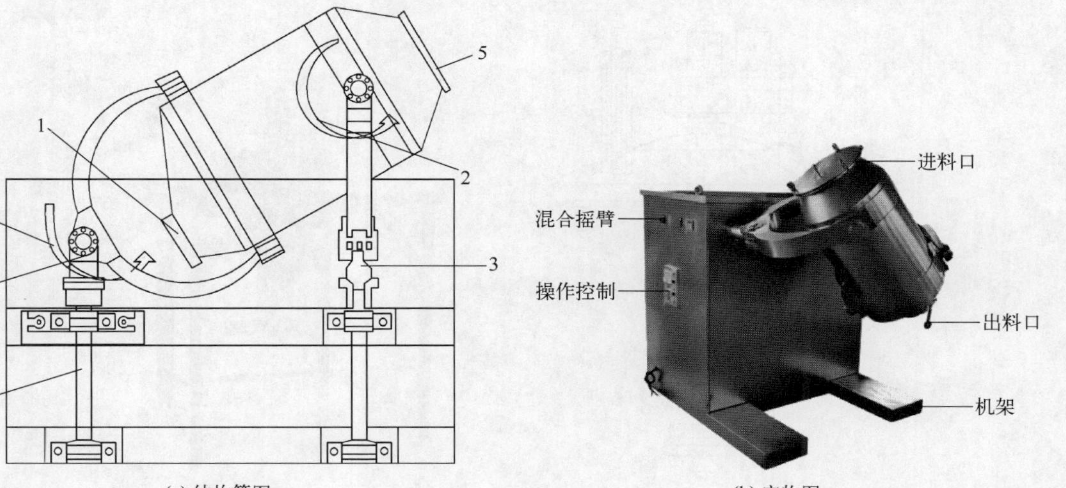

(a) 结构简图 (b) 实物图

图 10-12 三维混合机

1—出料口；2—旋转路径；3—摇臂；4—机架；5—进料口

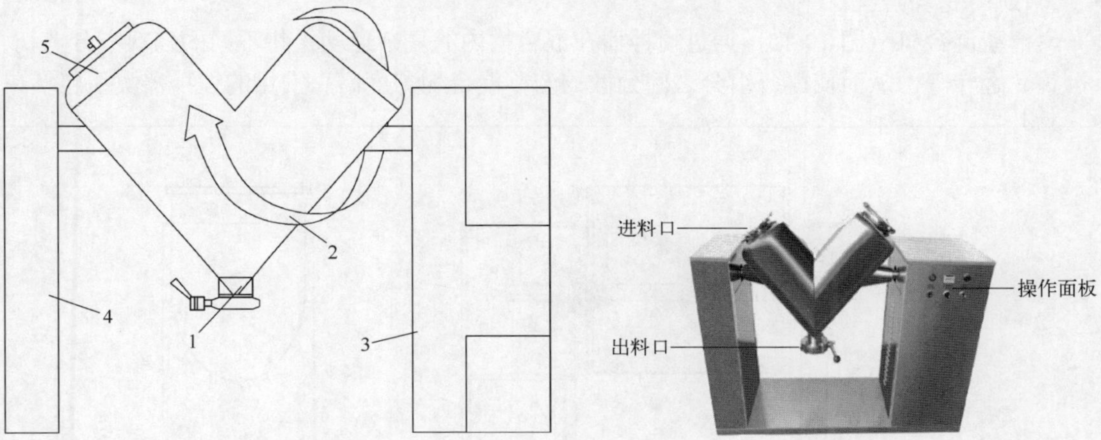

(a) 结构简图 (b) 实物图

图 10-13 V 形混合机

1—出料口；2—旋转路径；3—电控箱；4—机架；5—进料口

10.3.2.2 容器固定式混合机

(1) 锥形螺带混合机

锥形螺带混合机由立式电机通过摆线针轮减速机直联主轴，主轴上有大下两圈螺带，如图 10-14 所示。启动混合机后，旋转的螺带将物料在混合室内沿壁面以自下向上的圆周移动进行提升或抛起，当物料到达中心位置或最高点时，便靠自重向下运动，从而使物料在锥形混合室内相互扩散、对流、剪切、错位和掺混，迫使物料做全方位的空间不规则复合运动。

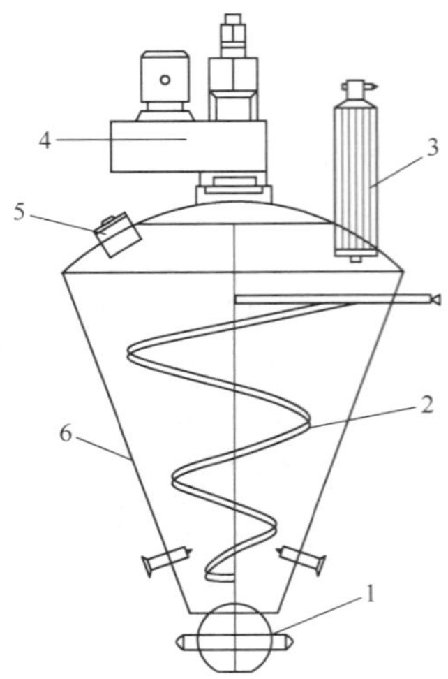

(a) 结构简图

(b) 实物图

图 10-14　锥形螺带混合机

1—卸料半球阀；2—螺带；3—真空滤筒；4—减速机；5—进料口；6—筒体

（2）槽型混合机

槽型混合机（图 10-15）通过搅拌器在混合槽内的复杂运动，将不同的物料充分剪切、折叠、翻转等，从而使得各组分之间分散均匀，混合均匀度高。常见的搅拌器类型包括单

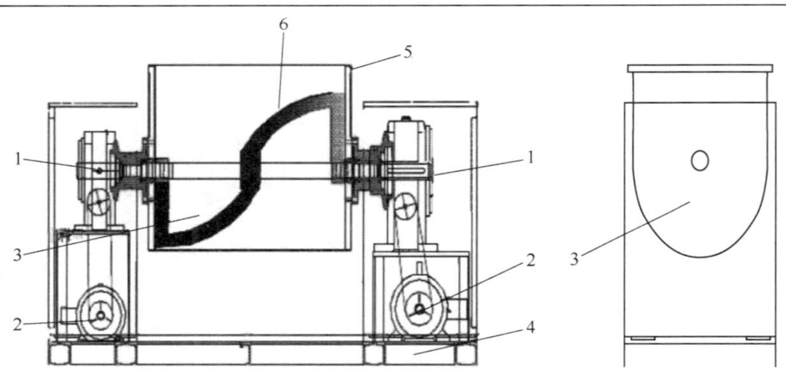

(a) 结构简图

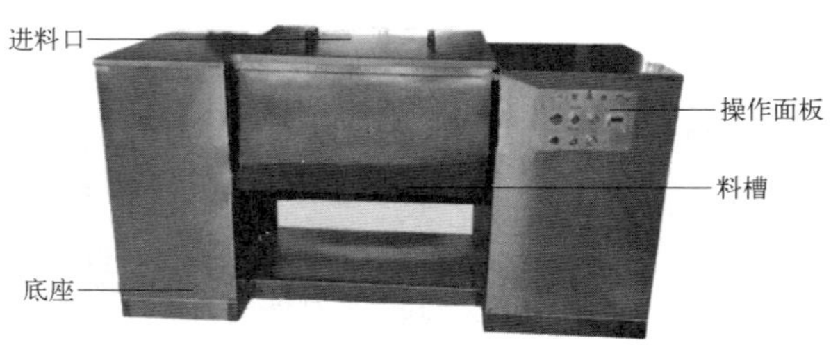

(b) 实物图

图 10-15　槽型混合机

1—减速机；2—电机；3—混合箱；4—机架；5—进料口；6—搅拌器

浆、双桨、锚桨等，其中双桨搅拌器的混合效果最佳。在混合过程中，混合槽内的物料会沿着搅拌器的运动轨迹不断地移动和混合，从而实现均匀混合。

（3）膏体混合搅拌机

膏体混合搅拌机通常包含两个搅拌桨（图 10-16），两个行星搅拌桨绕公共轴沿容器壁运转的同时又围绕自身的轴心旋转。桨叶绕容器内壁旋转前进，不断带走容器壁上的物料，并将物料带向中间，运转一圈后，桨叶已经过了整个容器，理论上 3 圈后大部分物料已被充分混合，3 ~ 6 圈后，全部物料就被完全混合均匀。

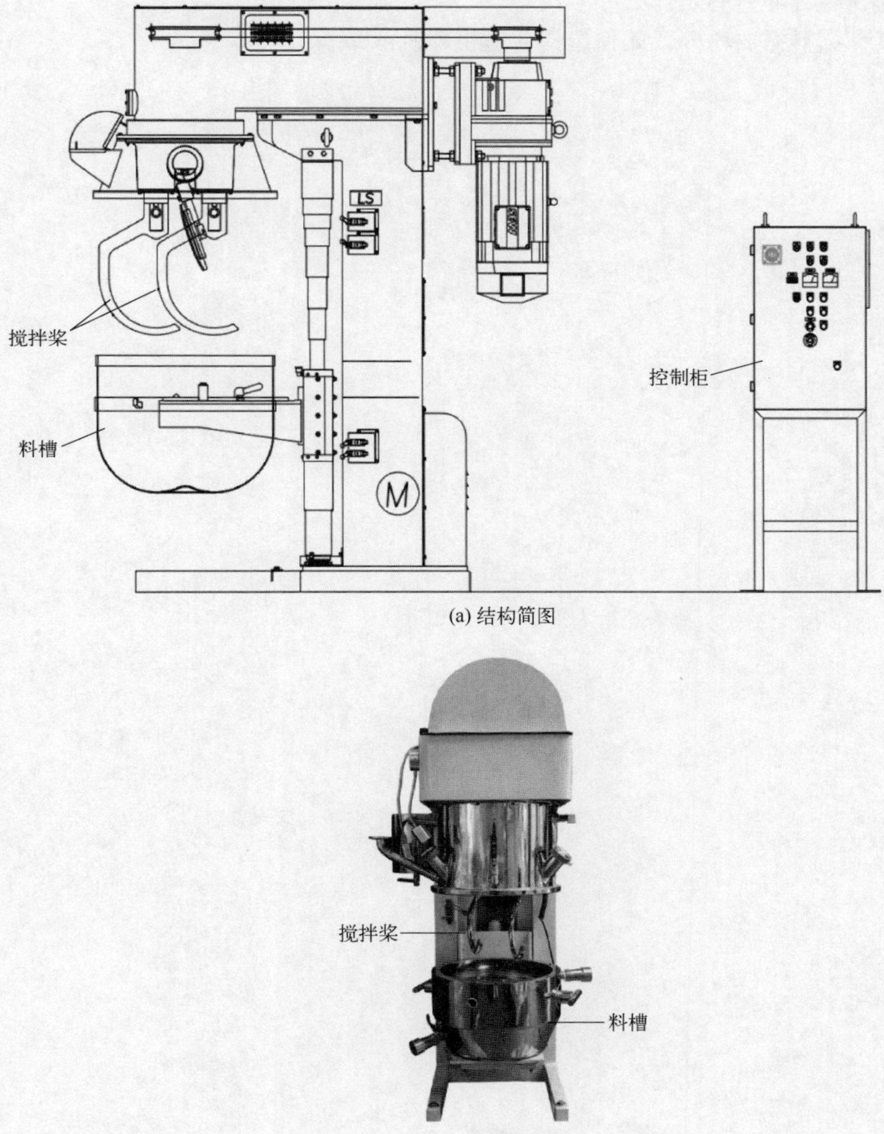

图 10-16　膏体混合搅拌机

固液混合和液液混合均可采用搅拌罐的形式，根据不同物料性质，选择合适的罐体形式和搅拌形式。

本章习题

1. 药物粉碎的目的有那些?
2. 药物粉碎的机理是什么?
3. 药物混合的目的是什么?
4. 某种物料需要粉碎，如何选择合适粉碎机?

第11章

制剂生产设备

11.1 固体制剂生产设备

11.1.1 丸剂生产设备

丸剂是指药材细粉或药材提取物加适宜的黏结辅料制成的球形或类球片形制剂。其主要生产设备有丸剂塑制设备、丸剂泛制设备、丸剂滴制设备。

11.1.1.1 丸剂塑制设备

塑制法是首先配齐药材，碾碎过筛成药粉，药粉再混合一些稀释剂、黏结剂，然后制成丸块，加工成丸条，再搓成药丸，检查计量，最后包装。丸剂塑制设备分为半自动和全自动两种形式。

(1) 半自动丸剂塑制设备

半自动丸剂塑制设备主要包括四个部分：药团挤压装置、搓条装置、制丸装置、抛光加热装置。

① 药团挤压装置　由两个平行的辊轴组成，其中两个辊轴的间隙可以根据药丸的大小进行调节。该装置主要是将人工配制好的药团挤压成片。

② 搓条装置　由平行的两个辊轴切刀组成，主要作用是将上一步骤的片状药物剪切成条状。

③ 制丸装置　将条状药物在制丸切刀的作用下，剪切成丸状。

④ 抛光加热装置　由一个可以旋转的缸状圆筒组成，底部配备加热装置，药丸在圆筒的旋转过程中进行塑型并抛光，然后在加热装置的作用下对药丸进行烘干，最后制成圆润光滑且干燥的药丸。

(2) 全自动丸剂塑制设备

全自动丸剂塑制设备是将人工配制好的药物在机器的作用下揉搓成丸，该装置可以连续生产，不需要人工承担药丸中间品中转的工作。人工将配制好的药物投入搅拌口，便可以生产出相应规格的药丸。该设备主要由出条装置和制丸装置两部分组成。

① 出条装置　包括搅拌仓和螺杆挤压送料装置。搅拌仓用于将配制好的药物进行搅拌，为了便于对其内部进行清洁，其搅拌桨叶和搅拌轴多为可拆卸形式。螺杆挤压送料装置用于将搅拌仓内部的药物进行二次混合，并在挤压头的作用下形成连续的条状药物，根据产量的要求，挤压头可以选择出单条和多条药物的配制。

② 制丸装置　将螺杆挤压送料装置来的条状药物进行剪切成块，并在滚刀往复运行的作用下，将药块揉搓成丸。制丸装置由滚刀装置、清洁毛刷、酒精喷涂装置组成。

滚刀装置在电机和凸轮的带动下同时进行旋转和往复运动，为了防止滚刀粘连药品并及时清理滚刀上面残留的药粉，其后部配有毛刷对滚刀进行清理，同时在毛刷后的滚刀上喷涂一定量的酒精，用于防止滚刀粘料。

加工完成的药丸自由落入收集装置内部，如果还需要对药品进行抛光和烘干需要单独配备抛光和烘干设备。

11.1.1.2　丸剂泛制设备

泛制法首先是将所需的药材碾碎过筛，加入一些辅助剂制成丸模，然后加工成丸，再进行剂量筛选，最后盖面打光包装。泛制设备在小批量生产过程中常采用经过密封处理的圆竹匾，人工进行摇晃和加粉等操作。当大批量生产的时候常使用泛丸锅（又名包衣锅、糖衣锅）或包衣机来生产。

泛丸锅的主要由润湿剂喷射系统、加料斗、成丸锅等组成。

成丸锅在电机的带动下进行旋转，内部细小的药品颗粒进行翻转运动，润湿剂在喷射泵和喷头的作用下，均匀喷洒在药品上。此时通过加料斗加入药粉，药粉在润湿剂的作用下会附着在药丸上，从而使药丸不断变大，当药丸达到相应的尺寸后，进行出丸操作，后续根据工艺的不同经过筛分和烘干等程序后输出成品。

11.1.1.3　丸剂滴制设备

滴制法首先要制备明胶液，然后对药液进行提取，制成胶丸，最后检查计量进行包装。丸剂滴制设备主要由药液滴加装置、冷却桶、制冷系统、筛分装置等组成。

药液滴加装置由搅拌滴丸装置、药液桶、油浴加热装置组成。药液桶内部配有搅拌装置用于防止药液沉淀和加快油浴装置对药液的升温。药液桶分为相互独立的两层，内层用于盛装药液，外层用于盛装导热油。导热油内部配备电加热器和温度传感器，用于精确控制油浴温度。内层药液桶与滴液头相连，滴液头根据产量的不同可分为单头和多头，并配有调节装置，控制药液的滴加速度。

冷却桶用于盛装冷却用油，将滴加下来的液滴固化成型。从滴加装置到冷却桶之间有较大的温度梯度，药丸迅速降温会对药品的性质造成影响。为了减少这种现象，有的设备会在冷却桶的上部配备电加热装置，用于降低温度梯度。同时因为药物不断从滴加装置落入冷却桶，冷却桶内部的冷却油的油温势必会升高，所以为了对冷却油进行降温，需要配备循环泵及冷却系统，在压缩机、膨胀阀、蒸发器等部件的作用下对冷却油进行降温。

药丸在冷却液中流动向下进入筛网装置，从而将药丸和冷却液进行分离。药丸进入清洗和烘干等工序，冷冻液在循环泵的作用下进入冷却桶循环。

11.1.2 片剂生产设备

11.1.2.1 高效湿法混合制粒机

高效湿法混合制粒机是一种常用的制药设备，主要用于制造颗粒剂、片剂、胶囊剂等药品剂型。其包括混合室、制粒室、主搅拌桨、切刀、加液系统等部分，各部分相互配合，使设备能够完成湿法混合制粒的过程，如图 11-1 所示。

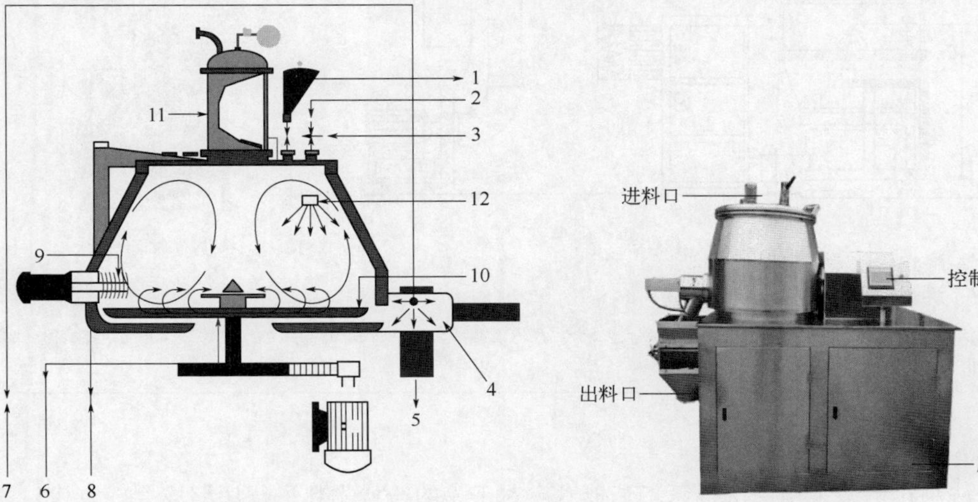

(a) 工作原理　　(b) 实物图

图 11-1　高效湿法混合制粒机

1—黏结剂或浸膏；2—进气口；3—黏结剂；4—清洗喷头；5—出料口；6—主轴气密封；7—CIP 液体；8—温度控制介质；9—切割刀；10—搅拌桨；11—过滤袋；12—喷枪

高效湿法混合制粒机通过主桨叶转动将物料向锅壁推动，然后锅壁上的切刀进行高速旋转，使物料在两者之间形成高剪切力。由于锅壁有一定的内锥角度，所以物料顺主桨到达锅壁后形成上翻的运动轨迹，使物料又从上部回到锅体中心，物料反复经过主桨和切刀使其切割成颗粒状。同时，通过加液系统的添加，使颗粒状物料能够更好地黏结，形成规则的颗粒。

高效湿法混合制粒机的产品优势主要有以下几点。

① 高效　设备的高速旋转能够快速地将物料制成颗粒，提高了生产效率。

② 均匀　制粒过程中，物料能够得到充分混合，制成的颗粒也较为均匀。

③ 环保　设备在制粒过程中使用的液体可以循环利用，减少了废液的排放，保护了环境。

11.1.2.2 沸腾干燥制粒机

沸腾干燥制粒机的主要由干燥桶、底桶、流化床、进风系统、排风系统、过滤系统、喷液系统等组成，如图 11-2 所示。其工作原理是物料粉末粒子，在原料容器（流化床）中呈环形流化状态，受到经过净化后的加热空气加热和混合，将黏结剂溶液雾化喷入，使若干粒子聚集成含有黏结剂的团粒，热空气对物料的不断干燥，使团粒中的水分蒸发，黏结剂凝固，此过程不断重复进行，形成理想的、均匀的多微孔球状颗粒。

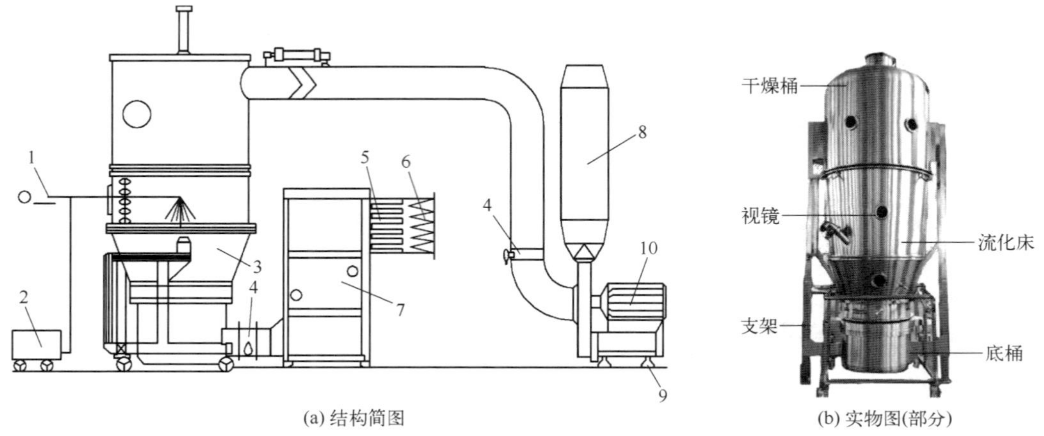

图 11-2 沸腾干燥制粒机

1—压缩空气；2—输液泵；3—流化床；4—调风阀；5—亚高效过滤器；6—中效过滤器；7—加热器；8—消声器；9—支架；10—引风机

11.1.2.3 干法制粒机

干法制粒机是采用干法辊压工艺技术，对干燥的粉状物料进行压缩成片或块状，再经破碎整粒、筛分工艺，使片块状物料变成符合使用要求的颗粒状物料。干法制粒机主要由脱气式送料螺杆、压缩成型轧辊机构、粉碎机组、整粒机构、加压机构、控制机构及容器等组成，如图 11-3 所示。

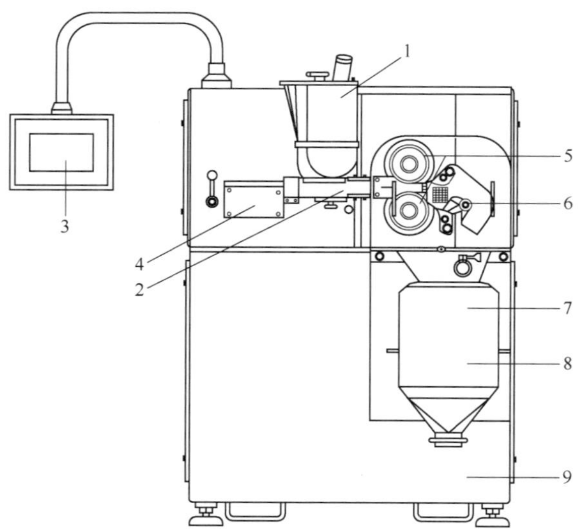

图 11-3 干法制粒机

1—进料斗；2—水平输料装置；3—人机界面；4—水平输料传动装置；5—轧辊；6—破碎刀；7—一级整粒机构；8—二级整粒机构；9—前面板

干法制粒机优点为：干粉直接制粒，无需任何黏结剂；颗粒的强度可以调整；通过调节轧辊的压力控制颗粒的强度；产品为砂粒状不规则颗粒；造粒成本低，可连续生产，生产能力大，自动化程度高，适合工业化生产。

11.1.2.4 压片机

压片机主要由机座、上下冲模、加料斗、调节器和传动系统等组成。压片机的工作原理是通过上下冲模的相对运动，将药物压缩成规定形状和重量的片剂。

(1) 压片机的类型

压片机主要有单冲压片机和旋转式多冲压片机。

① 单冲压片机 单冲压片机（图 11-4）仅有一副冲模，利用偏心轮及凸轮机构的联合作用，在其旋转一周的过程中可依次完成填充、压片和出片 3 个操作。单冲压片机的优点是结构简单、操作方便、适应能力强，常用于小批量、多品种片剂的生产；缺点是间歇操作、生产能力较低，多用于研发实验。

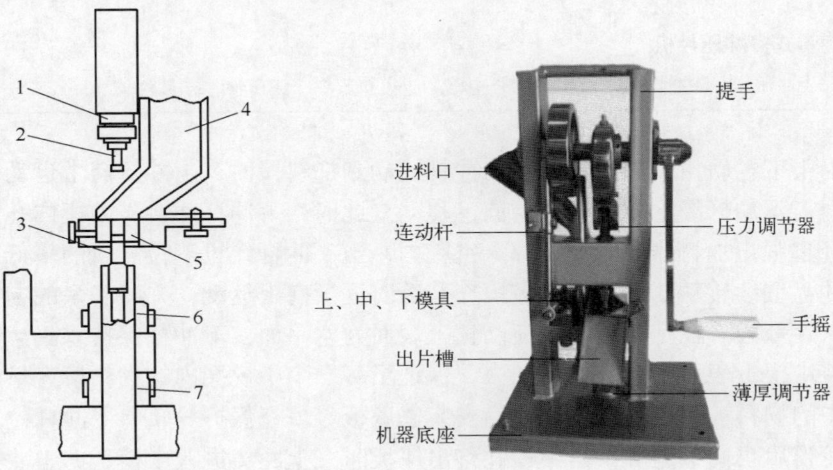

(a) 结构简图 (b) 实物图

图 11-4 单冲压片机

1—压力调节器；2—上冲模；3—下冲模；4—加料斗；5—中模；6—出片调节器；7—片重调节器

② 旋转式多冲压片机 旋转式多冲压片机是片剂生产中应用最广泛的压片设备。其主要由进料斗、冲压组合、调节机构、控制系统等组成，冲压组合包括冲盘组合、上下冲杆、中模、上下预压轮、上下主压轮、填充装置、上导轨盘、下导轨凸轮，如图 11-5 所示。冲盘组合的节圆上均匀分布着上下冲杆和中模，上冲杆由一个连续凸轮的上导轨引导，下冲杆由下拉导轨、调节充填深度的填充凸轮、出片凸轮导轨引导，上下冲杆的尾部嵌在固定的曲线导轨上，当冲盘作旋转运动时，上下冲杆即随着曲线轨道作升降运动，通过压轮的挤压作用达到压片的目的。

(2) 压片机的工作流程

压片机的工作流程包括加料、定量、预压、主压成型、出片等工序。上下冲杆由冲盘

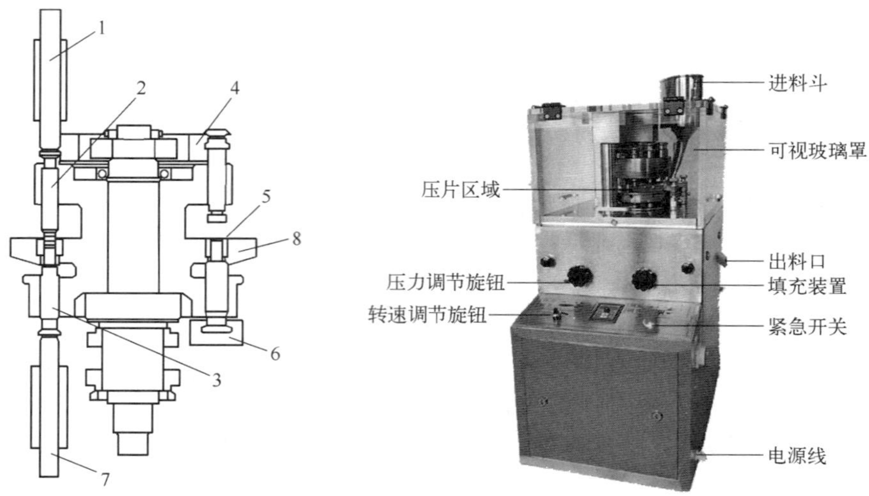

(a) 结构简图　　(b) 实物图

图 11-5　旋转式多冲压片机

1—上压轮；2—上冲杆；3—下冲杆；4—上轨道；5—中模；6—下轨道；7—下压轮；8—转台

带动分别沿上下导轨由左向右运动。当冲杆运动到加料段时，上冲杆向上运动绕过强迫加料器，同时，下冲杆经下拉导轨作用向下移动。此时，下冲杆冲头与中模内孔形成一个空腔，物料经过强迫加料器叶轮搅拌填入空腔内，当下冲杆经过下拉导轨的最低点时形成过量填充。冲盘继续转动，下冲杆经过填充凸轮时逐渐向上运动，并将多余的物料推出中模内孔，进入定量段。在定量段，填充凸轮上表面为水平面，下冲杆保持水平运动状态，由定量刮板将中模上表面多余的物料刮去，保证了每一个中模孔内的物料填充量一致。为防止中模孔中的物料被甩出，定量刮板后安装了压板。填充保护导轨将下冲杆拉下，上冲杆由下压凸轮作用也向下运动，当中模孔移出压板时，上冲头进入中模孔。当冲杆经过预压轮时，排出冲模中的空气，完成预压动作；再经过主压轮，完成压实动作；最后通过出片凸轮，上冲杆上移，下冲杆上推，将压制好的药片推出，经出片挡板使药片进入出片装置，完成整个压片流程。

特殊压片机可压制双层、三层、包芯等特殊的片剂；可实现在位清洗功能、远程监测和远程诊断功能；并可实现全密闭投料出料，配有进风和排风系统，满足 OEB4 防护等级，适用于高活性物料的压片。

（3）影响片剂强度的因素

① 原料特性的影响　部分原料中含有大量的纤维成分，药材弹性大、黏性小，颗粒松散，则片剂硬度低。

② 黏结剂的影响　不同种类的黏结剂有不同的性质和特点，其黏结性能、黏结时间、耐热情况均不同。另外，黏结剂的用量也直接影响压片工艺中的片剂强度。

③ 颗粒度的影响　颗粒度是否均匀、是否含有杂质等都会影响片剂强度。同时粉体物料的粒径越小，比表面积和孔隙率越大，则压缩成型时料层的变形越大；接触面越大，结合力点越多，结合越紧密。

④ 物料含水率的影响　物料中的水分对片剂有很大影响，适量的水分能增加脆碎粒子的塑性变形，减少弹性，有利于压片，而过干的颗粒弹性大、塑性小，难以被压成片。但如果含水量太高，也会使药片松软，甚至黏冲或堵塞料斗，从而影响压片。故含水量应控制在适宜范围。

⑤ 机械影响　压片机的转速太快，片剂受压时间相对很短，会引起松片硬度降低，此时应减慢机械转速，延长片剂受压时间，提高硬度。压片机压力不够，也会引起松片硬度降低，可增加压片机的机械压力。

11.1.3　颗粒剂包装设备

颗粒剂包装设备是可以用热封性包装材料（聚乙烯膜、多层复合膜等），进行自动完成制袋、计量充填、封口等包装工艺的全自动化生产设备。该设备通常采用微电脑或可编程序控制器 PLC 进行控制，人机界面通过使用触摸屏完成交互，具有生产效率高，适应性强，包装的产品外观美观、封口强度高、可靠性高等特点。

根据包装袋封口的类型可以分为三边封和背封颗粒包装机等，也有根据袋的形状命名的异型袋颗粒包装机，根据袋的来源不同命名的给袋式颗粒包装机。

颗粒剂包装设备根据产量的不同也可分为单列和多列颗粒剂包装机。

11.1.3.1　三边封颗粒包装机

机器将膜布进行对折，并使用热封工艺将剩余三面进行封口，故名三边封颗粒包装机。三边封的颗粒包装机主要由以下部件及运动机构组成（图 11-6）。

（1）上膜机构

上膜机构的作用是将成卷的膜布进行牵引舒展，并通过特定的模具将膜布折叠成需要的形状，便于下一工序执行封口灌装等工艺。

上膜机构主要部件为气胀轴、导膜及放膜机构、压块装置、成膜装置等。

气胀轴可以在压缩空气的作用下将轴进行膨胀，用于固定成卷的膜布，防止膜布在运行过程中发生左右滑动。

导膜及放膜机构用于将膜布进行牵引并缓冲，使得膜布在产品生产过程中一直处于拉伸状态。

成膜装置配备手动旋转轴，可以通过手动进行调节从而匹配不同膜布的宽度。

（2）光标跟踪机构

成卷的膜布上会印有标准距离的色标，设备可以通过光标跟踪机构对设备进行识别，从而实现对其他运行机构的步调控制与配合。

（3）纵封机构

纵封机构通常由气缸或者连杆等装置带动封块进行开合运动，根据光标跟踪机构提供的信号对包装膜进行热封。

（4）物料灌装系统

物料灌装系统通常采用螺旋上料装置对粉体颗粒物料进行输送，螺旋上料装置通常使用伺服电机提供动力，通过伺服电机的旋转圈数对粉体颗粒进行计量，将颗粒输送到上料料斗内，料斗配备敲击结构，通过敲击将颗粒完全输送到包装内部。

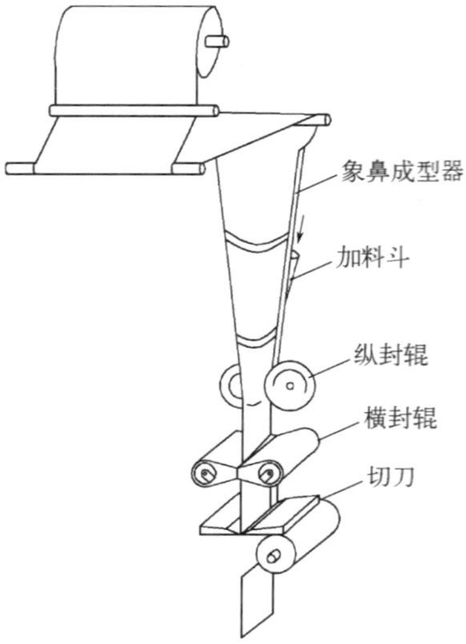

(a) 结构简图

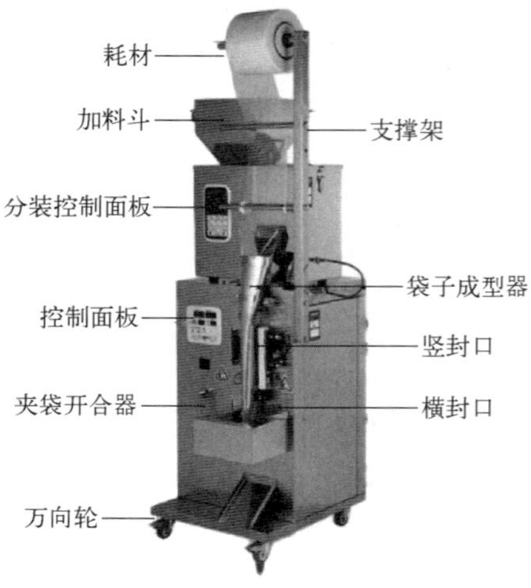

(b) 实物图

图 11-6　三边封颗粒包装机

（5）横封装置

横封装置通常与横封预热装置进行配合使用，使用预热装置可以减少包装袋上封口的褶皱，加强封口的质量。横封装置可以采用两个连续运转的热辊轮对包装进行连续热封。

根据不同的工艺要求，热封装置也可以设计成间歇式的，并且配合字粒对产品的生产日期或者批号进行热印制。

（6）易撕口切刀装置/点划线切刀装置

通过切刀对包装袋进行剪切，形成易撕口和点划线，为配合包装机的高速生产，通常设置多个切刀进行旋转剪切。

（7）夹持运转机构

通过夹持运转机构对成品膜进行牵引，为产品提供前进的动力。夹持运转结构由伺服电机进行驱动。也有使用主动及从动胶轮进行牵引，但是如果使用胶轮牵引需要严格控制胶轮的运动，不得对包装完成的颗粒造成损坏。

（8）日期喷印系统

通常使用喷码机对产品进行喷码。

（9）分切切刀装置

高速旋转的切刀将连续的产品分成独立的小包装，并通过夹持运转机构对小包装进行分批存放。

11.1.3.2　背封颗粒包装机

背封颗粒包装袋的上侧、下侧和背面均有一个封口。背封颗粒包装机（图 11-7）整体及膜布的运转方向多为立式，设备有单列和多列之分，不同于三边封设备的水平式，膜布的运转方向为自上而下进行生产。

背封颗粒包装机的主体结构有装膜组件、导膜装置、色标识别系统、日期喷码装置、膜成型装置、充填系统、纵封装置、横封封口装置、独立易撕口装置、膜布牵引装置、圆角裁切装置。

因背封式包装的尺寸及装量较小，所以产品的生产日期需要在产品膜布成型前进行喷墨喷印，便于喷墨装置的控制。

因产品产量可以通过增加包装的列数进行控制，所以该设备的冲刀多为往复式，不同于三边封的旋转式。

背封颗粒包装机灌装装置的物料输送结构通常采用有气缸带动的柱塞泵进行计量并传送。

其他各个结构的功能与三边封包装机大致相同，详细介绍请参考三边封装置。

11.1.3.3　异型袋颗粒包装机

无论是背封颗粒包装机还是三边封颗粒包装机，所包装出来的成品均是比较方正的形状，如果需要包装出圆形、椭圆形或者其他形状的成品就需要选用异型袋颗粒包装机（图 11-8）。

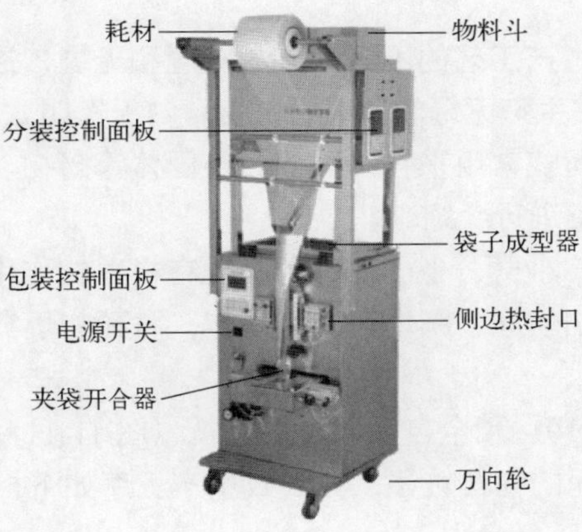

图 11-7　背封颗粒包装机实物图

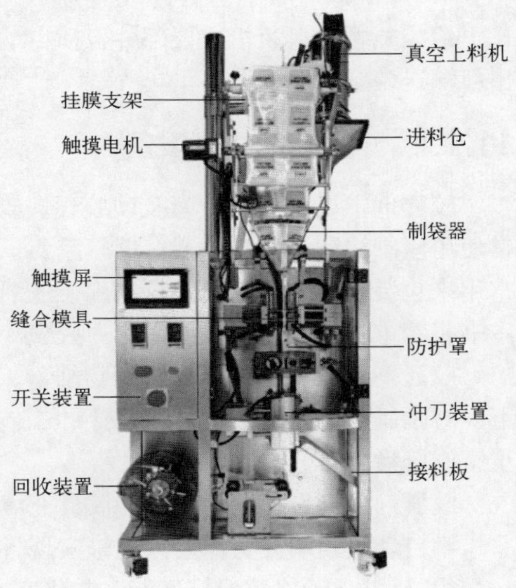

图 11-8　异型袋颗粒包装机实物图

异型袋颗粒包装机主要由上膜装置、色标识别装置、封合热封装置、开袋灌装装置、裁切装置、真空取袋装置、废膜收集装置、成品输送带等构成。相较于背封式和三边封设备，异型袋颗粒包装机的膜布损耗较大，并且需要对废膜进行牵引收集。为了便于成品的输出控制，裁切完成的成品需要使用真空吸盘进行转移输送。

11.1.3.4　给袋式颗粒包装机

给袋式颗粒包装机（图 11-9），不具备制袋的功能，需要使用预制完成的成品袋子进行生产，成品袋通过输送带及分页装置进入机器的夹持装置，并对预制带进行开袋、灌装、封口等操作，从而输出需要的产品。相较于上述几种包装机，给袋式包装机多用于装量较大的产品应用。

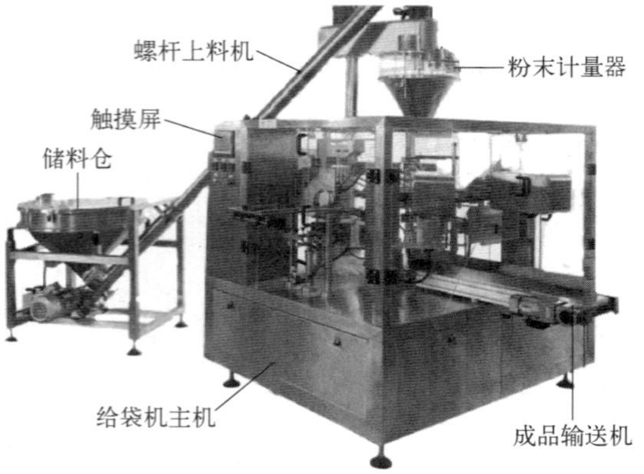

图 11-9　给袋式颗粒包装机实物图

给袋式颗粒包装机主要部件包括自动送袋装置、上袋装置、开袋灌装系统、封口装置、出料输送装置等。

11.1.4　胶囊剂生产设备

胶囊剂主要分为软胶囊及硬胶囊。软胶囊根据生产工艺的不同又分为有缝和无缝，通常使用压制法和滚膜法生产有缝软胶囊，使用滴制法生产无缝软胶囊。软胶囊属于密闭式，常用来包装液体类或混悬类药物，硬胶囊属于非密闭式常用来包装固体、半固体等药物。本书将着重对硬胶囊（以下简称为胶囊）的填充设备进行介绍。

胶囊剂生产设备主要是将药物细粉、细小颗粒、小丸、半固体等药品，在机器的作用下，对预制好的空心胶囊执行排序、帽体分离，药物填充、帽体闭合等操作，将药物填充于空心胶囊中。

胶囊剂生产设备分为半自动胶囊充填机（图 11-10）和全自动胶囊填充机（图 11-11）。

半自动胶囊填充机需要人工来实现各个工序之间的物料转移，其大致生产工序如下：

① 机器自动将胶囊排序好，并将空心胶囊推入胶囊盘中；

② 人工将胶囊盘的上、下囊板分离，将下囊板放置在填充工位，机器进行对药品的填充；

③ 人工依靠上下囊板的定位销，将上、下囊板重新对齐，放置在帽体闭合工位；

④ 机器设备对胶囊进行闭合，然后使用推杆将胶囊推出。

全自动胶囊充填机主要由空心胶囊供给系统、药物供给填充系统、中心转塔执行系统、帽体闭合机构及辅助系统等组成。

11.1.4.1　空心胶囊供给系统

（1）胶壳上料及落入机构

该部分主要由不锈钢材料制成的料斗和储囊盒组成，料斗在储囊盒的上方。料斗用来储存空心胶囊，储囊盒用来缓冲并控制胶囊的落入量。

图 11-10　半自动胶囊填充机实物图

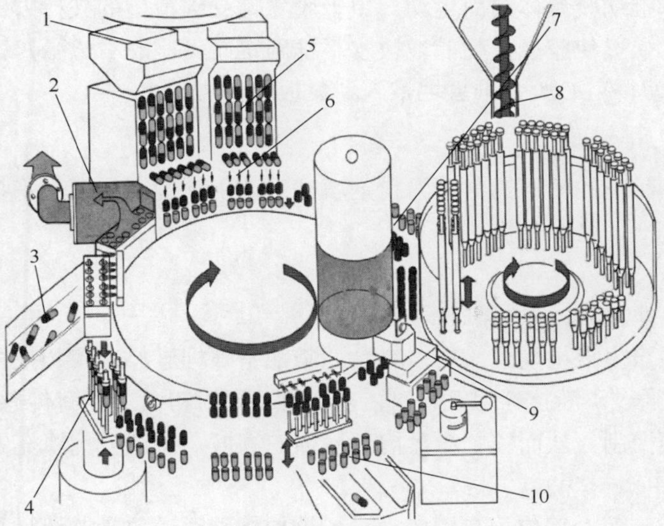

(a) 充填工位示意

(b) 实物图

图 11-11　全自动胶囊充填机

1—胶囊进料口；2—吸尘清洁系统；3—出料口；4—闭合胶囊；5—定向排列；6—体帽分离；7—体帽错位；8—药剂进料口；9—计量填充；10—废囊剔除

储囊盒制作成一定的坡度，进料口处配有调节板，其作用是控制和保持各下囊通道端部均有一定量的胶囊。

（2）胶壳定向排列机构

该部分主要由胶囊排列装置和空心胶囊转向装置构成。

胶囊排列装置的主要作用是让胶囊整齐地进入轨道。根据产量的不同，排列装置通常设置为 4 通道或者 6 通道。

其运动原理如下：排囊板在凸轮和连杆的带动下进行上下往复运动，排囊板顶部进口连接着储囊盒，上下运动过程中会有空心胶囊落入排囊板的通道内，为了便于观察胶囊的运动情况，排囊板的通道设置成镂空的形式。

排囊板的每个通道出口均设置一个卡囊簧片，卡囊簧片可以在排囊板上下运行的过程中依靠弹簧的弹力进行有规则的伸出和收回的运行。当排囊板在下行送囊时卡簧片脱离开胶囊，胶囊靠自重从出口落出；当排囊板上行时，压簧又将簧片架压回原来位置，卡囊簧片将下一个胶囊卡住。因此排囊板一次行程，每个通道只能完成一个胶囊的下落动作。

空心胶囊转向装置的主要作用是将排列装置送过来的单个胶囊进行转向，使得输送到下一个工序的胶囊具有相同的方向。

空胶囊转向装置由推爪和滑槽构成，推爪推动滑槽囊孔中的空胶囊向前运动，通过特定的推爪结构和滑槽宽度可以实现空胶囊的定向转向。

滑槽需要对胶囊帽有夹紧力，所以便需要将定向囊座的滑槽宽度设计在胶囊帽的直径和胶囊体直径之间，这样滑槽便可以不与胶囊体接触。

当推爪推动胶囊运动时推爪推动胶囊体向前运动，由于胶囊帽受到滑槽的夹持力，并在推爪的特殊结构下进行转向，永远使胶囊体朝前地被水平推到定向囊座的右边缘，铅垂运动的压爪将胶囊再翻转 90°，使得空心胶囊垂直地推入到囊板孔中。

11.1.4.2 药物供给填充系统

药物供给填充系统根据药品种类的不同通常分为粉剂填充系统、插管定量填充系统、丸剂或片剂充填系统。

（1）粉剂充填系统

此系统主要由料仓、粉盘、计量盘、柱塞机构等组成。

因粉剂的流动性较差，容易产生搭桥现象，所以料仓通常配备螺杆进料装置和搅拌装置。粉盘内部也配有搅拌装置，通过不断搅拌保证粉剂的均一性。同时粉盘上配有传感器，传感器与螺杆进料装置进行连锁控制，从而控制粉盘内部粉剂的高度，保证粉剂填充的准确度。

计量盘通常由 6 个工位组成，每个工位配有跟胶壳上料机构相同通道数量的计量孔。计量孔与柱塞机构相互配合，柱塞机构在上下运行过程中将计量盘上部的粉剂压入计量孔中。通过计量盘的分度旋转运动，粉剂依次经过 5 个工位，在柱塞机构的作用下不断夯实，最后在第 6 工位排出。为了适应对不同性质的粉剂进行填充，柱塞机构上面配有微调旋钮，可以对柱塞进入计量孔的长度进行调节。

（2）插管定量填充系统

此系统由剂量管、剂量活塞、胶壳平台、填料槽组成，有连续式和间歇式之分。

填料槽内部有填充一定高度的药粉，剂量管顶部有剂量活塞，活塞可以根据充填量的不同进行细微调节，同时活塞也可以实现将剂量管内的药物推出的功能。填充系统工作的时候剂量管会在传动装置的带动下，插入填料槽内部，然后将药粉压实在剂量管内。然后剂量管会精确运动到胶壳平台处，在剂量活塞的作用下将药粉推入胶囊体内部，完成填充工序。

（3）丸剂或片剂充填系统

丸剂和片剂分别有一套自己的填充系统，两者不可共用，但是其运行的工作原理大致相同，所以本书放在一起介绍其工作原理。丸剂和片剂不需要使用柱塞机构进行压实，所以该充填机构通常由两个工位组成，通过两个工位的往复运动，实现对计量盘的填充和对胶囊的灌装。为了防止螺杆对药品的结构进行破坏，丸剂或片剂一般选用真空上料系统将药品从料仓转移至料盘内，然后通过计量盘的振动使药品落入计量孔内，并在柱塞机构的作用下将药品推入胶囊内部。

11.1.4.3　中心转塔执行系统

中心转塔通常有多个工位，常规为 8 个。前面介绍的空心胶囊供给系统、药物供给填充系统便是中心转塔的其中两个工位，根据产能的不同，每个机器可以配备两个工位的空心胶囊供给系统和药物供给填充系统。有时为了实现一机多用，一个转塔上还可以同时配备粉剂填充工位和丸剂填充工位，从而实现对不同药品的灌装。

中心转塔在电机和分割器的作用下进行分度旋转运动，从空心胶囊供给工位开始依次经过帽体分开工位、药物供给填充工位、帽体闭合工位、胶囊排出工位、胶囊清洗工位。

帽体分开机构主要是将空胶囊进行垂直和水平方向的分离。其分离结构由三部分组成，上囊板带有微小边缘的结构，用于卡住胶囊帽，下囊板依靠真空泵提供的真空吸住胶囊体，两个机构进行上下分离运行，从而将胶囊的帽体进行分离。其中没有分离的胶囊在推杆的作用下排出，分离之后的胶囊便随着转塔的旋转进入了下一步的填充操作。

11.1.4.4　帽体闭合机构

胶囊填充完成后，运动上、下囊板并使轴线对中，上囊板上方的弹性压板下行，将胶囊帽压住。同时顶杆上行伸入下囊板孔中顶住胶囊体下部。随着顶杆的上升，胶囊体、帽闭合并锁紧。

帽体闭合完成的胶囊，弹性压板离开上囊板，并在推杆和压缩空气的联合作用下将胶囊排出。

胶囊排出后，上、下囊板会在压缩空气的作用下，对囊板内部进行清理，至此一个胶囊灌装周期结束，转塔又重新进入空胶囊供给工位，以便重复上述工序。

11.1.4.5　辅助系统

胶囊或药品的料斗均放置在设备的最顶部，为了便于人员的上料，通常配备真空上料系统，将胶囊或者药品从地面提升到料斗。

胶囊灌装的过程中难免会有一些药品粉末泄漏出来，为了保证环境和人员的安全，通常在关键工位配备吸尘装置，将泄漏出来的药品吸入吸尘器内部，而且机器外部也会使用不锈钢加有机玻璃制造的外罩进行隔离，加强机器的洁净级别。

11.2　液体制剂生产设备

11.2.1　口服液生产设备

口服液包装包括口服液直口瓶、塑料瓶、螺口瓶等包装形式。

直口瓶的瓶体为玻璃材质，瓶盖由胶塞和铝盖进行密封，铝盖通常采用易拉盖设计，便于药品的开启。

塑料瓶通常由注塑设备进行热成型，使用螺纹塑料盖进行密封。这种包装形式成本较低，性价比高，但是塑料制品不能进行高温灭菌，对于所包装的药品有一定的限制。

螺口瓶的瓶体也是玻璃材质，与直口瓶最大的不同是螺口瓶的瓶盖为铝盖加密封垫片的螺纹密封，具有密封合格性好、不容易泄漏的特点，同时也可以制作成防盗盖的形式。但是螺口瓶瓶身加工工艺较复杂，制瓶过程中瓶的成品率较低，制作成本高。

直口瓶灌装机主要由上盖机构、上瓶机构、灌装机构、轧盖封口机构、出瓶机构组成。上盖机构通常由振荡器和上料盘构成，振荡器在电磁力的作用下进行有规则的振荡。上料盘内部有一定尺寸的轨道，带有胶塞的铝盖可以在振荡力的作用下沿着上料盘的轨道进行同方向的运动，将铝盖进行输送。

上瓶机构由理瓶机和传动装置组成，理瓶机由料仓和上瓶绞龙组成，可以将无序的瓶子整理成有规律的一排，然后在传送机构的作用下依次向前运行。

灌装机构通常由罐针和输送泵组成，罐针可以在连杆或者气缸的作用下进行上下运动，从而实现罐针到口服液瓶内部的伸入伸出。输送泵一般选用蠕动泵进行药液输送，控制系统可以通过控制蠕动泵的圈数进行药液的精确输送。

灌装完成的药瓶会随着传送带向后运动，上盖机构送过来的盖子会精确地落入药瓶上，然后进入轧盖机构，轧盖机构通过三刀轧盖头的旋转对瓶盖进行旋压封盖。轧盖后的药瓶会输出灌装机。

塑料瓶和螺口瓶灌装设备由上盖机构、上瓶机构、灌装机构、旋盖封口机构、出瓶机构组成。因上述两种瓶型为螺纹密封，故当药瓶灌装完成，瓶盖在旋盖设备的带动下与瓶子进行旋转上盖，对瓶子进行密封。

11.2.2 注射液生产设备

药品注射液制剂分为最终灭菌小容量注射剂、最终灭菌大容量注射剂、非最终灭菌小容量注射剂、无菌冻干粉针剂和无菌分装粉针剂。

小容量注射剂主要为玻璃安瓿制剂、塑料安瓿注射剂和西林瓶注射剂，主要设备有：玻璃安瓿洗、烘、灌联动线，塑料安瓿用吹灌封一体化（BFS）设备，西林瓶洗、烘、灌、轧联动线，无菌冻干粉针用洗、烘、灌、冻干、轧盖联动线，无菌分装粉针剂用洗、烘、螺杆分装、轧盖联动线。

11.2.2.1 最终灭菌小容量注射剂生产设备

最终灭菌小容量注射剂的主要生产设备有配液系统，玻璃安瓿洗、烘、灌联动线，水浴灭菌柜等。

配液系统主要由配液罐、物料输送、过滤系统组成，根据药品生产工艺的不同有一步法配置和两步法配置之分。一步法只用一个配液罐用于药品的混合溶解。两步法由浓配罐和稀配罐组成，浓配罐将药品溶解后进行过滤，然后打到稀配罐进行稀释，从而完成配液过程。配液罐配有夹套、搅拌装置、无菌呼吸器等装置。夹套内通有工业蒸汽或者循环水用于药液的升降温，同时也可以通过夹套升温对罐体进行灭菌，搅拌装置有上机械搅拌和下磁力搅拌之分，搅拌可以加速药品的溶解和加快药液的传热。无菌呼吸器主要将罐体与外界隔离，在罐体排气和吸气的过程中，气体经过呼吸器的滤芯进行过滤，保证罐内的洁净度。药液输送通过压缩空气给罐体加压进行输送，也可以通过卫生级离心泵进行输送。药液去往灌装还需要对药液进行过滤，过滤器的精度有 5μm、0.45μm、0.22μm，通常根据药品生产工艺的要求，对药液进行一到三级过滤，从而达到对药液除菌的目的。

玻璃安瓿洗、烘、灌联动线由超声波洗瓶机、隧道烘干机、多针安瓿拉丝灌封机组成。

（1）超声波洗瓶机（图 11-12）

本设备主要实现安瓿瓶的进瓶、超声波粗洗、瓶外壁清洗、瓶内部清洗、出瓶的整个生产工序。瓶子由网带进行输送，在进入超声波清洗池前会有喷头将瓶子内部注满水。注满水的瓶子在清洗池内进行大约 1min 的超声波清洗，清洗完成后的瓶子会在提升滑块的作用下离开清洗池，并在机械手的作用下进行 180°翻转。然后翻转的瓶子会运动到冲洗工位，在转盘的带动下进行旋转，会有高压冲洗水和洁净压缩空气依次对瓶子的外壁、瓶子内部进行冲洗、吹干。清洗完成的瓶子会在机械手的作用下进行 180°翻转，重新将瓶口朝上，然后进入下一步烘干工序。

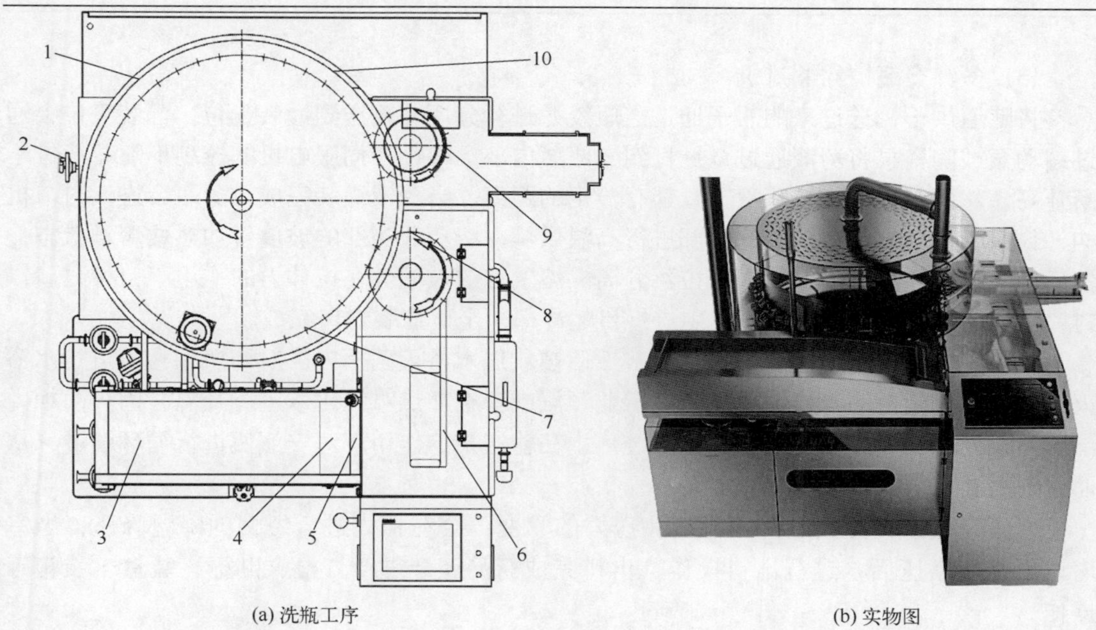

(a) 洗瓶工序　　(b) 实物图

图 11-12　超声波洗瓶机

1—水气精洗；2—水气过滤；3—网带进瓶；4—喷淋槽灌水；5—超声波粗洗；6—绞龙送瓶；7—瓶子反转倒立；8—拨轮送瓶；9—拨轮出瓶；10—瓶子反转回正

（2）隧道烘干机（图 11-13）

隧道烘干机的主要作用是将洗瓶工序的瓶子进行烘干，同时热风对瓶子也可以达到灭菌的作用。本设备主要由进瓶、预热、烘干、冷却、出瓶等步骤组成。清洗完的瓶子在输送带的带动下依次经过预热段、加热段、冷却段。预热段和加热段均配有风机、可控加热器、空气过滤器，用于对瓶子进行洁净吹干，为了设备不影响室内的温度，机器底部还需要设置回风管路，用于将热风排放到室外。

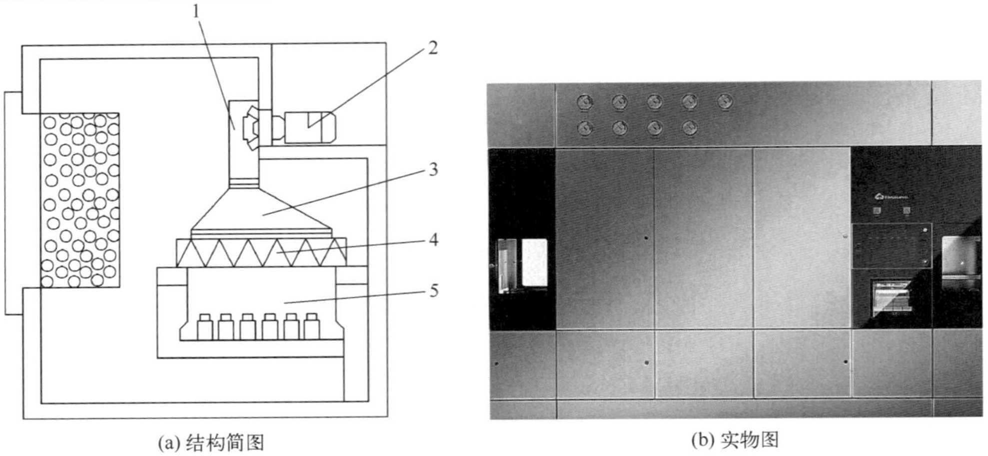

图 11-13　隧道烘干机

1—进风口；2—热风机；3—风罩；4—高温高效过滤器；5—加热区腔室

（3）多针安瓿拉丝灌封机

将隧道烘干机送过来的瓶子通过送瓶绞龙进行分瓶并输送到灌装工位。灌装工位会通过蠕动泵或陶瓷泵将药液通过罐针打到安瓿瓶内部，罐针在伺服电机的控制下随着液位不断升高，从而保证罐针与药液一直都有一定的距离。当药液灌装完成，药瓶会进入封口机构，封口机构用火焰在药瓶的头部进行高温烘烤，将药瓶头部的玻璃管加热成熔融状态，然后用夹具夹住药瓶的头部进行拉丝分离。熔融态的玻璃会在拉伸力的作用下自行封口，封口完成的药瓶会在输送的过程中进行自然冷却，至此灌装封口完成。

灌装完成的药瓶会被装入托盘内，然后被放进水浴灭菌柜内，对药瓶和药液进行水浴灭菌。水浴灭菌柜的工作原理是通过工业蒸汽或者电加热对纯化水进行升温，因灭菌柜内部压力较高，使纯化水变成过热水。过热水在输送泵的作用下对安瓿瓶进行循环喷淋，从而达到高温灭菌的效果。

灭菌完成的药品为了防止温度和压力的骤变，会在柜内进行缓慢的降温降压，当室内达到常温常压后，进行出料操作。出料完成药品还会进行灯检、贴标、装盒、装箱等操作。

11.2.2.2　最终灭菌大容量注射剂生产设备

最终灭菌大容量注射剂的主要设备有配液系统、瓶内盖注塑机、瓶外盖注塑机、组盖机、瓶坯注塑机、吹瓶机、灌装机、水浴灭菌柜、后包装生产线等。

（1）注塑机（图 11-14）

注塑机的主要作用是通过螺杆挤出机对聚丙烯（PP）料或者聚乙烯（PE）料进行热熔，并将熔融的树脂注射到模具内，根据模具的不同从而生产出瓶内盖、瓶外盖、瓶坯等部件。为了使得熔融的树脂可以到达模具的每个角落，通常模具配有电加热功能，防止树脂在输送过程中提前凝固，导致注塑部件的不完整。注塑完成后，还需要通温控水对模具进行降温，使得注塑部件快速降温定型。部件定型完成后模具的动、定膜会在液压系统的带动下进行分离，注塑部件在顶出机构或者压缩空气的作用下从模具移出，完成注塑工序。为了保证部件从模具上脱落完全，注塑机还会配备视觉检测功能，对模具进行检查，防止影响下一步注塑。

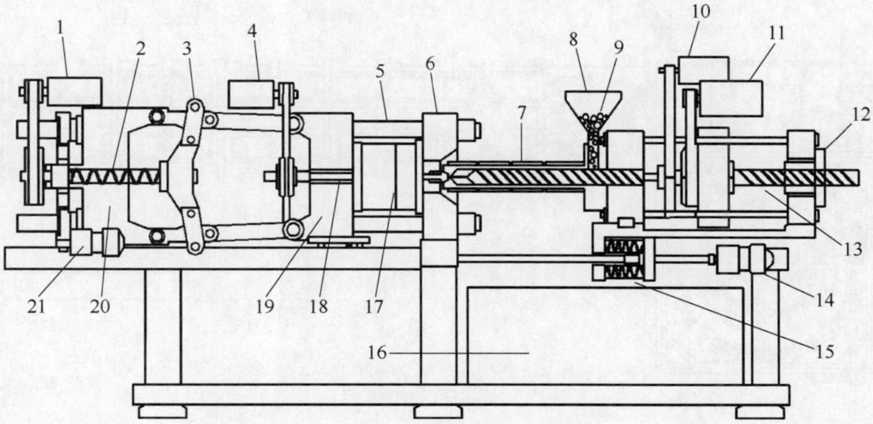

(a) 结构简图

(b) 实物图

图 11-14　注塑机

1—模开闭伺服电机；2—模开闭滚珠丝杠；3—肘杆；4—推顶器伺服电机；5—连接杆；6—固定台板；7—螺杆+料筒；8—料口；9—树脂；10—螺杆旋转伺服电机；11—射出伺服电机；12—压力检测传感器；13—射出滚珠丝杠；14—喷嘴接触齿轮电机；15—喷嘴接触机构；16—CNC（计算机数字控制）装置；17—模具；18—推顶杆；19—可动台板；20—后台板；21—模厚调整齿轮电机

（2）组盖机

组盖机的主要功能是将输液瓶的内盖、外盖和胶垫进行组装。内盖、外盖和胶垫分别由一个振荡上料器进行上料输送，并在组盖机的转盘上从下到上依次按照外盖、胶垫、内盖进行组装压实，组装完成后上盖会经过机器的视觉检测，将不合格品剔除后，输出成品盖。

（3）吹瓶机（图 11-15）

吹瓶机由瓶坯加热系统和吹瓶系统组成。瓶坯加热系统用于将上一步注塑完成的瓶坯进行加热，瓶坯在输送机构的带动下经过电加热炉，将瓶坯进行加热，电加热炉顶部会配有排风系统，用于带走额外的热量。预热完成的瓶坯会被输送到出瓶机处，吹瓶机通过高压气体和特定的模具将瓶坯吹成输液瓶的形状。

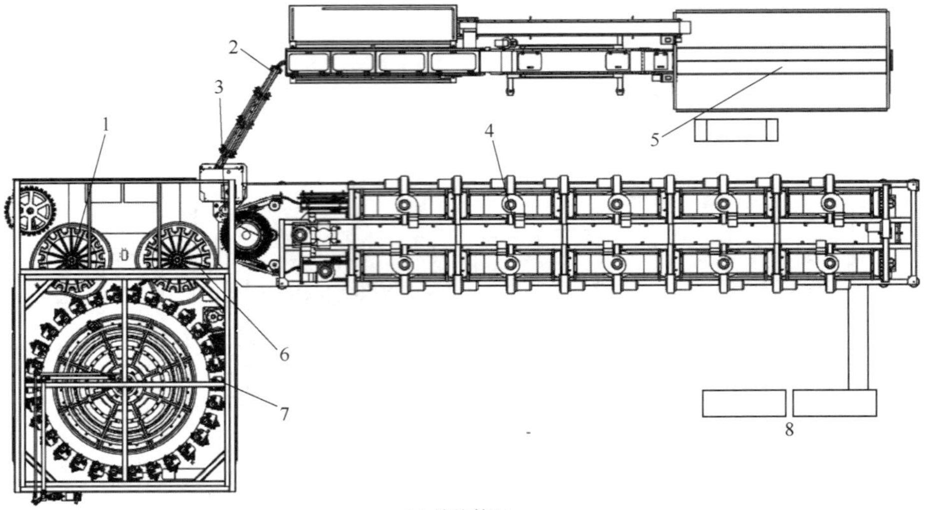

(a) 结构简图

(b) 实物图

图 11-15　吹瓶机

1—卡瓶式出瓶转盘；2—送坯滑轨；3—进坯星轮；4—瓶坯旋转加温室；5—储坯箱；6—卡坯式进坯转盘；7—水冷式吹瓶机构；8—电控箱

（4）灌装机（图 11-16）

灌装机由进瓶机构、药液灌装机构、上盖机构、热封机构、出瓶机构组成。吹瓶机送过来的瓶体会被传送到灌装机上，灌装机构由储液罐和控制阀组成。药液依靠重力流入输液瓶内，通过气动阀门的开闭时间来控制药液的填充量。灌装完成后的药瓶会和上盖一起在热封机构的作用下进行预热，当瓶盖和瓶口都达到一定温度下，灌装机会将瓶口和瓶盖进行封合，封合完成的输液瓶会被送去洁净区，送入灭菌间。装入托盘送到水浴灭菌柜内，因大输液一般产量较大，灭菌柜通常配备自动进出料系统，输液瓶会在机械手或者物流线的作用下执行装盘和进柜操作，当灭菌完成后，也会自动执行出料操作。

灭菌完成后的输液瓶会经过灯检工序，剔除不合格品，然后依次经过贴标、装箱、喷码等工序。

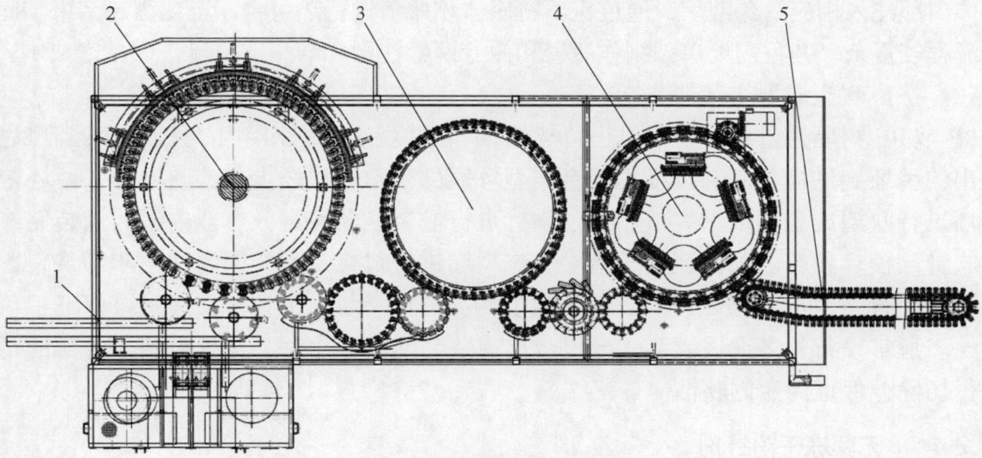

(a) 灌装工序

(b) 实物图

图 11-16 灌装机

1—出瓶；2—轧盖；3—灌装；4—洗瓶；5—进瓶

11.2.2.3 非最终灭菌小容量注射剂生产设备

非最终灭菌小容量注射剂的主要生产设备有配液系统、塑料安瓿用 BFS 设备等。

因药品生产终端没有整体灭菌的工序，所以药品生产过程中对配制的药液进行无菌过滤，并对每个重要操作步骤及其生产环境进行严格的无菌控制来完成。

塑料安瓿瓶主要用来替代玻璃安瓿瓶。玻璃安瓿瓶因其为玻璃制品，在运输和使用过程中容易破碎，并且在开瓶过程中容易产生玻璃碎屑，从而影响药品质量或者周边环境。塑料安瓿瓶的应用刚好摒弃了这些缺点。

塑料安瓿用 BFS 设备主要由挤出制瓶机构、灌装机构、残料切割机构组成，将吹瓶、灌装、封口集成到一台机械上，又名三合一设备。

BFS 灌装机的制瓶工艺一般分为两种，即注射吹塑成型工艺和挤出吹塑成型工艺。

（1）注射吹塑成型工艺

PP 或 PE 树脂通过螺杆挤出机进行热熔，并将熔融的树脂注射在模具中形成瓶坯。然后对瓶坯进行加热送入吹塑工序，将瓶坯吹成瓶体。通过同样的工艺再生产出瓶盖。灌装装置在瓶体内部注入相应的药液后，通过机器将瓶体和瓶盖进行热封合，至此灌装结束。此工艺生产流程较复杂，并且需要单独制作瓶盖和瓶身两套注塑和吹塑的模具，故生产成本较高。

（2）挤出吹塑成型工艺

PP 或 PE 树脂通过螺杆挤出机进行热熔，并在成型装置的作用下形成一个圆筒状型坯。当挤出的型坯到达模具底部，模具闭合将型坯底部密封。型坯上部的吹针伸入型坯内部，对型坯进行吹塑成型。成型完成后通过吹针进行灌装。药液进入容器内部，灌装完成后，撤出吹针。模具将容器顶部还处于熔融状态树脂进行封合定型，因为吹气和灌装装置均使用吹针一个管路，从而保证药液在密闭的条件下进行灌装，不与外界接触，保证了药瓶的洁净性。通常设备为多通道灌装，一般一次灌装会制作 5 个瓶，故需要将瓶外部的塑料残边进行切除，保证药瓶的整洁。

11.2.2.4　无菌冻干粉针剂

无菌冻干粉针的生产采用了集成洗瓶、烘干、灌装、冻干和轧盖等步骤的联动生产线。该生产线的主要设备有配液系统、洗瓶机、隧道烘干机、西林瓶灌装机、冻干机、轧盖机等。

药瓶主要生产工艺为：灌装机将液态的药瓶灌装到西林瓶内部，并通过震动上料机将胶塞送入瓶口处。该生产线的胶塞顶部会有一个狭长的开口（胶塞的开口主要用于在冻干工序进行蒸发气体的排放），灌装机将胶塞压入瓶口一小部分，带有药液和胶塞的药瓶被送入冻干机，在冻干机内部进行冷冻、升华、压盖等工序。冻干完成的药瓶进入轧盖工序。将胶塞上部盖上一个铝盖，进行轧盖固定。从而灌装完成。洗瓶机、隧道烘干机、轧盖机上文已经介绍过，其工作原理大致相同。本节主要对冻干机进行介绍。

冻干机主要的作用是通过将液体冷冻进行升华分离的手段将固液混合的药品进行分离。该设备主要由进出料系统、箱体、可升降板层、清洗灭菌装置、制冷系统、循环系统、真空系统、冷阱装置、喷淋装置等组成，如图 11-17 所示。

进出料系统常用的方式有两种，分别为水平式层流进出料小车和固定式自动进出料系统。水平式层流进出料通常会在地轨上运行，小车配备层流罩用于保证药品的洁净等级，小车为自动控制，可以将灌装机生产出来的药瓶进行装车存放，然后小车运动到冻干机处，小车上的推杆装置会将药瓶推入冻干机的板层上进行出瓶操作。

固定式自动进出料系统通常由输送装置组成，其主要功能是将灌装机生产的小瓶通过传动带在层流保护下输送到冻干机处，并使用推杆将药瓶推入冻干机的板层上，冻干完成后的药瓶会被推到传送装置上，将药瓶输送到轧盖工序。此为连续式的进出料。

冻干机箱体内部有可升降板层和清洗灭菌装置。板层在液压油缸的带动下进行上下运动，配合进出料装置实现每层板层的进出料功能，也可以配合清洗装置对每个板层进行清洗。板层内部通常排布有硅油循环管路，用于对板层进行升降温。因为板层需要根据生产的需要进行上下升降，所以板层多采用软管与箱体进行连接。

冻干机常用的灭菌方式有过氧化氢蒸气灭菌和纯蒸汽湿热灭菌。

循环系统由循环泵、导热油、换热器、电加热器组成。导热油可以在冷冻系统和电加热装置的作用下进行升温和降温；冷冻系统通常由压缩机、蒸发器、膨胀阀等部件组成，用于给循环系统进行降温。

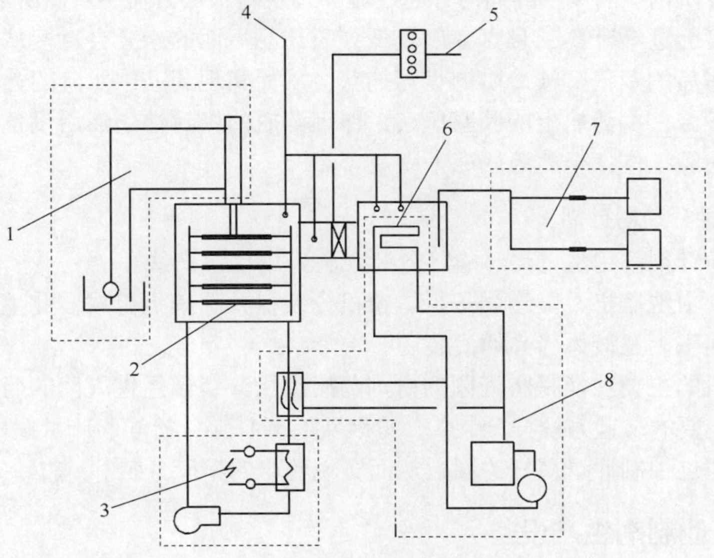

(a) 结构简图

(b) 实物图

图 11-17　冻干机

1—液压系统；2—冻干箱；3—循环系统；4—CIP/SIP；5—控制气源；6—冷阱；7—真空系统；8—制冷系统

真空系统主要由旋片式真空泵和罗茨真空泵组成，用于形成负压。

冷阱机构主要由不锈钢管路制作而成，内部流通导热油用于对盘管进行升降温，冷阱机构的主要作用是捕获药液升华的蒸汽，使其结霜在盘管上，当生产完毕后，箱体和冷阱机构中间的蘑菇阀会在液压缸的作用下关闭，将两者独立开，然后启动喷淋装置，向盘管上喷流热水，从而达到化霜的目的。

冻干机的主要工作流程为：进出料系统将药瓶输送到板层上，然后启动冷冻装置对循环系统进行降温。导热油流经板层将箱体内部的热量带走，逐渐将药品进行冷冻。冷冻完成后启动真空系统，将箱体和冷阱抽真空，抽真空的过程中要保证一定的真空梯度，可以使得气体流到冷阱内。抽真空的同时，通过循环系统对板层升温，对冷阱的盘管进行降温。箱体内部的温度会逐渐升高，且真空度较低，故药品里面的水分会直接从固体变为气体，进行升华。升华后的蒸气又被冷阱的盘管捕获，从而实现药品中水分的分离，当升华完成之后，板层会下降，将药瓶上的胶塞压实，保证药瓶的密封性。然后设备会进行平衡大气压、出料、化霜等工作，至此药瓶冻干完成。

11.2.2.5 无菌分装粉针剂

无菌分装粉针剂采用洗、烘、螺杆分装、轧盖联动生产线。

该系统主要由洗瓶机、隧道烘干机、粉机分装机、轧盖机组成。此生产线主要用于粉剂的分装，不同于上述液体药品的灌装。

粉针分装机的主要功能是将无菌的粉剂药瓶定量分装到经过灭菌的药瓶内，然后盖紧胶塞密封。其主要的装置为螺杆分装头，分装头有搅拌桨、粉斗、计量螺杆、落粉头组成，控制系统可以通过控制计量螺杆的圈数从而实现药粉的精确分装。

11.2.3 其他制剂生产设备

预灌针设备主要是将药液直接灌装到注射器内部，减少了药物因储存和转移过程中造成的浪费，不仅提高了药品的利用率，还降低了器具对药瓶的污染。通常这种包装形式为定量包装，无需进行药品的调配，注射到人体内的药量更加准确，减少了因药品配制过程中出现的偏差。

本章习题

1. 影响片剂强度的因素有哪些?
2. 请用流程图描述无菌冻干粉针剂生产工艺中物料的流程。
3. 简述冻干机的工作流程。
4. 某种药品生产工艺中需要进行流化床制粒，从工艺的角度如何确定流化床设备是否符合工艺要求?

第12章

车间设计

中药制药车间设计是指对新建、改建、扩建的中药药品生产厂房及设施进行规划和布局，以确保其技术先进、经济合理、安全适用、满足生产工艺要求，并保证产品质量。车间设计成果由工程技术人员用图纸、表格及文字的形式表达出来，是一项涉及面很广的综合性技术工作。

12.1 中药制药工程设计程序

中药制药工程项目从设想到交付生产一般经过如图 12-1 所示的三个阶段，这三个阶段是互相联系的，不同阶段的工作步步深入。

12.1.1 设计前期工作阶段

制药工程设计前期工作阶段是整个制药工程项目成功的关键起点，其核心目的在于全面了解项目需求、评估可行性以及为后续详细设计奠定坚实基础。本阶段的主要工作内容有项目建议书、可行性研究和设计任务（委托）书。

12.1.1.1 项目建议书

项目建议书是由项目主办单位或项目法人根据国民经济的发展、国家和地方中长期规划、产业政策、生产力布局、国内外市场、所在地的内外部条件、本单位的发展战略等，提出的某一具体项目的建议文件，是对拟建项目提出的框架性的总体设想，是为工程项目取得立项资格而提出的。

项目建议书包括以下主要内容：项目提出的必要性和依据，包括项目背景、项目目标、项目意义等；项目的主要产品或服务内容，初步确定项目的生产规模，对项目的建设地点进行初步的考虑和设想；分析项目所需的资源情况，考虑与相关单位的协作关系；对项目的总投资进行初步估算，包括固定资产投资、流动资金等，并提出资金筹措的初步方案，如银行贷款、企业自筹、政府投资等，同时对于有贷款的项目，还需提出还贷方案的设想；制定项目从前期工作到建设实施，再到竣工投产等各个阶段的大致时间进度安排，使项目相关各方对项目的整体时间框架有一个初步的了解；对项目建成后的经济效益，如销售收入、利润、投资回报率等，以及社会效益，如对就业、环境、社会经济发展等方面的积极影响进行初步的估计和分析。

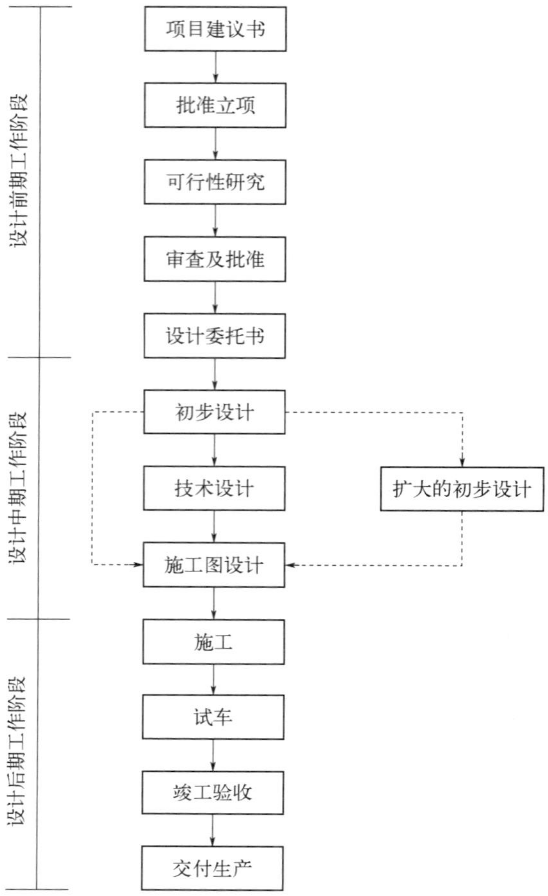

图 12-1 中药制药工程项目设计的基本程序

项目建议书的编写应基于充分的调查研究和科学分析，所提出的项目设想、方案应具有科学性和合理性，避免主观臆断和不切实际的设想；要客观反映项目的实际情况，包括有利因素和不利因素，为项目提供真实、准确的信息；项目建议书应包括项目所需的基本信息和相关内容，结构完整，全面反映项目的全貌，为后续的可行性研究和项目决策提供完整的依据。

通常项目建议书经过主管部门批准后，即可进行可行性研究。对于一些技术成熟又较为简单的小型工程项目，可以简化设计程序，项目建议书经主管部门批准后，即可进行方案设计，直接进入施工图设计阶段。

12.1.1.2 可行性研究

可行性研究旨在全面剖析拟建项目在技术、工程、经济及外部协作条件等维度的合理性与可行性，通过深入论证与多方案比选，为项目决策提供关键依据。

当项目建议书获主管部门批准后，上级主管部门随即组织或委托设计、咨询单位开展可行性研究工作。可行性研究报告通常由专业咨询公司负责编制。

可行性研究报告涵盖的内容如下。

① 总论。对项目名称、主办单位与负责人、项目建设背景及意义进行概括介绍；阐明编制依据和遵循原则；界定研究工作范围与分工；提炼可行性研究的核心结论；点明存在的主要问题并提出针对性建议。

② 市场分析与需求预测。全方位深入开展市场分析与需求预测工作。调研并预估拟建项目产品在国内、国际市场的供需态势及销售价格；探究产品目标市场，评估市场占有率；研判市场格局，着重剖析产品竞争对手以及自身竞争优劣势，拟定产品营销策略，明确主要市场风险及风险等级。

③ 产品方案与生产规模。对产品方案与生产规模展开比选和论证；提出切实可行的产品方案与建设规模；详细明确主副产品的名称、规格、质量指标、标准及产量。

④ 工艺技术方案。概述国内外相关工艺；通过分析比较选定适宜的工艺技术方案；绘制精准的工艺流程图；借助物料、能量衡算，确定原材料单耗与能耗，并与国内外同类产品先进水平进行对比；完成主要设备的选型与比较；确定主要自控方案。

⑤ 原材料、燃料与公用系统的供应。说明原料、辅助材料及燃料的种类、质量规格、数量、来源、供应状况以及价格走势。

⑥ 建厂条件与厂址方案。介绍厂址基本情况，包括厂区位置、地形地貌、工程地质、水文条件、气象、地震及社会经济等；阐述公用工程及协作条件，如水、电、气供应情况，给出厂址方案的技术经济对比及选择建议。

⑦ 公用工程与辅助设施方案。开展全厂初步布局规划；明确全厂运输总量及厂内外交通运输情况；说明水、电、气供应保障情况；阐述采暖通风与空气净化措施；估算土建方案及土建工程量；介绍其他公用工程和辅助设施。

⑧ 环境保护。说明建设地区环境现状；阐述工程项目污染物排放情况；提出综合利用与环保监测设施方案；制定污染物治理方案；进行环境保护综合评估；估算环保投资。

⑨ 职业安全卫生。说明职业安全卫生基本情况；提出工程建设的安全卫生要求；制定职业安全卫生保障措施；进行综合评估。

⑩ 消防。说明消防的基本情况；消防设施规划。

⑪ 节能。分析能耗指标；总结节能措施；介绍单项节能工程。

⑫ 工厂组织和劳动定员。明确工厂体制及组织，年工作日，生产班制和定员，人员培训计划和要求。

⑬《药品生产质量管理规范》(2010 年修订)。实施规划的建议培训对象、目标和内容；培训地点、周期、时间及详细内容。

⑭ 项目实施规划。详细阐述项目建设周期规划的编制依据与遵循原则，制定覆盖建设前期与建设期各阶段的实施进度规划，同时给出关于正式投产时间的合理建议，完成项目实施规划进度表或形成完整的实施规划方案。

⑮ 投资估算。精确估算项目总投资，涵盖固定资产投资、建设期贷款利息以及流动资金等各个投资板块。制定周全的资金筹措与使用计划，明确资金来源途径、具体筹措方式

以及贷款偿付办法。

⑯ 社会及经济效果评价。社会效益评价着重剖析项目对社会多层面的影响，范围涉及政治体制、方针政策、经济结构、法律道德、宗教民族、妇女儿童权益保障以及社会稳定性等重要领域。国民经济评价从资源优化配置的视角出发，衡量项目价值，评估其在实现区域经济发展目标、推动经济资源高效配置、增加产品供给、创造就业岗位、改善生态环境、提升民众生活质量等方面产生的效益。财务评价则站在项目及投资者的角度，设计科学合理的财务方案，从企业理财维度开展资本预算，对产品成本和销售收入进行精准估算，以此评价项目的财务盈利能力，为投资决策提供有力支撑，并从融资主体（企业）角度评估股东投资收益、现金流量规划以及债务清偿能力。

⑰ 风险评估与对策。全面评估项目面临的市场风险、技术风险、财务风险、组织风险、法律风险、经济和社会风险等各类因素，深入分析其潜在影响，制定具有针对性的风险规避策略，为项目全生命周期的风险管理筑牢坚实基础。

⑱ 评价结论。综合运用上述各项分析结果及相关数据，从技术、经济等多个维度深入论证工程项目的可行性。详细罗列项目建设过程中存在的主要问题，并给出最终的可行性研究结论。

可行性研究报告具备以下重要作用：①作为建设项目投资决策及编制设计说明书的关键依据；②作为向银行申请贷款的重要支撑材料；③作为建设项目主管部门与各相关部门洽谈合同、协议的基石；④作为建设项目开展初步设计工作的重要前提条件；⑤作为拟采用新技术、新设备研制计划的重要参考；⑥作为建设项目补充地形、地质工作及开展补充工业化试验的依据；⑦作为安排计划、推进各项建设前期工作的重要参考资料；⑧作为环保部门审查建设项目环境影响的依据。

12.1.1.3　设计委托书

设计委托书是在事务办理和工作生活场景中，委托方委托受托方开展特定设计工作时签订的具有法律效力的文件。其核心作用在于明确界定双方的权利、义务和责任等相关事宜。它不仅是开展工程设计的核心纲领与根本依据，还是确定建设项目及其建设方案（包括建设依据、建设规模、建设布局、主要技术经济要求等关键内容）的基础文件，是开展工程设计、编制设计文件的主要依据。

设计委托书和设计合同虽然在工程项目中都扮演着重要角色，但它们在内容、法律效力以及目的上存在显著差异。设计委托书主要是为了明确设计工作的基本要求和双方的初步意向，而设计合同则是为了确保双方在设计工作中的权利和义务得到法律保障，从而避免潜在的纠纷。在实际操作中，通常会先签订设计委托书，然后在具体设计工作展开前签订设计合同。

另外，必须注意设计委托书与可行性研究报告的区别。从内容上看，可行性研究报告提供依据，设计委托书是结论；从性质上看，可行性研究报告给上级提供决策文件，设计委托书是给设计人员下达指令；从时间上看，可行性研究报告在先，设计委托书在后。

12.1.2　设计中期工作阶段

依据已获批准的设计委托书（或可行性研究报告），即可启动设计工作。通常依据工程的重要程度、技术复杂程度，并参照设计委托书的规定，设计可分为三阶段设计、两阶段设计和一阶段设计这三种情形。

三阶段设计涵盖初步设计、技术设计与施工图设计。两阶段设计包含（扩大）初步设计和施工图设计。一阶段设计则仅为施工图设计。当前，我国的制药工程项目一般采用两阶段设计。

12.1.2.1 初步设计阶段

初步设计需依据已下达的委托书（或可行性研究报告）以及设计基础资料，来确定全厂的设计原则、设计标准、设计方案，并解决重大技术问题。设计内容涉及总图、运输、工艺、土建、电力照明、采暖、通风、空调、上下水道、动力以及设计概算等方面。初步设计的成果包括初步设计说明书以及图纸（带控制点工艺流程图、车间布置图及重要设备的装配图）。

(1) 初步设计工作基本程序

初步设计阶段一般历经初步设计准备、设计方案制定、资料流程签订、条件互提及中间审查、初步设计条件编制、成品复制、发送与归档等步骤。

(2) 初步设计说明书的内容

① 设计依据（文件）和设计资料。文件包括委托书、批文等；设计资料包括中试报告、调查报告等。

② 设计指导思想和设计原则。设计指导思想，是指关于工程设计的具体方针政策和指导思想；设计原则，即各专业设计原则，如工艺路线选择、设备选型和材质选用原则等。

③ 建设规模和产品方案。产品名称和性质；产品质量规格；产品规模（吨/年）；副产物数量（吨/年）；产品包装、贮藏方式。

④ 生产方法和工艺流程

a. 生产方法：简要阐述原料工艺路线，并列出化学反应方程式，注明化学名称，标注主要操作条件。

b. 工艺流程：包含工艺流程方框图、带控制点工艺流程图及流程描述。流程描述按照生产工艺流程，说明物料经过工艺设备的顺序以及生成物的去向，并阐述技术条件，如温度、流量、压力、配比等（若为间歇操作，需说明一次操作的加料量和时间）。

⑤ 车间组成和生产制度。生产制度要明确年工作日、操作班次，以及生产方式是间歇还是连续。

⑥ 原料、辅料的技术规格，以及中间产品和产品的技术规格。

⑦ 物料衡算：物料衡算的基础数据；物料衡算结果以物料平衡图表示，连续生产以小时计，间歇生产以批计；原料定额表、排出物料综合表（包括三废）、原料消耗综合表。

⑧ 能量衡算：能量衡算的基础数据；能量衡算结果以热量平衡图表示；能量消耗综合表（还有水、电、热、冷用量表）。

⑨ 主要工艺设备选型与计算

a. 基础数据来源，包括物料衡算、热量衡算、主要化工数据等。

b. 主要工艺设备的工艺计算以流程编号为序进行编写，包括：承担的工艺任务；工艺计算，如操作条件、数据、公式、运算结果、必要的接管尺寸等；最终结论，技术结果的论述、设计结果；材料选择。

c. 一般工艺设备以表格形式分类表示计算和选型结果，工艺设备一览表按非定型工艺设备和定型工艺设备两类编制，间歇操作的设备要列出工艺操作时间表，画出动力负荷曲线。

⑩ 工艺主要原材料、动力消耗定额及公用系统消耗。

⑪ 车间布置设计，包括车间布置说明，如生产部分、辅助生产部分、生活部分的区域划分、生产流向、防毒防爆的考虑等的说明，以及车间设备布置平面图与立面图。

⑫ 生产分析控制：对中间产品、生产过程质量控制的常规分析和三废分析等；主要生产控制分析表；分析仪器设备表。

⑬ 仪表及自动控制，包括控制方案说明，具体表现在带控制点的工艺流程图上，以及控制测量仪器设备汇总表。

⑭ 土建：设计说明；车间（装置）建筑物、构筑物表；建筑平面、立面、剖面图。

⑮ 采暖通风及空调。

⑯ 公用工程

a. 供电：设计说明，包括电力、照明、避雷、弱电等；设备、材料汇总表。

b. 供排水：供水；排水，包括清下水、生产污水、生活污水、蒸汽冷凝水；消防用水。

c. 蒸汽：各种蒸汽用量及规格等。

d. 冷冻与空压：冷冻；空压；设备、材料汇总表。

⑰ 原、辅材料及产品贮运。

⑱ 车间维修。

⑲ 职业安全卫生。分析存在的职业危害因素，如粉尘、噪声、化学毒物等，采取相应的防护措施，如佩戴防尘口罩、耳塞，设置通风排毒设施等。制定职业卫生管理制度，定期对员工进行职业健康检查。

⑳ 环境保护

a. “三废”产生及排放情况表，详细列出废气、废水、废渣的产生量、主要成分、排放浓度与排放量。

b. “三废”治理方法及综合利用途径。废气采用布袋除尘、活性炭吸附等处理方法，废水经污水处理站处理达标后排放，废渣进行分类处理，部分可综合利用，如药渣用于制作有机肥。

㉑ 消防。依据车间的火灾危险性类别，确定消防设施的配置，如设置消火栓系统、自动喷水灭火系统、灭火器等。制定消防应急预案，定期组织员工进行消防演练。

㉒ 节能。采用节能设备，如高效电机、节能型变压器等。优化工艺设计，减少能源消耗，如回收余热用于预热物料。制定节能管理制度，加强员工的节能意识培训。

㉓ 车间定员，如生产工人、分析工、维修工、辅助工、管理人员等。

㉔ 概算。工程概算是初步设计说明书的重要组成部分，详细列出工程建设费，包括建筑工程费、设备购置费、安装工程费等；工程建设其他费，如土地使用费、设计费、监理费等；预备费。分析工程建设费、设备购置费及其他投资等各占项目总投资的比例，为项目投资决策提供依据。

㉕ 工程技术经济。对项目的技术先进性、经济合理性进行综合评价，分析项目的投资回收期、内部收益率、净现值等经济指标，评估项目的盈利能力与抗风险能力。

㉖ 存在的问题及建议。指出在设计过程中遇到的问题，如某些设备选型受场地限制，某些工艺技术存在一定风险等；提出相应的建议，如调整车间布局以适应设备安装，加强对新工艺技术的研发与验证等。

12.1.2.2　技术设计阶段

技术设计是基于已获批准的初步设计编制的更为精确、完备且具体的文件和图纸。其以初步设计为基础，着力解决初步设计中存在以及尚未解决、需进一步研究攻克的技术难题。比如，针对特殊工艺流程开展试验、研究并确定方案；提出新型设备的试制建议；进行重要代用材料的试验与确定等。技术设计的成果包括技术设计说明书和工程概算书，其设计说明书内容与初步设计说明书类似，只是依据工程项目的具体情况进行适当的增减调整。

12.1.2.3　施工图设计阶段

施工图设计以批准的（扩大）初步设计及总概算为依据，旨在使（扩大）初步设计的内容更加完善、具体和详尽，完成各类施工图纸、施工说明以及施工图预算工作，为施工提供全面指导。

（1）施工图设计的内容

施工图设计阶段的主要设计文件有图纸和设计说明书。

① 设计说明书　施工图设计说明书的内容除涵盖（扩大）初步设计说明书内容外，还包含以下方面。

a. 对原（扩大）初步设计内容进行修改的原因说明。

b. 安装、试压、保温、油漆、吹扫、运转安全等要求。

c. 设备和管道的安装依据、验收标准和注意事项。通常，此部分内容可直接标注在图纸上，不一定写入设计说明书中。

② 图纸　施工图作为工艺设计的最终成果，主要包含施工阶段管道及仪表流程图（带控制点的工艺流程图）、施工阶段设备布置图及安装图、施工阶段管道布置图及安装图、非标设备制造及安装图、设备一览表及非工艺工程设计项目的施工图。

（2）设计基本程序

施工图设计阶段可按下述步骤进行设计工作。

① 根据审批初步设计会议的批复文件，立即对工艺流程和生产技术经济指标进行修改与复核；同时，将建设单位提供的设备订货合同副本、设备安装图纸和技术说明书作为施工图设计的依据。

② 复核和修正生产工艺设计的相关计算、设备选型及其计算等数据，全面选定专业与通用设备、运输设备，以及管径、管材、管接。除非经审批会议正式批复或经有权审批的设计机关正式批准，否则不得修改主要设备配置。

③ 与协同设计的配套专业商讨确定有关生产车间需要配合的问题；同时，依据项目工程师召开项目会议的决定，工艺与配套专业之间确定相互提交资料的期限，并签订“工程项目设计内部联系合同”（或资料流程契约）。工艺专业必须按时向配套专业提供正式资料，同时也要验收配套专业返回给工艺专业的资料。

④ 精心绘制生产工艺系统图和车间设备、管路布置安装图；编制设备和电动机明细表。

⑤ 组织设计绘制设备和管路布置安装中需要补充的非标准设备和所需工器具的制造安装图纸，编制材料汇总表。向建设单位发图并就安排订货和制造配合施工安装进度要求提出交货时间的安排建议。

⑥ 编写施工安装说明书：以严谨规范的文字结构编写施工安装说明书，内容如下。

a. 明确施工安装的质量标准及验收规划，并附上质量检测记录的格式。若已有国家或部颁施工和验收规范或标准，则应严格采用。

b. 详细说明设备和管路施工安装过程中需特别注意的事项。

c. 制定非标准设备的安装质量和验收标准。

d. 规定设备和管路的保温、测试、刷漆要求以及统一管线颜色的具体细则。

e. 协同配套专业对相互关联的单项工程图纸进行会签，随后将底图整理编号编目，送交有关人员进行校审和签署，最后由项目工程师统一安排部门印制，向建设单位发图。

12.1.3 设计后期工作阶段

项目建设单位在具备施工条件后，通常依据设计概算或施工图预算制定标底，通过招、投标的方式确定施工单位。施工单位依据施工图编制施工预算和施工组织计划。项目建设单位、施工单位和设计单位共同对施工图进行会审，设计部门针对设计中的相关问题进行解释和处理。设计部门派遣人员参与现场施工过程，以便实时了解和掌握施工情况，确保施工符合设计要求，同时能够及时发现和纠正施工图中存在的问题。施工完成后，进行设备的调试和试车生产，设计人员（或代表）参与试车前的准备工作以及试车生产工作，向生产单位阐明设计意图，并及时处理该过程中出现的设计问题。

设备调试一般按照从单机到联机，先空车，再从水代物料到实际物料的顺序进行。当试车运行正常后，建设单位组织施工和设计等单位，依据工程承建合同、施工技术文件及工程验收规范，先行组织验收，然后向主管部门提交竣工验收报告，并绘制施工图以及整理相关技术资料。在竣工验收合格后，将这些资料作为技术档案交付生产单位保存，建设单位编写工程竣工决算书上报上级主管部门审查。待工厂投入正常生产后，设计部门还需持续收集资料、进行总结，为后续的设计工作以及该厂的扩建和改建积累经验。

值得注意的是，制药工艺设计的每一个阶段都必须严格执行相关的国家规范和标准，以此确保设计质量。其中，标准主要针对企业的产品，而规范则侧重于设计过程中需遵循的规程。制药工艺设计中最常用的规范和标准主要包括《药品生产质量管理规范》（2010 年修订）、《医药工业洁净厂房设计标准》（GB 50457—2019）、《洁净厂房设计规范》（GB 50073—2013）。

12.2 厂址选择和总平面设计

12.2.1 厂址选择

厂址选择，即在拟建设区域的范围内精准确定建设项目的具体坐落位置。这一决策在工厂的建设进度把控、投资规模设定、产品质量保障、经济效益获取以及环境保护实施等方面，均发挥着举足轻重的作用。作为工程项目开展设计的先决条件，厂址选择工作涉及多个部门，融合了政策导向与科学考量，是一项高度综合性的任务。厂址选择是否精准得当，将对企业的生产质量、经济效益、环境保护成效、法规合规遵循以及社会责任履行等多个关键维度，产生深远且持久的影响。

从项目推进阶段来看，厂址选择属于可行性研究的重要组成部分。在条件允许的情况下，建议在编制项目建议书阶段便着手启动选址工作，选址报告也可先行于可行性研究报告提交。值得注意的是，《药品生产质量管理规范》(2010 年修订) 针对厂房选址有着明确且严格的规定。药厂的厂址选择，不仅要遵循一般工业厂房的选址通用原则，更需充分兼顾药品生产对环境的严苛特殊要求。

厂址选择遵循的基本原则主要涵盖以下 7 个关键方面。

① 契合政策法规与规划布局。所选厂址必须严格贯彻落实国家方针政策，全面遵守国家法律法规，紧密契合国家工业布局规划以及所在城市或地区的整体发展规划要求。秉持全局视野，综合权衡，妥善协调城市与乡村、生产与生态、工业与农业、生产与生活、需求与可能、近期与远期等多层面的复杂关系。

② 确保供应及协作便捷。理想的厂址应位于水、电、汽、原料、燃料供应充足且稳定，同时产品销售渠道畅通的区域。此外，在仓储、设备维修、公用工程配套以及生活设施保障等方面，须具备良好的基础条件与协作环境。

③ 具备便捷交通优势。厂址应尽可能毗邻原有的水运、铁路、公路等交通干线，以便获取便捷高效的交通运输条件。此举能够有效规避因新建企业而必须大规模新建交通线路，进而降低新企业的建设成本与后续运营成本。

④ 重视自然环境与环境影响。在选厂过程中，需要密切关注当地自然环境条件，并针对工厂投产后可能对环境造成的潜在影响，开展全面且前瞻性的预评价。工厂的生产区、排渣场以及生活区的建设选址应同步规划确定。厂址周边必须具备可靠的生产污水与生活污水排放途径，确保新厂建设不会对当地生态环境造成污染与破坏。

⑤ 考量有害物排放影响。对于散发有害物质的药厂厂址，应选址于城镇相邻工业企业和居住区全年最小频率风向的上风侧，且严禁处于通风不良的窝风地段，以最大程度降低对周边环境及居民的影响。

⑥ 满足高洁净度需求。对洁净度要求极高的药品生产企业，其厂址应选在大气含尘量低、无有害气体排放且自然环境优良的区域。同时，需要远离铁路、码头、机场、交通要道以及易散发大量粉尘和有害气体的工厂、仓库、堆场等场所，因为这些区域往往存在严重的空气污染、水污染、振动或噪声干扰。若无法远离严重空气污染区域，则应选址于其最大频率风向上风侧，或全年最小频率风向下风侧。

⑦ 具备适宜地形地质条件。所选厂址的自然地形应较为规整、平坦，具备满足建设工程需求的优良工程地质与水文地质条件。厂区的面积、形状及其他条件，不仅要满足生产工艺合理布局的要求，还应预留充足的发展空间。此外，厂址绝对不可选在风景名胜区、自然保护区、文物古迹区等受到特殊保护的区域。

事实上，要选定一个近乎完美的理想厂址并非易事。在进行厂址选择时，需依据厂址的具体特性与要求，精准抓住主要矛盾，优先满足对药厂生存与发展具有决定性影响的关键需求，随后再尽可能兼顾其他次要需求，从而筛选出最为适宜的厂址。

12.2.2　厂区划分

厂区布局通常依据行政、生活、生产以及辅助系统等不同功能进行分区规划。由于药厂生产品种繁杂，各产品在安全卫生标准上存在显著差异，因此需将车间划分为不同生产区域。常见的有原料药生产区、制剂生产区、辅助车间区、动力及公用系统区、仓储区，以及行政管理与生活区等。各生产区按照生产工艺的具体要求，进一步设置若干专业车间，例如丸剂车间、片剂车间、针剂车间等。

一般来说，药厂的车间可分为以下三类。

① 生产车间，包括原料药车间、制剂车间、药品检验室等核心生产单元。

② 辅助车间，如机修车间、电工车间、仪表车间等，为生产活动提供设备维护与技术支持。

③ 其他设施，涵盖仓库（用于存储原料、辅料、包装材料及成品等）、动力设施（锅炉房、压缩空气站、变电所等）、公用工程（水塔、冷却塔、消防设施等）、环保设施（污水处理设施、绿化区域等）、全厂性管理设施和生活设施（办公楼、化验室、研究所等），以及运输和道路设施等，共同构成完整的厂区运营体系。

12.2.3　总平面布置原则

为充分契合制药生产的特性与工艺要求，需综合考量厂区的地形地貌、地质条件、气象状况、卫生标准、安全保障、防火需求以及施工便利性等多方面因素，对厂区进行合理布局规划。科学安排建筑物及构筑物的位置、物料堆场和各类管线走向，切实保障卫生安全，为生产活动的顺利开展创造有利条件。

在进行总平面布置时，应严格遵循以下原则。

① 合规性　严格遵守国家相关规范和规定，深入研究厂区外部城镇区域规划，尤其是工业区规划和交通运输规划，确保总平面设计与城镇区域总体规划紧密衔接，实现整体协调发展。

② 生产流程　厂区布置必须符合生产工艺流程的合理性要求，使各生产环节之间紧密协作、高效衔接。尽可能按照生产工艺流程的先后顺序进行布局，最大限度缩短物料传送路径，避免原料、半成品和成品出现交叉与往返运输的情况。将生产性质相似或工艺流程关联紧密的车间相邻设置或集中布置，提高生产效率。通常将主要生产区置于厂区中心位置，以便于统筹协调，辅助车间则围绕其周边布局，方便提供服务支持。

③ 卫生规范　将卫生要求相近的车间相邻布置，便于统一管理和维护卫生环境。将产生大量烟、粉尘、有害气体的车间和设备安置在厂区边缘地带，且位于生活区全年主导风向的下风向，减少对生活区的污染。行政、生活辅助区，如办公区、质检区、食堂、仓库等，布置在厂前区，且处于全年主导风向的上风侧或全年最小频率风向的下风侧，保障人员工作和生活环境的质量。当全年主导风向和夏季主导风向相反且频率相近时，总平面布置可适当错开对环境有影响的厂房，同时充分考虑建筑物方位、类型与主导风向、日照之间的关系，确保厂房具备良好的天然采光和自然通风条件。在炎热地区，尤其要注意避免日晒，例如将热加工车间朝北布置，降低室内温度。锅炉房、污水处理站、动物房等可能产生空气污染源的单体，应布置在厂区主要风向的下风侧（即全年最小频率风向的上风侧），

减少对厂区整体环境的污染。

④ 交通规划　车库、仓库、堆场等应布置在邻近生产区的货运出入口及主干道附近，有效避免人流与物流的交叉干扰，确保厂区内外运输路线短捷顺畅。工厂大门数量至少设置两个以上，且工厂大门及生活区的设置应与主厂房相匹配，为职工上下班提供便利。

⑤ 土地利用　着力提高建筑系数、土地利用系数及容积率，合理节约建设用地。对于生产性质相近，如对洁净、卫生、防火要求相似的车间，可整合在一座多层建筑厂房内，分层（区）进行生产，实现空间的高效利用。

⑥ 安全　危险品库应设置在厂区安全位置，并配备完善的防冻、降温、消防等安全防护措施。麻醉产品、剧毒药品需设立专用仓库，并采取严密的防盗措施，确保药品存储安全。动物房的设置需严格遵循《实验动物　环境及设施》（GB 14925—2023）等相关国家标准及规范，布置在僻静区域，同时配备专用的排污和空调设施，满足实验动物的饲养环境要求。锅炉房、污水处理站等可能产生空气污染源的单体，布置在厂区主导风向的下风侧（全年最小频率风向的上风侧），降低对周边环境的污染风险。冷冻、变配电、空压、制氮、循环水等动力设施，宜靠近动力负荷中心，减少能源输送损耗。

⑦ 消防　依据生产使用物质的火灾危险性、建筑物的耐火等级、建筑面积、建筑层数等因素，科学确定建筑物之间的防火间距，保障消防安全。厂房周围宜设置环形消防车道，若受地形等条件限制存在困难，可沿厂房的两个长边设置消防车道，确保火灾发生时消防车辆能够顺利通行。

⑧ 绿化规划　根据生产区、行政区、生活区和辅助区的功能需求，合理规划一定面积的绿化带，在各建筑物四周空地及预留地进行绿化布置。厂区道路两旁和露土地面，采用耐寒草皮覆盖或种植不产生花絮的树木，对于无法绿化的道路，应铺设不起尘的水泥地面，有效防止尘土飞扬，改善厂区环境质量。

⑨ 环境保障　洁净制药厂房应尽可能远离铁路、公路和机场等交通繁忙、污染较大的区域。洁净厂房与散发污染物的车间、辅助车间或烟囱等需保持足够的距离，并位于其主导风向的上风侧，避免受到污染。同时，洁净厂房不宜布置在主干道两侧，减少外界干扰对生产环境的影响。

⑩ 未来发展　充分考虑企业未来发展需求，合理预留发展空间，实现近期建设与远期规划的有机结合。以满足近期生产经营需求为主，同时为未来企业规模扩大、业务拓展等奠定坚实基础。

12.3　车间平面布置

12.3.1　车间布置的重要性和目的

车间布置设计的目的是对厂房的配置和设备的排列作出合理的安排。车间布置设计是车间工艺设计的两个重要环节之一，它还是工艺专业向其他非工艺专业提供开展车间设计的基础资料之一。有效的车间布置将会使车间内的人、设备和物料在空间上实现最合理的组合，以降低劳动成本，减少事故发生，增加地面可用空间，提高材料利用率，改善工作条件，促进生产发展。

12.3.2 车间平面布置的一般原则

(1) 厂房布置的方式

① 集中式　将车间各生产工序及辅助设施集中布置在一栋厂房内，这种布置方式是药厂厂房布置的主要形式。但厂房集中或合并时，应考虑药品具体品种的生产特点，只要技术允许，经济合理，尽可能将建筑物、构筑物加以合并。

② 分散式　将全部或一部分工序及辅助设施分散布置在单独的厂房内。

对车间生产规模较小、各工序联系紧密的，应优先考虑集中式布置；车间生产规模较大、各工序生产特点有明显差异的，可考虑分散式布置。

(2) 车间的组成

车间一般由以下几部分组成。

① 生产车间：各工序用室、控制室等。

② 生产辅助用室：空调、动力、配电、机修、检验室等。

③ 生活行政用室：车间办公室、会议室、厕所等。

④ 其他特殊用室：沐浴室、风淋通道等。

(3) 车间内设备的布置

车间内的设备布置要合理，布局应能保证生产的顺利进行。设备布置的原则如下。

① 保证工艺流程顺利进行。

② 卫生要求相同的设备尽量集中布置。

③ 相同用途的、同类型的、操作中有关的设备应尽量集中布置。

④ 布置设备时，应排列整齐，留有适当的距离。

⑤ 物料输送的距离和设备间的管路应尽可能短，避免管线与物料输送路线交叉往返。

⑥ 在采光以自然光为主的车间内，布置设备时应尽量做到背光操作，高大设备避免靠窗布置，以免影响采光。

⑦ 洁净室内要求洁净度较高的设备应布置在靠近进风口的主气流附近。

12.3.3 药品生产车间平面布置的特殊要求

制药企业洁净区域是指需要对环境中尘粒及微生物数量进行控制的房间（区域），其建筑结构、装备及其使用应当能够减少该区域内污染源的引入、产生和滞留。此区域主要适用于药液的配制、灌装、粉碎过筛、称量、分装等药品生产过程中暴露工序和直接接触药品的包装材料清洗等岗位。在满足工艺条件的前提下，为提高洁净室的净化效果，宜按下列要求布局。

① 空气洁净度高的房间或区域宜布置在人员最少到达的地方，并宜靠近空调机房。

② 不同洁净等级的房间或区域宜按空气洁净度的高低由里及外布置。

③ 空气洁净度相同的房间或区域宜相对集中。

④ 不同空气洁净度房间之间相互联系要有防止污染措施，如气闸室、空气吹淋室或传递窗（柜）。

⑤ 洁净区域中人员和物料的出入通道必须分别设置，人员和物料进入洁净区域要有各自的净化和设施，人员和物料使用的电梯要分开。

⑥ 洁净区域内的物料传递路线尽量短，布局顺应工艺流程，减少生产流程的迂回、往返。

⑦ 原辅料和成品的出入口分开，对易造成污染的物料和废弃物，必要时可设置专用的出入口。

⑧ 用于制造、储存的区域不得用作非区域内工作人员的通道。

⑨ 电梯不宜设置在洁净区域内。

⑩ 操作区只允许放置与操作有关的物料，设置必要的工艺设施。

⑪ 原材料、半成品存放室与生产区的距离要尽量缩短，以减少途中污染。原材料、半成品存放室面积要与生产规模相适应。

⑫ 成品存放室所占面积要与生产规模相适应。

⑬ 称量室宜靠近原辅料存放室或原辅料库，其洁净级别与配料室相同。

⑭ C 级、D 级区的设备及容器具清洗室可放在本区域内，A 级、B 级区内的设备及容器具清洗室宜设置在本区域外。

⑮ 工具洗涤、存放用室宜设置在洁净区域外。

⑯ 洁净工作服的洗涤、干燥室的洁净级别可低于生产区一个等级，无菌服装的整理、灭菌室的洁净级别宜与生产区相同。

⑰ 维修保养室不宜设置在洁净生产区内。

12.3.4 人员与物料净化

12.3.4.1 人员净化

人员净化区域涵盖门厅（兼作雨具存放处）、换鞋室、存外衣室、盥洗室、洁净工作服室、气闸室或空气吹淋室等。厕所、淋浴室、休息室等生产配套用室可按需设置，但不得对洁净区造成不良影响。

门厅是厂房内人员的入口，门厅外应设置刮泥格栅、挡鼠板，进门处需配备更鞋柜，人员在此更换外出鞋。

存外衣室，即普通更衣室，人员在此换下日常穿着的外衣，换上适用于一般区域的普通工作服。该区域需依据车间定员进行设计，确保一人一柜。

洁净工作服室是进入洁净区前，在洁净区入口处必须设置的更换洁净工作服的房间。进入 D 级以上级洁净区时，脱衣和穿洁净工作服应分设不同房间；进入无菌室，不仅脱衣与穿衣需分房间进行，且在穿着无菌内衣和无菌外衣之间，还需进行手消毒操作。

由于淋浴产生的温湿度变化易对洁净室造成污染，因此洁净厂房内通常不建议设置浴室。若因生产特殊产品确需设置，应将淋浴间设置在车间存外衣室附近，并妥善解决淋浴室的排风问题，使其保持一定负压。

人员净化用室和生活用室的布局应避免出现往复交叉的情况。净化程序详见图 12-2。

换鞋 → 脱外衣 → 洗手 → 穿洁净工作服 → 手消毒 → 气闸室 → 非无菌洁净区

图 12-2 进入非无菌洁净区的生产人员净化程序

12.3.4.2 物料净化

物料净化区域包含物料外包装清洁处理室、气闸室或传递窗(洞),气闸室或传递窗(洞)应配备防止同时打开的连锁门或窗。

物料清洁室或灭菌室与洁净室(区)之间需设置气闸室或传递窗(洞),用于传递经清洁或灭菌处理后的原辅料、包装材料及其他物品。传递窗(洞)两侧的传递门应具备防止同时开启的制药专用装置,密封性良好且易于清洁。传递窗(洞)的尺寸和结构应满足传递物品的大小和重量要求。

生产过程中产生的废弃物出口不宜与物料进口共用同一个气闸室或传送窗(洞),宜单独设置专用传递设施。

12.4 车间设计

车间设计包括工艺设计和非工艺设计。工艺设计是将产品设计转化为实际产品的关键环节,涉及生产过程中的各个环节,是实现产品设计意图、满足生产需求的重要保障。非工艺设计包括总平面、土建、采暖通风、给排水、供电及自控、制冷、动力、环保等设计,是根据工艺设计提供的有关设计条件来进行的,为工艺生产提供必要的基础设施和辅助条件。

12.4.1 工艺流程设计

确定生产方法后,便要着手进行生产工艺流程设计。这是车间工艺设计的核心与关键步骤,它展示了生产过程中所使用的设备,以及物料和能量的变化及其流向,是指导设计和施工安装的重要依据。

12.4.1.1 工艺流程设计的任务

① 方案设计　明确生产方法及生产流程,筛选先进、可靠的工艺技术路线,开展工艺流程方案对比,制定合理的工艺流程方案。

② 物料热量衡算　包括物料衡算、热量衡算以及设备计算和选型等工作。物料衡算需确定每个工序的物料输入和输出量,计算物料利用率和损耗率,以保证物料平衡。热量衡算则计算生产过程中诸如加热、冷却、搅拌等操作所需的能量消耗,确保能量得到合理利用。

③ 确定载能介质的技术规格和流向　明确生产过程中使用的各类载能介质(如蒸汽、冷却水、压缩空气等)的技术规格和流向,保障能源供应的稳定与合理。

④ 确定生产控制方法　设计合理的生产控制手段,包括自动化控制系统的规划,确保生产过程稳定,产品质量一致。

⑤ 确定"三废"的治理方法　明确生产过程中产生的废气、废水、废渣的治理措施,确保符合环保要求,降低对环境的影响。

⑥ 制定安全技术措施　拟定详尽的安全技术方案,涵盖防火、防爆、防尘、防毒等方面,保障生产过程的安全。

⑦ 绘制工艺流程图　绘制详细的工艺流程图，涵盖原料输入、中间体生成、成品输出等各个步骤，明确每个步骤的操作条件和设备要求。

⑧ 工艺设备选型　挑选合适的工艺设备，通过工艺单元操作的设计，使装置达到要求的设计能力和产品质量标准。设备选型时需综合考虑设备性能、效率、可靠性以及与工艺流程的适配程度等因素。

12.4.1.2　工艺流程设计的成果

在初步设计阶段，工艺流程设计的成果表现为初步设计阶段带控制点的工艺流程图以及工艺操作说明；而在施工图设计阶段，工艺流程设计成果则是施工图阶段的带控制点工艺流程图，即管道仪表流程图（piping and instrument diagram，PID）。这两个阶段成果的要求与深度存在差异，施工阶段的带控制点流程图是依据初步设计的审查意见，并结合施工要求，对初步设计阶段的带控制点工艺流程图进行修改与完善后形成的。两者均需作为正式设计成果纳入设计文件之中。

12.4.1.3　工艺流程设计的原则

在工艺流程设计中通常要遵循以下原则：

① 确保产品质量符合既定标准。

② 尽可能选用成熟且先进的技术与设备。

③ 严格满足国家《药品生产质量管理规范》的要求。

④ 使用尽可能少的能耗。

⑤ 尽量减少“三废”排放量，并配备完善的三废治理措施，以降低或消除对环境的污染，同时做好三废的回收与综合利用工作。

⑥ 具备便于开车、停车的条件，易于控制，生产过程尽可能实现机械化和自动化。

⑦ 具有一定柔韧性，能够在不同条件下（如进料组成和产品要求发生改变时）正常运行。

⑧ 具备良好的经济效益。

⑨ 切实保障安全生产，确保人身和设备的安全。

⑩ 实现人流、物流协调，工艺流程协调，洁净级别协调，正确划分生产区域的洁净级别，依据工艺流程合理布局，避免生产流程迂回、往返以及人流与物流交叉等情况。

12.4.2　车间的物料衡算与能量衡算

12.4.2.1　物料衡算

在生产工艺流程示意图确定之后，便可开展车间物料衡算工作。通过物料衡算，使生产过程从定性分析转变为定量研究。物料衡算是车间工艺设计中最先开展的计算项目，其结果是后续车间能量衡算、设备工艺设计与选型、确定原材料消耗定额以及进行管路设计等各项设计工作的重要依据。

物料衡算的基本准则是质量守恒定律。其总物质的物料衡算模型为：进入系统的所有物流的总质量等于离开系统的所有物流的总质量与系统内积累的物质量之和。

某 i 物质的物料衡算模型为：

进入系统的 i 物质+系统内反应生产的 i 物质=离开系统的 i 物质+系统内消耗的 i 物质+

系统累积的 i 物质

模型中的系统可根据衡算目的进行设定，可以是一个或几个设备、一个工段或者一个车间。对于间歇操作设备，操作前及操作期间投入设备的物料可视为系统进料，操作期间及操作终了排出设备的物料（一般全部排完）可视为系统出料，此时系统内积累的物质量为 0。对于稳定的连续操作设备，系统内积累的物质量同样为 0。显然，对于物理操作设备，化学反应量为 0。

对于车间物料衡算或复杂过程的物料衡算，主要步骤如下。

① 确定计算范围。依据生产工艺流程示意图绘制物料衡算示意图，在图上标注物流方向、物流名称或编号、物料组成及含量等信息。

② 收集并确定计算所需数据资料。物料计算所需数据资料涵盖各种物料的名称、组成及含量；各种物料之间的配比；各种物料的密度和体积；主要工艺操作条件，如温度、压力、操作时间等；各种物料相平衡关系，如萃取时液-液相平衡关系；对于化学反应过程，还包括主副化学反应方程式、主要原料的转化率、产物的选择性、总收率及各步收率等。

③ 确定计算基准。运用物料衡算模型进行物料计算涉及计算基准问题。对于间歇操作设备，通常以每批原料投料量或每天原料投料量作为计算基准；对于连续操作设备，通常以单位时间的原料投料量作为计算基准，时间单位可选择秒、分钟、小时或天。由于一般药厂的制药车间可能同时存在间歇操作设备和连续操作设备，因此，车间物料衡算通常采用每天的原料投料量作为计算基准。根据设计委托书上规定的年产量和年工作日，可以计算出每天的产量，再依据总收率，能够算出每天的原料投料量。年工作日一般取值 330 天，也可根据工艺流程、设备情况、市场供销等因素选择 300 天或 270 天。

④ 列表进行自由度分析。自由度分析的目的在于检查给定的数据条件与待求解的变量数目是否匹配，以此判断物料衡算问题是否存在完整解。分析结果通过表格形式呈现。自由度和自由度分析将在后续内容中详细阐述。

⑤ 列出物料衡算数学模型，进行求解计算。

⑥ 根据计算结果编制物料衡算表，必要时画出物料衡算图。

12.4.2.2 能量衡算

当物料衡算完成后，可进行车间的能量衡算。能量衡算的主要目的是为了确定设备的热负荷。根据设备热负荷的大小、所处理物料的性质及工艺要求再选择传热面的形式，计算传热面积，确定设备的主要工艺尺寸。传热所需的加热剂或冷却剂的用量也是以热负荷的大小为依据进行计算的。对已投产的生产车间，进行能量衡算是为了更加合理地用能。通过对一台设备能量平衡测定与计算可以获得设备用能的各种信息，如热利用效率、余热分布情况、余热回收利用等，进而从技术上、管理上制定出节能措施，以最大限度降低单位产品的能耗。

当内能、动能、势能的变化量可以忽略且无轴功时，根据能量守恒可以得出热量平衡方程式：

$$Q_1 + Q_2 + Q_3 = Q_4 + Q_5 + Q_6$$

式中，Q_1 为物料带入设备的热量，kJ；Q_2 为加热剂或冷却剂传给设备或所处物料的热量，kJ；Q_3 为过程热效应，kJ（放热为正；吸热为负）；Q_4 为物料离开设备所带走的热量，

kJ；Q_5为加热或冷却设备所消耗的热量，kJ；Q_6为设备向环境散失的热量，kJ。

12.4.3 设备选择

用于制药工艺生产过程的设备被称为制药设备，它是先进工艺流程得以实现的保障。按照标准化程度，设备可分为标准设备（定型设备）和非标准设备（非定型设备）。

标准设备是由设备厂家成批、成系列生产的设备，可以依据型号规格直接采购；而非标准设备则是需要专门定制设计的特殊设备，需根据工艺要求，通过工艺及机械计算进行设计，然后交付有关工厂进行加工制造。在选择设备时，应优先选择标准设备。通常只有在标准设备无法满足需求的情况下，才依据工艺提出的条件去设计制造设备。并且在设计非标准设备时，对于已有标准图纸的设备，设计人员只需根据工艺需要确定标准图图号和型号即可，无须重新进行设计，以减少非标准设备施工图的设计工作量。

标准设备的规格和牌号可从产品目录、样本手册、相关手册、期刊广告以及互联网上获取。

12.4.3.1 工艺设备设计与选型的任务

① 确定单元操作和单元反应所用设备的类型。

② 根据工艺的要求决定所有工艺设备的材料。

③ 确定标准设备的型号或牌号以及台数。

④ 对于已有标准图纸的设备，确定标准图的图号和型号。

⑤ 对于非定型设备，通过设计与计算，确定设备的主要结构及其主要工艺尺寸，提出设备设计条件单。

⑥ 编制工艺设备一览表。

12.4.3.2 设备设计与选型的原则

① 满足工艺要求：选用的设备应与生产规模相适配，能够适应产品品种变化的需求，确保产品质量。操作可靠，减轻人工劳动强度。配备合理的监测、控制系统，尽可能提升设备的自动化、智能化水平。

② 满足《药品生产质量管理规范》要求：防止污染和交叉污染、混淆与差错，符合《药品生产质量管理规范》中有关设备选型、选材的要求。

③ 设备成熟可靠：生产中使用的关键设备应选择经过生产实践考验、成熟可靠的设备。

④ 满足安全生产的要求：设备应具备良好的耐腐蚀性。鉴于药品生产过程中需处理的物料很多具有易燃、易爆、有毒等特性，设备要具备足够的密闭性和合理的结构强度。

⑤ 易于操作与维修：设备应设有手孔结构以便于维修，设备的易损件应便于拆卸更换。

⑥ 考虑技术经济指标：设备的生产强度越高，设备的体积往往越小，但有时会影响效率、增加能耗，因此应综合考量，合理选型。尽量选择结构简单、易于制造的设备。不可仅关注某一设备的合理性而忽视系统匹配问题，要充分考虑它对前后设备的影响以及对全局的作用和影响。

12.4.4 车间布置

车间布置设计的核心目的在于对厂房的布局以及设备的排列进行科学合理的规划安

排，这是车间工艺设计中至关重要的环节之一。一个布置不合理的车间，在基建阶段会导致工程造价居高不下，施工安装过程困难重重；车间建成投入使用后，又极易引发生产和管理方面的诸多问题，例如造成人流与物流的混乱无序，给设备的维护与检修工作带来极大不便等。因此，在进行车间布置设计时，必须严格遵循既定的设计程序，依据布置设计的基本原则，进行细致且周全的考量。

制剂车间设计除需遵循一般车间常用的设计规范和规定外，还必须严格遵照现行的《医药工业洁净厂房设计规范》《洁净厂房设计规范》《药品生产质量管理规范》的要求来开展车间设计工作。

车间布置设计的主要任务如下：其一，明确车间的火灾危险类别、爆炸与火灾危险性场所等级以及卫生等级标准；其二，确定车间建筑（构筑）物和露天场所的主要尺寸等，并合理规划车间内生产区、辅助生产区和行政生活区的位置；其三，精准确定全部工艺设备在空间中的具体位置。

12.4.5 管道设计

12.4.5.1 管道设计的内容

① 选择管材　管材的选取需依据被输送物料的性质以及操作条件来确定。理想的管材应具备优良的耐腐蚀性能，同时成本较为低廉，以实现性能与成本的平衡。

② 管道计算　根据物料衡算结果以及物料在管内的流动要求，通过精确计算，合理且经济地确定管径，这是管道设计的关键内容之一。在给定生产任务的情况下，流体流量是已知的，选定适宜的流速后便可计算出管径。

在管道设计过程中，选择适宜的流速至关重要。流速越大，管径越小，购买管子所需的费用就越低，但输送流体所需的动力消耗和操作费用会相应增大。因此，适宜的流速需通过经济衡算来确定。一般而言，液体的流速可在 0.5 ~ 3m/s 范围内选取，气体的流速可在 10 ~ 30m/s 范围内选取。

管子的壁厚对管道投资有着较大影响。通常情况下，低压管道的壁厚可根据经验确定，而压力较高的管道壁厚则需通过强度计算来确定。

③ 管道布置设计　依据施工阶段带控制点的工艺流程图以及车间设备布置图，对管道进行合理布局，并绘制出相应的管道布置图，确保管道系统与整体工艺流程和设备布局相适配。

④ 管道绝热设计　在多数情况下，高于常温的管道需要进行保温处理，低于常温的管道需要进行保冷处理。尽管保温和保冷的热流传递方向不同，但习惯上都统称为保温。

管道绝热设计旨在确定保温层或保冷层的结构、材料以及厚度，以最大程度减少装置运行过程中的热量或冷量损失，提高能源利用效率。

⑤ 管道支架设计　为确保工艺装置能够安全稳定运行，需根据管道的自重、承重等实际情况，确定合适的管架位置和类型，并编制管架数据表、材料表以及设计说明书，为管道的安装和支撑提供可靠依据。

⑥ 编写设计说明书　在设计说明书中，应详细列出各种管子、管件及阀门的材料、规格和数量，并明确说明各种管道的安装要求和注意事项，以便施工人员准确无误地进行安

装操作。

12.4.5.2 管道布置的原则

在进行管道布置设计时，首先要对工艺管和非工艺管的布置进行统一协调，然后依据工艺流程，并结合设备布置、土建情况等因素合理布置管道。在满足工艺、安装检修、安全、整齐、美观等多方面要求的前提下，力求实现投资最省、经费支出最小化。

① 便于安装、检修及操作　一般情况下，管道多采用明线敷设方式，因为明线敷设相较于暗线敷设不仅安装、检修更为便捷，而且成本更低。管道上应合理配置一定数量的活接头或法兰，以便于安装和检修工作的开展。当管道成直角拐弯时，可用一端堵塞的三通代替，这样既便于清理管道，也便于日后添设支管。

② 优化管道走向　管道应成列平行敷设，尽量保持直线走向，减少拐弯和交叉。明线敷设的管子应尽量沿着墙或柱进行安装，同时要避开各类门、窗、梁以及设备，尤其要避免从电动机、仪表盘、配电盘上方通过，以确保安全并便于维护。

③ 合理设置阀门等部件高度　操作阀的高度一般设置在 0.8 ~ 1.5m，取样阀高度约为 1m，压力表、温度计高度约为 1.6m，安全阀高度约为 2.2m。并列管路上的阀门、管件应错开安装，以方便操作和维护。

④ 按物料性质安排管道　管道应集中敷设，同时冷热管要分开布置。在垂直排列时，热介质管应位于上方，冷介质管位于下方；无腐蚀性介质管在上，有腐蚀介质管在下；气体管在上，液体管在下；不经常检修管在上，检修频繁管在下；高温管在上，低温管在下；保温管在上，不保温管在下；金属管在上，非金属管在下。在水平排列时，粗管靠墙，细管在外；低温管靠墙，热管在外，不耐热管应与热管保持一定距离；无支管的管在内，支管多的管在外；不经常检修的管在内，经常检修的管在外；高压管在内，低压管在外。输送有毒或有腐蚀性介质的管道，严禁在人行通道上方设置阀件、法兰等，以防介质渗漏造成人员伤害。输送易燃、易爆和剧毒介质的管道，不得敷设在生活间、楼梯间和走廊等人员密集区域。当管道通过防爆区时，墙壁应采取相应的封固措施。蒸汽或气体管道应从主管上部引出支管。

⑤ 设置合理坡度　根据物料性质的差异，管道应设置一定的坡度。坡度方向一般与介质流动方向一致（蒸汽管除外），具体坡度大小如下：蒸汽为 0.5%，水为 0.3%，冷冻盐水为 0.3%，生产废水为 0.1%，蒸汽冷凝水为 0.3%，压缩空气为 0.4%，清净下水为 0.5%，一般气体与易流动液体为 0.5%，含固体结晶或黏度较大的物料为 0.1%。

⑥ 满足安全距离要求　管道通过人行道时，离地面高度应不低于 2m；通过公路时不低于 4.5m；通过工厂主要交通干道时一般应为 5m。对于长距离输送蒸汽的管道，应在一定间隔距离处安装冷凝水排除装置；长距离输送液化气体的管道，应在一定距离处安装垂直向上的膨胀器。输送易燃液体或气体时，管道应进行可靠接地，以防止静电产生引发安全事故。

⑦ 合理确定管道间距　管道应尽可能沿着厂房墙壁安装，管与管之间以及管与墙之间的距离应以能够容纳活接头或法兰，便于检修为宜。一般管路的最突出部分距墙应不少于 100mm；两管道的最突出部分间距离，对于中压管道为 40 ~ 60mm，对于高压管道为 70 ~ 90mm。由于法兰容易发生泄漏，因此除与设备或阀门采用法兰连接外，其他部位应优先

采用对焊连接。但需要注意的是，镀锌钢管不允许采用焊接方式，当 DN≤50 时可采用螺纹连接。

12.4.6 非工艺设计项目

由工艺人员向建筑设计部门和其他专业部门提供非工艺设计条件，这些条件将作为非工艺部分设计的重要依据。非工艺设计的内容涵盖多个方面，主要包括：①建筑设计（涵盖一般建筑工程以及特殊建筑物设计）；②公用工程设计（包括上、下水道设计，采暖设计，通风设计等）；③电气设计（涉及动力电、照明电等设计）；④自动控制设计；⑤设备的机械设计；⑥相关的环境保护设施设计；⑦技术经济设计等。

12.5 中药制剂车间工艺设计

中药固体制剂常见的有三种类型，即片剂、胶囊剂和颗粒剂，这三个剂型业内多称“一头三尾”。头段制颗粒工序即粉碎、过筛、造粒、干燥、总混工序相近，可以共用一个洁净车间或功能间设备生产。尾段工序，如颗粒分装，压片/包衣、吸塑（装瓶），胶囊填充、吸塑（装瓶）等，需要分别在不同的区域或功能间生产。一般而言，对于企业多品种、小批量产品的生产模式，采用这种合并车间设计的方式，好处在于能够提高设备的使用效率，缩减洁净区的面积，进而节约建设资金。

12.5.1 中药固体制剂车间总体要求

人员与物流需严格分开且不得交叉，工艺路线应尽可能短捷、顺畅，杜绝返流与迂回现象。进入洁净车间的人员和物料不能共用同一出入口，必须分别设置独立的出入口，并且要在人员和物流通道上配备风淋室、传递窗等设施；对进入的人员和物料实施净化措施，以此避免将外界污染物带入洁净车间，造成车间污染。

针对中药固体制剂的一些特殊生产工艺，需采取特殊处理方式。例如，固体制剂的片剂包衣生产（含有机溶剂），车间应按防爆标准设计。该区域需设置排风系统，且不进行回风，同时相对于公共走廊保持负压状态。此外，对于产尘的功能间，一般考虑设计前室，视情况选择风系统除尘回风或直排；对于对温度（如器具存放间）、湿度有特殊要求的功能间，可考虑采用嵌入式的空调模块系统实现温控，高湿度空气回风采用转轮除湿或直排。还有，铝塑包装机、激光刻码机等工作时会产生较大臭味，因此应在该机器上方局部设置直排风装置等。

12.5.2 生产车间设计与布局介绍

以 A 企业的固体制剂综合车间为例。该车间主要设有 3 条生产线，主要生产片剂、胶囊、颗粒这 3 种剂型的产品。虽然 3 种产品剂型与成分各不相同，但均为固体制剂，典型的小批量、多品种车间。

片剂产品工艺，依次为备料、称量配料、混合制粒干燥、过筛、总混、压片、包薄膜衣、吸塑包装、枕式包装、装盒、电子扫码、装箱、打包入库。

颗粒剂产品工艺，包括备料、称量配料、混合制粒干燥、过筛、总混、颗粒包装、装盒、电子扫码、装箱、打包入库。

胶囊产品工艺，涵盖备料、称量配料、混合制粒干燥、过筛、总混、胶囊填充、吸塑包装、枕式包装、装盒、电子扫码、装箱、打包入库。

根据我国现行 GMP 标准规定，企业这 3 种剂型对应生产洁净级别的要求均为 D 级及以上。D 级洁净区的标准如下：洁净操作区的空气温度应维持在 18～26℃；空气相对湿度应控制在 45%～60%；房间换气次数≥15 次/h；压差方面，100000 级区相对室外≥10Pa；高效过滤器的检漏大于 99.97%；照度>300～600lx；噪声≤75dB（动态测试）。

鉴于这 3 种剂型所要求的生产洁净级别相同（均为 D 级及以上），且前段制颗粒工序（备料、称量配料、混合制粒干燥、过筛、总混）一致，因此可集中共用相关设备与区域。而由于企业后段工序（压片、包衣、胶囊填充）各不相同，所以需要分块（区）进行布置。包装工序中部分生产流程相同，故而可集中设置。由此可见，企业在同一车间生产 3 种剂型的设计方案具备可行性。通过整合共用工序设备，可提高设备使用率，减少洁净区面积，从而达到节约建设资金的目的。

12.5.2.1 生产车间中人员流动及物资设计

生产车间中人员流动及物资流动的设计，应竭力保证人、物分离且不交叉，确保工艺路线流畅，物流路线短捷，避免返流与迂回。若条件允许，最好在相反方向分别设计人流、物流入口。

若只能在同方向设计人流、物流入口，那么二者之间应保持足够的距离，以防相互干扰。以目前国内的制药装备水平，固体制剂生产尚无法实现全封闭、全机械化、全管道化的生产输送模式。大量运输作业（如物料、中间体和内包材的运输）仍需人员搬运。所以，想要完全杜绝人、物交叉较为困难。需要明确的是，“交叉”与“交叉污染”并非同一概念。即便将人流、物流完全分开，人与人、物与物之间依旧可能发生交叉污染，所以在设计过程中无需过度纠结“交叉”问题。尽管如此，对于设计制药生产企业的厂房而言，合理规划人流、物流始终是工艺布局中的关键事项。

12.5.2.2 生产车间中的物料净化系统设计

由于物料与载体在运输过程中易附着尘埃粒子和微生物，因此物料在进入洁净室前必须进行净化处理。在洁净室设计时应注意以下方面。

洁净室设计需设立独立的物料净化用室，一般包含外包装清洁、脱外包、缓冲气闸（传递窗或缓冲间）等功能区域。洁净区应设置生产过程中最易产生污染环境的物料和废弃物的专用出口，防止污染物对原辅料和内包材造成污染。

原辅料和直接接触药品的内包材料存在相互污染的可能性。因此，若工艺流程设计合理，无须设置两个入口，可共用一个入口。

可依据产量确定贮存间面积。通常情况下，原辅料包装体积较大，传统传递窗尺寸有限，难以发挥应有作用。所以在设计物料净化程序时，建议采用货淋或缓冲间替代传统传递窗，货淋或缓冲间的门最好采用双门联锁结构，同时利用空调为车间送风。

12.5.2.3 生产车间中的人员净化设施设计

据统计，洁净车间约 35%的污染来自工作人员携带的微生物和尘埃粒子。因此，为降低工作人员对生产车间的污染，进入洁净室（区）的人员必须进行净化。洁净室应设置独立的人员净化场所。

一般来说，人员净化场所的设计应具备雨具存放、换鞋、存外衣、盥洗、穿戴洁净工作服、气闸或空气吹淋室等功能。人员净化用室的洁净要求应与人员进入的生产区域的洁净度要求相适配。

以示例企业 A 的生产车间为例，该车间仅生产固体制剂，只有 D 级功能区和一般功能区两个等级的区域，因此可分设两个人员更衣室，以此简化更衣程序，减少污染风险。

人员净化程序中必须经过气闸室或风淋室，风淋室需根据洁净区操作人员人数考虑是否设置旁通门，经气闸室的门要注意采用双门联锁，具备防止同时打开的措施。

鉴于操作人员在一般功能区、洁净区操作时间较长，应在人员进入洁净区之前的气闸室内设置饮水机，方便员工饮水。

关于洁净衣的洗涤，我国现行版 GMP 附录中有相关规定。该厂为 D 级的固体制剂厂，洗衣房既可以设在洁净区内，也可设在非洁净区，将洗涤干燥后的洁净衣通过传递窗送入洁净区。若在非洁净区清洗，应考虑在层流净化工作台中整理，经密封后存放在洁净工衣间的存放柜中。洁净工作服的存放柜不应采用木质材料，以免生霉长菌或变形，应选用不起尘、不腐蚀、易清洗、耐消毒的材料，如不锈钢、工程塑料等。

12.5.2.4　生产车间中的生产设备布局设计

首先，合理的生产设备布置能够缩短物料搬运的距离和时间，提升生产效率。研究显示 20% ~ 50%的加工费用于物料运输，而合理的生产设备布局至少能节约 10% ~ 30%的物料运输费用。其次，设备布局的合理性还可减少人为干预，降低产品出现缺陷的概率。合理的生产设备布置有利于生产线根据新产品或生产量的变化进行重新配置或扩展；同时，良好的设备布局能减轻员工的体力劳动强度，提高工作舒适度。最后，合理的车间设备布局有助于改善车间的通风、照明等环境条件，保障员工健康。

生产设备应依据工艺流程进行合理布局，尽量减少往返、迂回，一般可考虑直线形、U 形或 L 形布置。该厂房为固体制剂综合车间，物料使用量较大，故而应围绕中间站按照工艺流程顺序布置各生产工序，要求各工序之间联系便捷，上、下工序相邻布置。

生产区应具备与生产规模相匹配的面积和空间，用以安置生产设备和物料，确保生产操作衔接合理，防止原辅料、中间品、半成品、成品出现混淆和交叉污染。辅助设施在满足生产需求的同时，不应妨碍生产操作。

升级连续制造对车间生产设备布置提出了更高要求，合理的设备布置对于实现高效、低成本、高质量的生产意义重大。

12.5.2.5　生产车间中的固体制剂相关工序的特殊要求

① 备料室　A 企业的多品种、小批量的综合制剂车间，涉及的物料包材种类繁多。为便于管理，避免混淆，应设置备料室。生产区用料时由专人负责登记发放，确保原辅料领用规范，减少或避免因人员误操作造成的损失。

② 称量室　生产区中的称量室应单独设置，称量秤宜布置在带有围帘的层流罩下或采取局部排风除尘措施，防止粉尘外逸导致交叉污染。以往未重视称量室单独设置的问题，常在备料室进行称量，容易导致剩余原辅料就地存放，进而产生交叉污染和混淆现象。

③ 除尘及前室　将产尘量大、有噪声的设备集中设置，既能集中除尘，又便于车间管理。发尘量大的粉碎、过筛、压片、充填等岗位，若无法做到全封闭操作，除设计必要的捕尘、除尘装置外，还应设计前室，避免对邻室或共用走道造成污染。

此外，像配浆、容器清洗等散热、散湿量大的岗位，除设计排湿装置外，也可设计前室，防止因散湿和散热量大而影响相邻洁净室的操作和环境空调参数。除尘室内同时设置回风及排风，风量相同，车间内所有排风系统均与相应的送风系统联锁，即排风系统只有在送风系统运行后才能开启，防止不正确操作，保证洁净区相对室外正压。工序产尘时开启除尘器，关闭回风；不产尘时开启回风，关闭排风。所有控制开关设置在操作室内。前室相对洁净走廊为正压，相对工作室也为正压。这样可确保洁净走廊空气不流经工作室，产尘空气不流向洁净走廊，从气流组织上避免交叉污染，同时降低室内噪声向外界传播。房内间排风应采用侧下排风方式，排风口设置在产尘设备下风向。否则，不仅会使室内存在空气死区，还会导致上风侧工艺设备或操作对下风侧工艺设备或操作产生污染。除尘器或除尘间应就近布置在产尘工艺设备周围。

④ 胶囊壳贮存间　胶囊壳极易吸潮，吸潮后易发生粘连而无法使用，应贮存在温度18 ~ 24℃、相对湿度≤65%的环境中，可使用恒温恒湿机进行调控。硬胶囊充填时相对湿度应控制在 45% ~ 50%的范围内，需设置除湿机，避免因湿度问题影响充填效果。胶囊剂对温度和湿度极为敏感，高湿度易使包装不良的胶囊剂变软、变黏、膨胀，且有利于微生物滋生，因此成品胶囊剂的贮存也需设置专库进行除湿贮存。

⑤ 辅助间　容器具清洗间、容器具存放间、洁具清洗间、洁具存放间、中间化验室、模具存放以及上述的除尘间、防爆间等，在主要工作间布置合理的前提下，应尽量靠近其应用地。这些辅助间与药品接触紧密，所以其空气洁净度应与其使用场所的空气洁净度保持一致。清洗间、存放间的设置应能避免设备、器具的二次污染，可采用单向流动布置。

⑥ 洁净走廊　洁净区内设计的洁净走廊，应确保能够直接通往每一个生产岗位、中转物或内包材料存放间。不能将其他岗位操作间或存放间作为物料和操作人员进入本岗位的通道，这样才能有效防止因物料运输和操作人员流动而引发不同品种药品的交叉污染。并且应尽量减少中间走道，避免粉尘通过人、周转桶等途径传播，防止将粉尘带到其他工段，控制并避免交叉污染。同时，鉴于固体制剂生产的特殊性以及工艺配方和设备的不断改进，应适当加宽洁净区的洁净走廊（1.5 ~ 2m），减少运输过程中对隔断的碰撞，以及设备更换时必须拆除或破坏隔断的情况。所以说，洁净走廊不仅是人员、物料的通道，也是设备更换的通道。

⑦ 排风　铝塑包装机工作时会产生 PVC 焦臭味，因此应设置排风装置。排风口位于铝塑包装热合位置的上方。

⑧ 防爆　包衣工序需采用防爆设计。根据安全要求，高效包衣工作室应设计为防爆区，设置门斗以实现防爆功能。防爆区采用全部排风，且防爆区相对洁净区公共走廊保持负压。

针对 A 企业的具体情况，在同一洁净区需布置片剂、胶囊剂、颗粒剂 3 条生产线，在平面布置时应尽可能按生产工段分块布置，例如将造粒工段（混合制粒、干燥和整粒总混）、胶囊工段（胶囊充填、抛光选囊）、片剂工段（压片、包衣）和内包装等各自相对集中布置，这样可减少各工段之间的相互干扰，也有利于空调净化系统的合理布局。同时，功能区的划分应与企业的实际生产量和预留量相契合，如此既符合 GMP 要求，能够保证药品质量，又可满足企业节约资金、谋求发展的需求。图 12-3 为 A 企业固体制剂综合车间平面设计图。

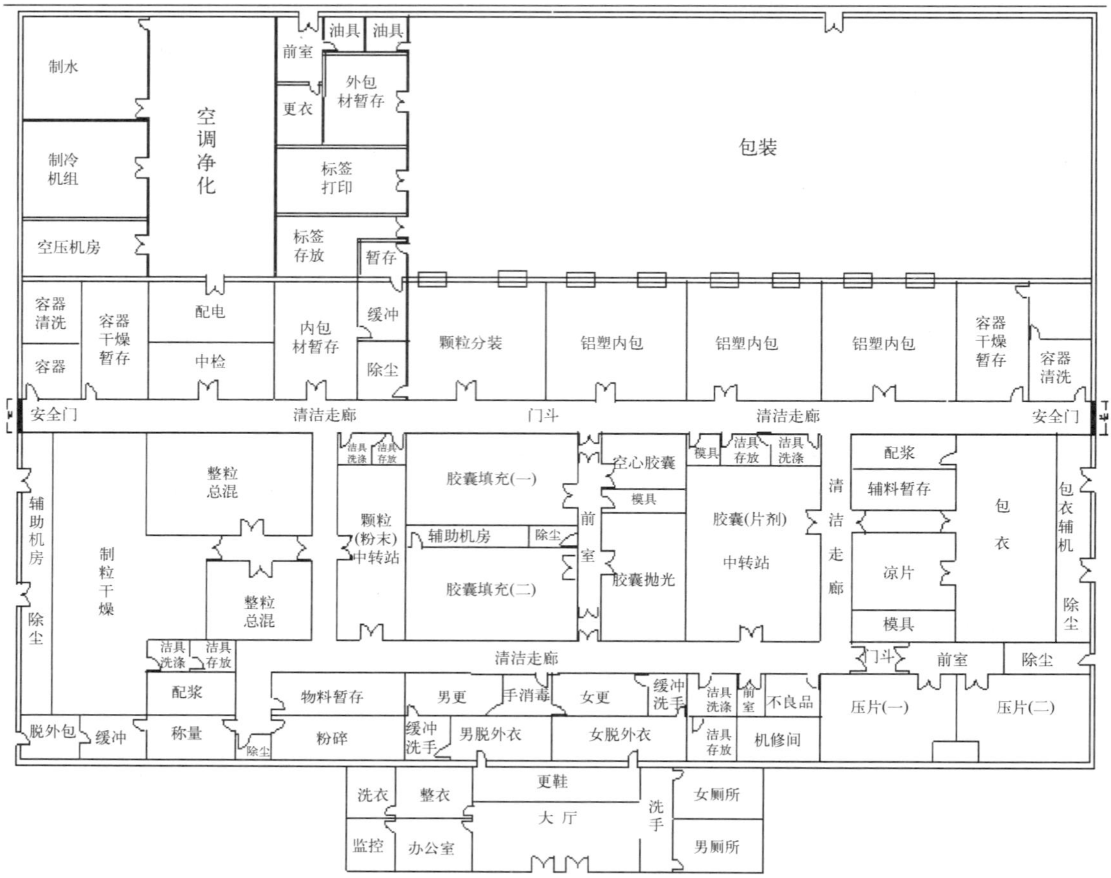

图 12-3　A 企业固体制剂综合车间平面设计图

每个企业在设计符合 GMP 要求的厂房和设施时，都应综合考量企业自身实际情况、GMP 以及其他法律法规要求，切忌照搬照抄，唯有如此，才能真正设计出既符合 GMP 标准，又满足企业期望的方案。

本章习题

1. 简述制药项目可行性研究报告的主要内容包括哪些。
2. 简述工艺流程设计中通常要遵循的原则。
3. 简述车间设备布置的重要性体现在哪几个方面。

参考文献

[1] 王沛. 制药设备与车间设计[M]. 北京: 人民卫生出版社, 2014.
[2] 宋航. 制药工程技术概论[M]. 北京: 化学工业出版社, 2019.
[3] 王志祥. 制药工程原理与设备[M]. 4版. 北京: 人民卫生出版社, 2023.
[4] 刘永忠, 刘荣华. 中药制药设备与车间设计[M]. 北京: 中国中医药出版社, 2019.
[5] 马义岭, 郭永学. 制药设备与工艺验证[M]. 北京: 化学工业出版社, 2019.
[6] 戴杰. 换热器的现状分析及分类应用[J]. 建筑工程技术与设计, 2018, 6(27): 160-161.
[7] 曹影, 张成文. 换热器应用与发展前景[J]. 中国机械, 2014(3): 116-117.
[8] 郭丽, 朱鋆珊, 李茂林. 间壁式换热器强化传热元件的研究及展望[J]. 广东化工, 2014, 41(12): 96, 109.
[9] 宫锡坤. 生物制药设备[M]. 北京: 中国医药科技出版社, 2005.
[10] 刘落宪. 中药制药工程原理与设备[M]. 北京: 中国中医药出版社2003.
[11] 王韵珊. 中药制药工程原理与设备[M]. 上海: 上海科学技术出版社1997.
[12] 朱宏吉, 张明贤. 制药设备与工程设计[M]. 2版. 北京: 化学工业出版社, 2019.
[13] 周长征. 中药制药工程原理与设备[M]. 5版. 北京: 中国中医药出版社, 2021.
[14] 王韵珊. 中药制药工程原理与设备[M]. 上海: 上海科学技术出版社, 2008.
[15] 陈宇洲. 制药设备与工艺[M]. 北京: 化学工业出版社, 2020.
[16] 陈宇洲. 制药设备与工艺设计[M]. 北京: 化学工业出版社, 2022.
[17] 何志成. 制药生产实习指导: 药物制剂[M]. 北京: 化学工业出版社, 2018.
[18] 何志成. 制剂单元操作与车间设计[M]. 北京: 化学工业出版社, 2018.
[19] 何志成. 化工原理[M]. 北京: 中国医药科技出版社, 2020.
[20] 王卫东, 庄志军. 化工原理课程设计[M]. 北京: 化学工业出版社, 2015.
[21] 刘永忠. 制药设备与车间设计[M]. 北京: 中国医药科技出版社, 2021.
[22] 郭永学. 制药设备与车间设计[M]. 北京: 中国医药科技出版社, 2019.
[23] 李舒艺, 伍振峰, 岳鹏飞, 等. 中药提取液浓缩工艺和设备现状及问题分析[J]. 世界科学技术—中医药现代化, 2016, 18 (10): 1782-1787.
[24] 王永香, 郭立玮, 钟文蔚, 等. 基于“中药溶液环境”学说剖析若干中药制药浓缩过程难题[J]. 中草药, 2023, 54 (23): 7907-7917.
[25] 于洋, 司梦兰, 高雪地, 等. MVR技术在中药浓缩过程中节能优化的仿真研究[J]. 中国医药工业杂志, 2017, 48 (11): 1610-1616.
[26] 侯一哲, 李正, 余河水, 等. 甘草水提液浓缩过程动态仿真模拟研究[J]. 中草药, 2019, 50 (2): 364-374.
[27] 国家药典委员会. 中华人民共和国药典(2020年版)[M]. 北京: 中国医药科技出版社, 2020.
[28] 王志祥. 制药工程学[M]. 3版. 北京: 中国医药科技出版社, 2015.
[29] 李华. 制药工程中的物料衡算与能量衡算[M]. 北京: 中国医药科技出版社, 2018.
[30] 黄汉清, 施勇, 张惠东. 药厂固体制剂物料备料区的布置[J]. 中国药业, 2001, 10(9): 19-20.
[31] 何华云. 探究固体制剂车间除尘问题[J]. 科研, 2019(6): 121-122.
[32] 贺永慧. 浅谈车间设备管理[J]. 黑龙江科技信息, 2008(35): 16.
[33] Luo B L, Li X, Gan W. Research on multi-variety and small batch material management[J]. Frontiers in Sustainable Development, 2022, 2(11): 63-70.
[34] 杨海军, 徐攀峰, 郭鹏. 现场5S管理方法在总装车间中的应用[J]. 企业改革与管理, 2021(18): 23-24.
[35] 程跃, 程文明, 郑严. 中药制药过程控制系统设计研究[J]. 科技与创新, 2009, 25(9-1): 28-30.
[36] 霍振华. 医药厂房建筑设计要点探析[J]. 建材与装饰, 2018(22): 109.
[37] 李正. 中药制药设备与车间设计[M]. 北京: 中国中医药出版社, 2022.
[38] 王诣彬. 偶联生产车间设计[J]. 广东化工, 2021, 48(10): 193-195, 169.
[39] 王锐华. 浅议2010版GMP条件下的药厂厂址选择[J]. 机电信息, 2012(29): 10-11, 14.